西北工业大学精品学术著作培养项目资助出版

上肢康复外骨骼机器人设计、人机交互与控制方法

王文东　袁小庆　著

西北工业大学出版社

西 安

【内容简介】 本书首先以上肢康复外骨骼机器人为研究对象,从社会需求和临床应用的角度分析了该研究的必要性,并总结概括了国内外的研究现状;然后系统地介绍了基于人体工学的上肢康复外骨骼机器人的结构设计与分析、基于生物电信息以及多模信息融合原理的意图感知方法、运动轨迹预测方法以及柔顺控制与人机协同控制等方法的相关原理与建模;最后研制了一套多自由度上肢康复外骨骼机器人样机,开展了系列测试实验,验证了所建立的有关模型和提出的方法是可行的。这些内容为系统地研究上肢康复外骨骼机器人提供了理论方法、原理模型和技术经验,有助于构建人机共融的理论方法体系。

本书内容涉及机械工程、生物医学工程、电子信息、控制科学与工程等多学科交叉知识理论,既可供机器人领域的研究者、学生和工程技术人员巩固理论基础,也适合康复领域的读者了解相关工程实践,还可作为机械、机器人、控制等相关专业的研究生或本科生专业教材。

图书在版编目(CIP)数据

上肢康复外骨骼机器人设计、人机交互与控制方法 /
王文东,袁小庆著 . — 西安:西北工业大学出版社,
2023.5

ISBN 978 - 7 - 5612 - 8644 - 9

Ⅰ.①上…　Ⅱ.①王…　②袁…　Ⅲ.①上肢-康复训练-仿生机器人-研究　Ⅳ.①TP242.3

中国国家版本馆 CIP 数据核字(2023)第 028204 号

SHANGZHI KANGFU WAIGUGE JIQIREN SHEJI、RENJI JIAOHU YU KONGZHI FANGFA
上 肢 康 复 外 骨 骼 机 器 人 设 计 、人 机 交 互 与 控 制 方 法
王文东　袁小庆　著

责任编辑:张 潼		策划编辑:何格夫	
责任校对:孙 倩		装帧设计:李 飞	

出版发行:西北工业大学出版社
通信地址:西安市友谊西路 127 号　　　邮编:710072
电　　话:(029)88491757,88493844
网　　址:www.nwpup.com
印 刷 者:西安五星印刷有限公司
开　　本:787 mm×1 092 mm　　　1/16
印　　张:12.75
字　　数:335 千字
版　　次:2023 年 5 月第 1 版　　2023 年 5 月第 1 次印刷
书　　号:ISBN 978 - 7 - 5612 - 8644 - 9
定　　价:80.00 元

前　言

近年来，因脑血管疾病导致中风偏瘫以及各种事故导致肢体运动功能障碍的人数不断增加。临床研究表明，患者进行特定的、足够强度的康复训练，有利于重建肢体的运动功能。现阶段康复训练主要依靠康复理疗师或有经验的护理人员，但训练周期较长，导致患者经济压力较大且占用大量的医疗资源。目前我国康复专业人才缺口巨大，远不能满足临床康复的需求。为缓解日益增长的社会需求与康复专业人才短缺之间的矛盾，以经济、方便的方式满足患者康复训练的需求，工程技术人员研究开发了康复设备代替康复理疗师对患者进行陪护和训练，其中可穿戴外骨骼机器人成为了研究热点之一。

外骨骼是一种新兴的可穿戴式机器人，能够提升穿戴者的肢体机能或者辅助穿戴者复制完成一些更高强度的作业任务，在单兵作战、康复训练、生产搬运、特殊环境作业等领域有着重要应用前景。随着现代机械、电子和计算机技术的融合进步，将外骨骼机器人用于康复治疗的多个研究，已经得到临床验证，在医疗领域受到了广泛的关注。这种新型的模式有助于解决传统康复训练效率低、重复性差、训练策略单一且成本较高的问题，使得训练更加合理有效。因其具有高度人机耦合的特点，将其应用于患者康复训练，对其在安全性、舒适性、灵活性、人机交互性能等方面提出越来越高的要求。

康复外骨骼机器人按照康复训练的部位主要分为腕部康复外骨骼、上肢康复外骨骼、下肢康复外骨骼和足部外骨骼等。多部位康复训练集成一体的外骨骼因开发难度大、适用群体小等而鲜有研究。近五年来，笔者所在课题组(本课题组)针对中风偏瘫及手术后患者对上肢康复训练的需求，一直致力于上肢康复外骨骼机器人的结构设计优化、信息感知与交互系统设计以及控制方法的研究。在多个研究课题的支持下，在已有成果的基础上，本课题组系统地研究了相关的原理方法、机理模型、仿真分析和控制理论，研制了原理样机并完成上了述理论方法的实验验证，形成了完善的上肢康复外骨骼结构设计、感知交互与控制方法的理论体系。取得的研究成果获得了国内外同行的高度认可，不仅顺利完成了课题的研究目标和任务，还培养了一批优秀的本科生、硕士和博士研究生，形成科研与育人的协同机制。

本书主要围绕上肢康复外骨骼开展了以下研究：

(1)为解决现阶段上肢康复外骨骼在舒适性、人机耦合性和灵活性方面的问题,参照人体工学设计理念设计了上肢外骨骼的结构参数,得到了上肢外骨骼康复机械臂的最终设计方案;采用牛顿-欧拉法对上肢康复外骨骼本体结构进行了动力学分析,将人作为系统的一部分,通过人机交互力建立人与外骨骼的耦合模型,完成了人机耦合动力学仿真分析。

(2)为解决现阶段上肢康复外骨骼人机交互性能不足的问题,提出了多模信息融合感知的方法,包含交互力、角度、肌电信息、心电信息等;针对静态手部离散动作,提出了一种基于迁移学习的手势识别建模方法;针对连续动作识别,提出了基于肌电与加速度信号的连续动作识别与基于 LSSVM(最小二乘支持向量机)的关节角度预测方法;采集心率和编码器信息并使用标准化生成多模融合向量,建立了基于深度学习的运动强度感知模型。

(3)针对现阶段上肢康复外骨骼柔顺性和人机协同性方面的不足,首先提出了两种轨迹预测与控制方法,即基于深度强化学习与基于运动模式的轨迹预测控制方法,提高了康复训练过程人机动作的协同性;其次研究了基于虚拟导纳原理和自适应全局快速终端滑模控制方法,以提高上肢外骨骼的柔顺控制性能;再次基于 CPG(中枢模式发生器)原理提出了一种仿生控制方法,通过基于动态学习的自适应频率 Hopf 振荡器构建了 CPG 振荡器网络,重建了运动轨迹;最后针对不同康复训练需求,研究了被动与主动康复训练控制方法,同时有助于提高康复训练效果。

本书是笔者和研究团队多年来在上肢康复外骨骼领域的研究成果,其出版得到西北工业大学精品学术著作培育项目——西北工业大学出版社卓越出版支持计划专项以及多个研究课题的联合资助,包括国家自然科学基金(编号:51605385)、陕西省自然科学基础研究计划(编号:2020JM-131、2018JM5107)、西安市科技计划(编号:21XJZZ0079)等。写作本书参考了国内外相关研究著作,在此致以诚挚的谢意。同时感谢本课题组参与相关研究的梁超红、褚阳、岳芳芳、明杏、秦雷、郭栋、李翰豪等人。

限于笔者的学识水平,本书还有一些不足和有待改进之处,恳请读者和同行不吝指教。希望更多的读者和研究人员关注这个具有挑战性的研究领域,使得相关问题得到进一步研究和解决,共同促进上肢康复外骨骼研究的发展。

著　者

2022 年 10 月

目　　录

第1章　绪论 ………………………………………………………… 1

1.1　上肢康复外骨骼的研究背景及意义 …………………………… 1

1.2　上肢康复外骨骼样机的国内外研究现状 ……………………… 2

1.3　上肢康复外骨骼人机交互的国内外研究现状 ………………… 6

1.4　上肢康复外骨骼控制方法的国内外研究现状 ………………… 9

1.5　本书主要内容 …………………………………………………… 14

第2章　上肢康复外骨骼机械臂设计 …………………………… 16

2.1　基于人体工学的设计方法 ……………………………………… 16

2.2　上肢康复外骨骼机器人建模 …………………………………… 22

2.3　上肢康复外骨骼样机研制 ……………………………………… 33

2.4　本章小结 ………………………………………………………… 38

第3章　上肢康复外骨骼运动学与动力学分析 ……………… 39

3.1　运动学仿真与分析基础 ………………………………………… 39

3.2　动力学仿真与分析 ……………………………………………… 51

3.3　人机耦合动力学分析 …………………………………………… 58

3.4　本章小结 ………………………………………………………… 64

第4章　人机交互信号采集与处理方法 ……………………… 65

4.1　交互力的采集与处理 …………………………………………… 65

4.2　力与角度交互信息预处理方法 ………………………………… 71

4.3　肌电信号采集 …………………………………………………… 79

4.4　心电信号的采集与处理 ………………………………………… 87

4.5　基于力与角度的运动意图分类方法 …………………………… 97

4.6　本章小结 ………………………………………………………… 101

第 5 章　上肢康复外骨骼人机交互感知方法 ·· 102

　5.1　基于迁移学习的离散动作识别方法 ··· 102

　5.2　上肢连续动作预测方法 ·· 111

　5.3　基于深度学习的运动强度识别方法 ··· 119

　5.4　多模信息融合感知交互系统 ·· 129

　5.5　本章小结 ··· 132

第 6 章　上肢康复外骨骼轨迹预测与控制方法 ·································· 133

　6.1　基于深度强化学习的轨迹控制方法 ··· 133

　6.2　基于运动模式的轨迹控制方法 ··· 141

　6.3　本章小结 ··· 154

第 7 章　上肢康复外骨骼控制方法 ·· 155

　7.1　基于虚拟导纳模型的柔顺控制方法 ··· 155

　7.2　基于动态学习的 CPG 算法研究 ··· 162

　7.3　自适应全局快速终端滑模控制方法 ··· 170

　7.4　上肢外骨骼主-被动康复训练控制方法 ······································· 176

　7.5　本章小结 ··· 191

参考文献 ··· 192

第1章 绪 论

1.1 上肢康复外骨骼的研究背景及意义

近年来,急性脑血管病的发病率与致残率不断提高。根据《中国心血管病报告2017》,急性脑血管病是我国第一致残疾病,也是第二致死疾病。据全国中风统计数据,中风发病率、死亡率和复发率随年龄增长呈现升高的趋势。此外,我国每年因事故、疾病等造成的上肢肢体运动功能丧失的病人人数有几百万之多。临床研究表明,在发病后的三个月内,如果患者进行特定的、足够强度的上肢关节的康复训练,有利于重建偏瘫上肢的运动功能,恢复基本的自理能力,恢复的成功率甚至可以达到92.4%,因此中风后肢体的运动功能重塑与恢复已经成为神经康复医学发展的重要目标。

在现有的治疗条件下,患者需要在人工看护下逐步对其有运动神经损伤的肢体进行小范围内的运动,对不正确的动作进行矫正,从而逐渐恢复运动能力。由于常规治疗疗程缓慢且针对性较弱,导致偏瘫患者的恢复沉重而漫长,因此康复理疗师对运动功能障碍患者进行重复性的人工康复训练会花费大量的时间和人力。中风患者人数的不断增加,加上患者对理疗师的依赖,导致理疗师为患者提供充分的康复治疗变得越来越困难。目前我国康复专业人才缺口巨大,在岗人数仅为国家需求的4%,康复医师占比约为1.7/10万。

为缓解日益增长的社会需求与康复专业人才短缺之间的矛盾,工程技术人员研究开发了一些康复设备代替康复理疗师对患者进行陪护和训练。可穿戴外骨骼机器人作为用于康复治疗和促进神经可塑性的一个功能设备,在医疗领域受到广泛的关注。随着现代机械、电子和计算机技术的融合进步,康复机器人在辅助患者康复训练的过程中逐渐得到推广应用。从本质上来看,这是在学习康复医师的动作从而辅助患者进行康复训练。外骨骼机器人的出现不仅减轻了康复训练专业人才急缺带来的压力,而且极大地促进了新型外骨骼机器人在该领域的应用发展研究。这种新型的模式解决了传统康复训练效率低、重复性差、训练策略单一且成本较高的问题,使得训练更加合理有效。区别于传统的"医生-患者"的"经验"康复训练,外骨骼机器人通过各类传感器获得较为准确的训练数据,不断地更新制订科学合理的康复训练方法,对患者后续治疗方案进行更好的部署,从而给予患者更加精准的治疗方案,提升康复训练的效果。

上肢康复外骨骼是一种面向上肢康复训练需求的可穿戴式设备,更具体地说,它是一种通过人体工程学、仿生学理论进行设计与优化,基于物理信息与生物电信息等感知方法设计人机交互系统,融合人机协同控制方法、柔顺控制方法以及人工智能理论,具备安全性、柔顺性、舒适性、通用性、人机协同性等特点,最终实现人机共融的智能化机器人。

针对偏瘫患者的辅助治疗,目前主要有主动训练和被动训练两种模式。被动训练是指康复机器人带动患者肢体进行相关的训练,帮助改善肌肉组织,刺激诱发上肢主动运动;主动训练是指患者主动发力实现康复训练,在这个过程中外骨骼机器人起到抑制患者异常运动的作用,协助患者顺利实现相关动作。以上训练策略的有效实施是目前发展遇到的瓶颈问题,在人机协同下的主动控制过程中,"理解"患者的运动意图是关键。目前外骨骼机器人的控制系统还不够智能化,普遍采用基于非线性系统动力学模型的经典控制方法。然而在实际训练控制过程中,一些模型动态特性计算过于复杂且未充分考虑环境间的扰动,导致人机交互力过大,系统控制柔顺性较差。基于模型的控制方法在工程实现中往往存在实际情况与预期假设不符的现象,导致应用方面出现困难。

目前,在使用外骨骼机器人辅助康复治疗时,首先需要规划训练用户肢体动作的运动轨迹。通过适当的轨迹规划方法,外骨骼可以在现实环境中运行,例如日常生活中的环境。因此,正确的轨迹规划对于在现实环境中使用外骨骼机器人至关重要。上肢康复外骨骼辅助患者完成康复训练的过程是上肢肢体与外骨骼系统交互的过程,因而提高外骨骼康复训练效果和舒适性的关键在于人机交互,包括物理交互和信息交互。高效率的人机交互可以让外骨骼运动更加符合患者的自主运动状态,同时保障患者的运动安全。人机交互的信息还可以用于评价患者的康复效果来量化康复阶段。综合来看,在外骨骼康复机械臂的人机协同控制方案中,融合机器学习的相关算法是实现偏瘫康复医疗普遍化、智能化的重要途径。

1.2　上肢康复外骨骼样机的国内外研究现状

国外在上肢外骨骼机器人方面的研究布局相对较早,美国、瑞士、韩国、日本等国家均有相关科研机构,在康复、军事、助力等方面都有一定的研究成果。20世纪60年代,美国通用电气公司研发了一款可缓解人体疲劳的Hardiman外骨骼系统,主要应用于军事作战领域,提高军人长途负重行军的能力,但由于结构笨重而未能投入使用。紧接着美国开始研究康复机器人,随着自动控制技术和传感检测技术的发展,康复外骨骼机器人也进入发展黄金时期。1988年,出现了最早的一批外骨骼康复机器人相关的专利文件。2005年之后,随着传感器与计算机的发展,外骨骼康复机器人技术才有较大提高,尤其从2010年至今,基本呈现直线上升的趋势。在此期间,大量科研工作者对该领域进行了相关的研究。

20世纪90年代初,美国麻省理工学院研制出一款名为MIT-MANUS的、用于上肢康复训练的机器人,如图1-1所示。这款机器人提供了针对患者肩关节、肘关节、腕关节的多种训练模式,以穿戴的形式带动患者对应肢体关节在水平平面和竖直平面上运动。研究人员设计了对患者训练状态进行实时反馈的程序,患者可以通过电脑屏幕来查看自身的运动进度,这极大地提高了患者对康复训练的热情。英国利兹大学Raymond Holt等研制的智能气动手臂康复(Intelligent Pneumatic Arm Movement, IPAM)机器人以气压作为驱动方式,由2个三自由度机械臂构成,具有一定的局限性。由英国的雷丁大学牵头的跨国研究小组,研发了一款名为 GENTLE/S 的末端引导式上肢康复机器人,如图 1-2 所示。它可以在三维空间内进行平移运动,利用末端的框架带动患者的手臂,完成患者肩关节、肘关节的康复运动;同时,可以结合虚拟现实相关技术,让患者在进行康复训练时注意力更加集中,有助于提高康复训练的效果。

图 1-1　美国 MIT-MANUS 机器人

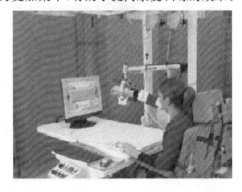

图 1-2　GENTLE/S 末端牵引式康复机器人

　　美国的亚利桑那州立大学的 Sugar 等研制了名为 RUPERT 的一系列外骨骼康复机器人,如图 1-3 所示。该机器人经过多次改进和优化,其中第三代 RUPERT-Ⅲ 外骨骼机器人如图 1-3(a)所示,具有 4 个自由度,分别为肩关节前伸/后屈、肘关节屈/伸、腕关节内旋/外旋和腕关节的掌屈/掌伸,对应的每个自由度都由气动设备实现,并可以人工调节臂体连杆长度,可以适配 95% 的人群。后来,研发团队改进了第四代外骨骼机器人 RUPERT-Ⅳ,如图 1-3(b)所示,该款机器人具有 5 个自由度,增设了肩关节内旋/外旋自由度,进一步扩大了上肢康复训练的运动范围。

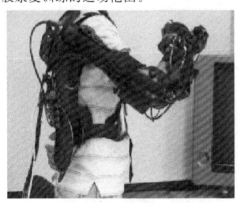

(a)

(b)

图 1-3　RUPERT 系列外骨骼机器人

(a)RUPERT-Ⅲ 外骨骼机器人;(b)RUPERT-Ⅳ 外骨骼机器人

　　德国人工智能研究中心研发团队针对偏瘫康复开发了 RECUPERA 的双臂式外骨骼康复机器人,在结构设计上,注重机器人的轻巧化、模块化,该机器人可以让偏瘫患者处于站立姿势或结合配套轮椅的坐姿进行康复训练,如图 1-4 所示。同时,研发团队在控制系统上设计了重力补偿模块来减小整体系统偏差,并实现了两种不同的康复治疗方式,即示教重现康复模式和镜像康复模式,并由健康人穿戴进行实验测试来得到不同康复模式下的数据结果。

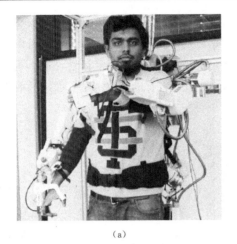 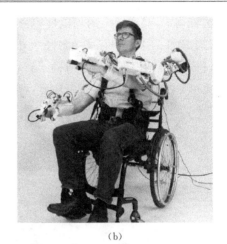

（a）   （b）

图 1-4　RECUPERA 双臂式外骨骼康复机器人

（a）站姿康复；（b）坐姿康复

　　意大利理工学院(IIT)辅助和康复机器人实验室所设计的腕部康复装置 WristBot，如图 1-5 所示，能够实现腕关节屈伸、桡/尺偏斜即左右弯，以及前臂的旋前旋后。多伦多的比奥尼克实验室公司推出的 InMotion 是一种常用的固定架上肢康复机器人，旨在为成人和年龄较大的儿童提供高强度和可重复的上肢康复训练。该设备能够在没有用户输入的情况下向用户发起的移动提供帮助或者执行移动，且该设备具有视觉反馈组件，其交互式游戏可用于保持用户参与，提高治疗质量。苏黎世联邦理工学院设计的 ARMin 系列上肢康复外骨骼机器人现已更新至第 5 代，ARMin V 具有 7 个主动自由度和 3 个被动自由度，背部支撑装置可以升降以适应不同患者，如图 1-6 所示。ARMin V 为患者增加手臂重量补偿，通过平衡法补偿前臂和后臂重量，成功使患者肌电活性下降 20% 左右。

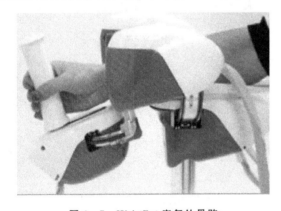 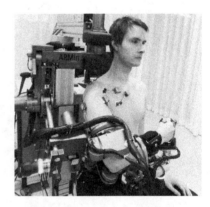

图 1-5　WristBot 康复外骨骼　　　　　**图 1-6　ARMin V 外骨骼样机**

　　基于市场对外骨骼的庞大需求，很多商业公司也进行了诸多相关方面产品的研发。1996 年，瑞士 HOCOMA 公司成立，经多年的发展，目前已成为康复外骨骼领域领先的商业公司。该公司开发的上肢康复外骨骼的解决方案 Armeo Spring 是世界上首个通过同一个软件控制整个康复阶段的康复连续体，如图 1-7 所示。该解决方案提供了基于患者自身运动的自主运动疗法、三维空间的训练治疗以及激励游戏库，再加上人体工程学设计以及设备的传感系统，能够在提高治疗效率以及评估准确性的同时增加患者的训练参与感。

国内在近些年大力开展对上肢外骨骼的研究,发展较快,多个高校和科研院所已研制出相关样机。哈尔滨工业大学研发团队设计的康复外骨骼如图 1-8(a)所示,该外骨骼具有 6 个自由度,遵从模块化设计原则,可通过混联调节完成坐姿和站姿两种形式的运动康复。该外骨骼设计时充分考虑重力自平衡,使得人体康复时不必承受外骨骼的重量。上海交通大学李翌等设计的 5 自由度上肢主动式外骨骼力量训练器如图 1-8(b)所示,该训练器针对患者的不同关节设置难度各异的康复游戏,能够为康复训练评估提供量化数据进行参考。华中科技大学研发团队通过奇异值分解得到人体在三维空间中的运动单元,并以运动单元为基础,设计了拟人运动生成方法,其研制的外骨骼康复机器人如图 1-8(c)所示。该外骨骼配备接触力、眼动、表面肌电等多种人机交互方式。浙江大学流体动力与机电系统国家重点实验室提出了一种由 PAMs 驱动的外骨骼机器人新结构,其功能包括用表面肌电信号精确地估计佩戴者的预期运动信息,使用支持向量机分类方法检测穿戴者的多种运动模式,如图 1-8(d)所示。

图 1-7　Armeo Spring 上肢外骨骼

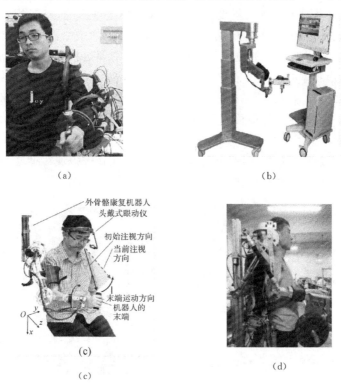

(a)　　　　　　　　　　　　　(b)

(c)　　　　　　　　　　　　　(d)

图 1-8　国内部分高校开发的上肢康复外骨骼
(a)哈尔滨工业大学;(b)上海交通大学;(c)华中科技大学;(d)浙江大学

医疗机器人公司 Bionik 实验室在加拿大成立,该公司研制了用于腕部神经康复的外骨骼机器人,通过电脑游戏中的目标引导用户进行治疗练习。另外还有诸如 Lockheed Martin 以及以色列的 ReWalk Robotics、Motorika Medical 等公司都在从事外骨骼产品的研发。

1.3 上肢康复外骨骼人机交互的国内外研究现状

人机交互系统的感知能力直接影响康复训练的安全性。外骨骼机器人是一种以人为中心的智能人机协同控制系统,其首要任务是正确感知人的运动意图。物理传感信号因容易获取、方便控制、鲁棒性好等,在早期的康复外骨骼机器人控制中被广泛应用,主要包含力、姿态等。但基于传统物理传感器的信息融合策略,在用于外骨骼机器人的行为意图感知方面具有一定的局限性,存在时滞性、意图感知准确率不高、通用性差等问题,基于脑电、肌电等生物信号的感知方式逐渐得到推广,尤其在考虑环境因素的决策方面。

上肢动作在人机交互过程中既包含静态信息又包含动态信息,比如肢体所在位置朝向、肢体动作变化时序、肢体表现形状、动作轨迹等。外骨骼为了实现更加智能化的人机交互模式,通常有计算机视觉和运动测量等感知方式,各自适用于不同场景。基于计算机视觉的人机交互模式主要依赖于图像处理技术,通过视觉设备可以获得面部动作、手势动作等一系列行为信息。北京理工大学宋璇等利用 Kinect 跟踪手部运动进行 5 种手势识别,通过建立色彩空间模型或者提取深度图像完成智能交互。该系统能够实现 5 自由度外骨骼的康复游戏训练控制,如图 1-9(a)所示。受限于图像采集设备以及图像处理精度影响,基于视觉的动作识别很难察觉肢体精细动作。基于运动测量的动作意图识别一般依赖于加速度、陀螺仪等传感器来实现,通过测量人体在运动时产生的位移、角度、加速度等物理量来刻画人体动作形态。加速度传感器可以有效分辨肢体的大幅度动作,如 Ravi 等将加速度传感器应用于用户的日常活动检测。Jeong 等利用三轴加速度传感器提醒用户站立安全,在前后两个方向的跌倒检测成功率高达 98%。数据手套是一类融合柔性传感器、惯性单元、加速度传感器等多种电子单元的手部动作信息采集设备,相比于单个运动传感器,数据手套所获得的数据维度更加全面。Dimbwadyo 等提出了一种基于数据手套的动作捕捉应用程序,该应用程序可用作虚拟现实康复工具,能在动态环境中训练患者肢体活动的同时客观地评估其功能发展,如图 1-9(b)所示。

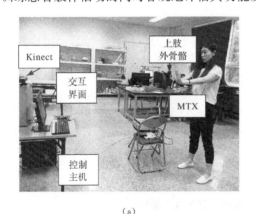

（a）　　　　　　　　　　　　　　　　（b）

图 1-9　基于物理信息的人机交互系统

（a）基于 Kinect 的动作识别；（b）基于数据手套的动作识别

虽然上肢外骨骼应用场景多种多样,但为了快速、准确地确定人的意图,需要开发可穿戴机器人的人机界面,保证人机交互过程的速度和效率是外骨骼机器人控制器应用中一个比较重要的环节。近年来,利用生物电传感器完成人机交互逐渐成为研究热点,脑电信号(EEG)、眼电信号(EOG)、肌电信号(EMG)等相关人机交互研究已有较多成果。EEG 是由大量神经元细胞产生的微伏级信号,能够反映神经元的活动情况,具有非线性、随机性等特点。Bhagat 等将基于脑电的无创神经接口与 MAHI-Exo-Ⅱ相结合,以相对较高的准确性区分使用者的运动意图,确保使用者在外骨骼运动辅助和康复期间的参与积极性,如图 1-10(a)所示。EOG 是由角膜和视网膜之间电势差在空间相位中的变化形成的,相对于 EEG 更易于处理。华南理工大学黄骐云等研制的基于 EOG 的轮椅人机接口如图 1-10(b)所示,该轮椅通过 EOG 人机接口识别用户的运动意图,继而完成轮椅的多自由度智能控制。

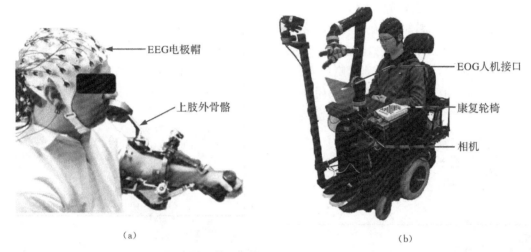

(a)　　　　　　　　　　　　　　　　　　(b)

图 1-10　基于 EEG 和 EOG 的人机交互系统

(a)基于 EEG 的上肢康复交互;(b)基于 EOG 的轮椅交互

EMG 是有别于 EEG 和 EOG 的一种重要的生物电信号,广泛应用于临床诊断、康复医疗、运动加强等领域。EMG 是一种不稳定的毫伏级微电信号,有研究表明,其比肢体动作超前 30~150 ms 产生,能量主要集中在 20~500 Hz。基于 EMG 的人机交互能够自然地控制相关设备,易于被操作者接受。驱动关节运动的肌肉一般离关节有一定距离,即使关节受损也可以采集到完整的 EMG,从而完成运动预测,适用于肢体残障人士的运动辅助。肌电信号中含有丰富的人体动作信息,如果对其进行正确解算,可以用于识别人体动作或者预测关节运动量。肌电信号意图模型可以应用于许多领域的交互控制,如肌电假肢控制、手语识别翻译等。

传统方法使用 EMG 幅度或模式识别方法来触发外骨骼的运动,需要在不同用户之间进行现场校准和手动选择触发运动的阈值。由于中风患者的肌电信号较弱,肌电电压幅值较低,信噪比较低,基于肌电图识别运动意图存在额外的挑战,因此传统的信号处理方法可能无法准确提取用户的意图。新兴的机器学习信号处理方法可以提高 EMG 处理的质量,并且可以避免现场校准,从而形成一个用户友好的系统。使用基于人工神经网络的机器学习算法(如卷积神经网络)的 EMG 处理已用于基于 EMG 的手部动作意图识别,这证明了其在 EMG 特征提取和系统校准中克服这些问题的能力。然而,EMG 提取技术仍然存在与准确性和灵敏度相关的挑战。特征提取与模式识别是基于 EMG 意图识别的两个重要环节,针对采集到的肌电信号提取时域、频域以及时频域的特征参数,根据特征标签矩阵建立识别模型从而进行运动预测。时域特征计算简单,但对信号描述较为片面,当面临动作相近或者动作类型繁多的场景时识别精确率不高。

Cho Erina 和 Menon Carlo 等采用一种带力敏阻抗传感装置(Force Sensitive Resistor, FSR)采集肌肉力描记信号(Force Myography, FMG),征集了4名志愿者完成测试实验。实验结果表明,通过信号处理和模式识别的算法进行训练和测试,身体部分残疾的患者动作平均识别率为70%,改进方法后的识别率提高到89%。哈尔滨工业大学杜志江等采用力矩传感器测量下肢的人机交互信息,通过卡尔曼滤波弥补意图延时,根据编码器反馈外骨骼关节的位置,预测人体摆动腿的运动意图,将机器人控制分为意图估计、机器人控制和稳定性控制三个阶段,实现人体摆动腿关节轨迹的跟随。

Buongiorno 等提出利用肌电信号预测肘和肩力矩,具有较低的识别误差率,且外骨骼佩戴设置较少,易于实时控制,如图1-11(a)所示。Sarasola 等提出一种基于 EEG、EMG 混合的人机交互接口,可以直接判断使用者意图从而控制7自由度上肢外骨骼机器人,如图1-11(b)所示。该机器人以速度调制闭环系统训练患者,促进患者功能性神经重塑,并在一个健康参与者和一个慢性中风患者身上得到功能验证。

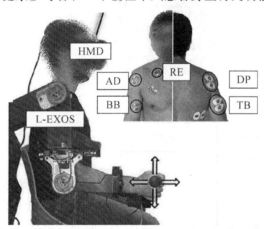
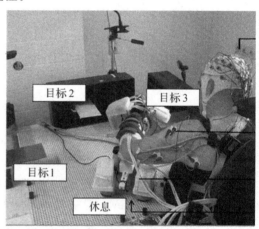

(a)   (b)

图1-11 基于 EMG 的上肢外骨骼人机交互系统

(a)基于 EMG 的力矩预测;(b)基于 EMG、EEG 的运动康复

哈尔滨工业大学杨大鹏等展开了肌电控制相关研究,通过肌电信号识别人手多种类动作,并使用自行研制的仿人型假手进行控制验证,如图1-12(a)所示。中国科学技术大学杨基海团队研究了大量中国手语手势,制作了一套实时虚拟交互系统,利用肌电和加速度信号对手语手势进行识别,如图1-12(b)所示。上海交通大学朱向阳团队提出了一种新的特征提取方法,通过双谱变换能够获得传统信号提取方法以外的肌电信息,并将算法集成于一个基于 DSP 的实时小型化硬件平台上,使肌电控制得以在线使用,如图1-12(c)所示。

山东大学林明星等通过搭建上肢外骨骼康复训练平台,研究了基于肌电信号的主动运动意图识别方法,完成了视觉反馈的头部动作辨识,经过康复训练实验证明了该方法的效果。中国科学院丁其川和赵新刚等开展了大量基于脑肌电信号的运动意图感知研究,融合支持向量机提出了一种自更新混合分类模型和一种用于分类目标动作数据的多类线性判别算法,并引入自更新机制以对抗肌电时变性干扰。笔者所在课题组研究了基于肌电信号的上肢外骨骼运动意图识别方法,设计人机交互系统开展实验,完成肌电信号采集与处理,验证了所提出方法是可行的,如图1-13所示。

(a)

(b)

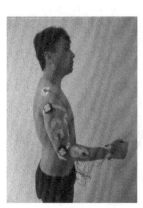

(c)

图1-12 国内肌电人机交互系统

(a)假手抓取控制;(b)手语手势识别;(c)肌电假肢

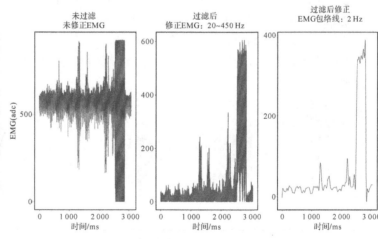

图1-13 本课题组肌电采集与信号处理

1.4 上肢康复外骨骼控制方法的国内外研究现状

外骨骼机器人是一种以人为中心的智能控制系统,必须具备一定的柔顺性、人机协同性、安全性等。为实现上述目标,轨迹预测控制方法、柔顺控制方法、人机协同控制方法等陆续被提出。

文献显示,针对上肢外骨骼机器人,轨迹规划可以在任务空间或外骨骼配置空间中完成。当在任务空间中进行轨迹规划时,需要逆运动学获得关节运动。解决机器人逆运动学问题有很多方法,包括雅可比法、PCA(主成分分析)降维法和基于深度学习的方法等。此外,由于外骨骼控制是在关节层面进行的,因此关节空间中的轨迹规划可以避免逆运动学的计算。

轨迹规划问题包括寻找属于空间域和时间域的两个元素之间的关系。轨迹通常表示为时间的函数,在每个时刻提供相应的位置信息。对于外骨骼,轨迹规划可以在任务空间或关节空间进行,具体取决于控制方法,也可以是点对点或预定义的路径。正、逆运动学对于从一个空间移动到另一个空间非常重要,逆运动学包括在给定关节角位置的情况下找到末端执行器的笛卡儿位置。在任务空间进行规划时,笛卡儿轨迹首先通过逆运动学(IK)转换为一系列关节位移。为了完成规划过程,通过插值生成每个关节的运动曲线,同时考虑一组特定的约束(根据设计要求)或通过近似值,插值的常用方法是使用三次或五次多项式。具体而言,通过正确插值的中间通路点来定义所需的运动,这些多项式可以描述任意两个位置之间的轨迹。

回归方法试图建立控制器从预处理的表面肌电信号(sEMG)到连续参考轨迹的映射关系,如期望的关节角度或关节力矩。一些研究人员直接将上肢外骨骼的期望关节力矩与表面肌电信号之间的关系进行线性化处理,另一些研究人员采用结合表面肌电信号和关节角位置信号的神经模糊控制器来估计期望的关节力矩。利用肌肉生物力学模型,可以从生物力学的角度对表面肌电信号和关节扭矩进行相关分析。基于人体运动生物力学,将关节运动学与反映肌肉活动的表面肌电图信号相结合,预测关节扭矩。其他关于回归方法的研究可以在文献中找到,如人工神经网络、非负矩阵因子。

哈尔滨工业大学李戈等使用三阶多项式进行上肢康复外骨骼的轨迹规划。在其中使用 B 样条作为插值函数有许多潜在的优势,如图 1 - 14 所示。同理,当在关节空间中规划轨迹时,手动或通过逆运动学获得的关节位置会被插值拟合。联合空间中的规划计算代价较高,因为从笛卡儿坐标到联合空间坐标的转换是实时发生的。但是,在联合空间中进行规划更快。任务空间中轨迹规划的难度与逆运动学问题的求解有关,根据控制方法给出约束空间,对每个空间的规划都是适用的。

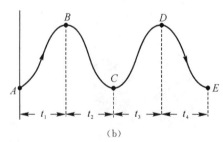

(a)   (b)

图 1 - 14 三阶多项式进行上肢康复外骨骼轨迹拟合

(a)实验样机;(b)拟合曲线

Laurettid 等设计了一种基于演示学习的上肢外骨骼运动规划系统,如图 1 - 15 所示。该系统在保证整个机器人工作空间满足拟人标准的前提下,能够在非结构化环境下成功地辅助患者进行日常生活活动。该运动规划系统将演示学习与动态运动的计算和机器学习技术相结合,根据学习到的轨迹构建针对特定康复训练任务的关节轨迹。

　　Tadej Petri 等设计了一种考虑人体手臂受力的手臂外骨骼控制方法,通过起动助力外骨骼实验平台评估了所提出的控制框架,实验要求佩戴手臂外骨骼的受试者在多个位置间移动一个重物。此方法将各向异性力可操作性重塑为端点力可操作性,该端点力可操作性相对于手臂整个工作空间的方向是不变的。通过实验测试,所提出的控制方法不影响用户的正常移动行为,有效地增强了人手臂的力可操作性,使其在手臂的整个工作空间中都能很好地执行任务。Riani 等针对非线性系统未知但有界的动态不确定性,设计了一种鲁棒自适应积分终端滑模控制策略,用于实现被动康复运动,实验平台如图 1-16 所示。该方法不需要精确动力学模型和不确定性上界的先验知识,只使用外骨骼的标称动力学模型。

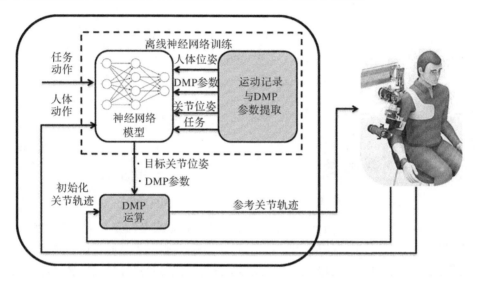

图 1-15　运动规划系统流程图
(DMP:动态运动基元)

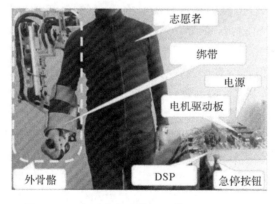

图 1-16　自适应积分终端滑模控制实验平台

　　本课题组建立并测试了一种新的机械臂多关节协同轨迹控制系统,称为直接预测协作控制(DPCC),通过这种方法,用户一次只需要控制一个关节,便可以与智能假肢控制系统一起实现多关节协同作用,实验装置与测试结果如图 1-17 所示。两次实验结果表明,平均电路切换时间从 32.3 s 下降到 26.3 s,下降 19%,平均切换计数从 15.1 下降到 7.83,下降幅度近50%。本方法能够实现协调的多关节运动,并且能够通过减少电路切换的数量和完成任务所需的时间来提高协同任务性能。

随着外骨骼康复机器人的发展,其对人机交互性的要求越来越高,因此柔顺运动被更多地应用至康复训练中。在经典的机械结构运动中,柔顺性的定义为机器人根据末端的轨迹点指令保证其与外界环境的交互运动变得柔缓。在康复领域中其又有了新的发展内涵,由之前的外界环境变成了康复训练患者,在受约束空间中着重对人与机械臂之间的交互力的控制考虑。

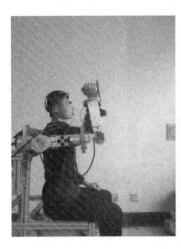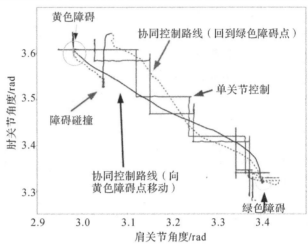

图 1-17　本课题组轨迹预测平台与测试分析

因每个患者的运动能力不同,康复训练机器人的控制方式可以分为主动控制和被动控制,更细致的划分还可以包含主被动结合的控制方法。被动控制主要是通过使用物理结构促进人机耦合过程。主动控制是指通过机器人末端的传感器主动检测系统与环境交互的信息并反馈至控制系统中,依据反馈量完成轨迹修正以达到柔顺控制的目的。

早期美国 MIT Draper 实验室设计了一款对外界进行柔顺作业的装配机器人,由 6 根弹簧辅助该设备完成空间六自由度的作业任务。在康复领域,美国麻省理工学院研制的 MIT-MANUS 产品采用的 PID 控制方案,斯坦福大学采用的双镜像康复训练方案以及手臂治疗机器人 ARMin 中的被动模式均有一定成效,虽然被动控制的康复机器人可以帮助受试者高准确度地跟随预定的轨迹,但它们对受试者的上肢活动的舒适性及安全性没有保障。由于系统无法解决机体高刚度和高柔顺性的问题,对复杂力与位置混合控制场景适配性较差,因此主动柔顺控制应运而生,逐渐在外骨骼康复领域受到学者广泛关注。

20 世纪 50 年代,主动柔顺控制逐渐受到学者关注,并被应用于康复训练外骨骼机器人。随着现代控制理论、传感检测技术及计算机软硬件的发展,机器人力与位置控制技术迅速发展。目前有两种主流的控制方式。一种是 Raibert 等提出的力/位混合控制方法,该方法的基本思想是当系统与外界发生交互时,分解对应交互力和位置于各自的正交子空间,分别进行控制达到一定的柔顺效果。另一种是 Neville Hogan 提出的阻抗控制和导纳控制算法。该方法的核心是利用机器人末端的力与位置的关系调整系统动态阻抗特性,从而使系统表达对外的柔顺性。在康复领域,Ottenet 公司在液压上肢外骨骼 LIMPACT 中实施了阻抗控制方案,并实现了兼容的轨迹跟踪运动。

目前,结合患者运动意图的主动控制具有广阔的研究前景。国内学者提出了一种结合人体运动意图的混合主动控制算法,根据人体上肢模型和最小连续运动估计模型,通过一个无预定轨迹的三维到达任务验证了该控制算法的有效性。结果表明,该控制算法能够持续识别人的运动意图,使机器人具有更小的偏移误差、更平滑的轨迹和更低的冲击效果,既能保证自然的物理人机交互(physical Human Robot Interaction,pHRI),又能提高受试者的参与性,具有较大的临床应用潜力。国外学者提出了一种基于人的意图、环境力和环境刚度的变导纳控制方法来解决与未知刚度环境耦合的 pHRI。学者 Loseyet 等基于最优控制和梯度下降方法LQR(线性二次型调节器)控制,采用物理人工干预局部或全局系统实时修改轨迹,保证噪声和意外的人为修正具有鲁棒性。

瘫痪少年穿戴脑控外骨骼机器人在 2014 年巴西世界杯上完成开球表演,该研究成果来自美国杜克大学,该项目的研究团队开展了植入式脑控技术研究,采用无迹卡尔曼滤波进行信息解码,其目标是实现准确控制双手的脑机接口。在人机交互控制系统的适应能力方面,Brahim Brahmi 等研究了上肢外骨骼的自适应柔顺控制方法,Mehran Rahmani 等提出了自适应神经网络快速滑膜控制方法,李智军等基于脑机接口研究了一种自适应神经控制方法。Martin Tschiersky 等研究了一种可穿戴助力装置的气动弯曲驱动器。在人机协同方面,李智军等提出了一种基于学习的分层控制方法,冯颖等对下肢外骨骼的人机协同控制方法进行了研究,程洪等提出了阻抗控制、增强学习,研究了人机交互控制方法。人机协同运动控制需要可靠的感知信息,研究人员设计了基于肌电、脑电、视觉以及多模信息融合方法的感知系统。本课题组在该领域也取得一些成果,研究了基于肌电信号的上肢外骨骼运动意图识别与分类,提出了基于仿生原理的人机协同控制方法。

类脑智能作为人工智能的重要方向,得到了很多国家的重视,将其用于上肢康复训练外骨骼机器人,将有助于提高智能化水平,实现人机共融的目标。早在 1997 年美国就率先开展了“人类脑计划”项目,随后美国启动“创新性神经技术大脑研究”计划,通过研究绘制脑部复杂神经网络动态图像,提升人类对大脑的认知。继美国之后,日本也启动了大型脑图谱计划,通过研究非人灵长类动物狨猴的大脑皮层,进一步理解人脑机制和功能,提出创新技术方法。我国近年来也在大力发展脑科学研究,并把其作为“事关我国未来发展的重大科技项目”之一,中国科学院在 2012 年针对脑功能联结图谱与类脑智能方向开展了相关研究。通过采用连续吸引子神经网络(CANN),Zhang Wenhao 等建立了人脑前庭智能控制模型,通过输入视觉信号和前庭信号,实现人体方位判断。清华大学施路平教授带领的团队通过采用脉冲神经网络(Spiking Neural Network,SNN)模型开发了类脑计算算法,研发的异构融合类脑计算芯片能够实现动态感知、自主决策等功能。

类脑感知作为类脑智能的基础与前提,为实现高效准确的复杂感知和信息解码提供了新的思路。针对这一问题,国内外大量学者开展了相关研究。人体触觉感知方面,胡霁等利用哺乳动物大脑对处理痛痒触觉的特定脑回路开展了实验分析。V. K. Samineni 等进一步针对触觉信息研究了人脑神经回路中中央杏仁核的作用。乔红等针对类脑视觉感知问题,在HMAX 模型基础上引入主动注意力调整机制,实现对关键物体的区分与识别。在脑情绪感知方面,李洪伟等提出了动态脑网络,通过采集人体脑电信号(EEG)构建宏观动态脑网络。目前虽然有很多学者针对某一方面感官信息进行了相关研究,但大多数集中在视觉领域,针对多维度、多模态信息输入状况下类脑信息感知及融合方式的研究较少,此外相比于传统的姿态信息感知方式,模拟人脑信息处理流程,对于人体姿态信息感知方式探索的研究成果也很少提出。脉冲神经网络(SNN)相比于传统的人工神经网络(ANN),能够模拟神经元突触放电脉冲机制,具有神经动力学特性,被称为新一代神经网络,在类脑控制领域具有重要作用。Velichko Andrei 等提出了一种基于脉冲神经网络振荡器电路的泄漏积分点火(LIF)模型。该电路为硬件电路与 SNN 算法的匹配以及利用人工智能技术创建类脑智能设备提供了理论依据。申请人及课题组成员基于运动意图提出一种仿生控制方法,即基于动态学习中枢模式发生器(CPG)的控制方法,将其用于上肢外骨骼机器人,实现了预期的运动轨迹控制,有关方案如图1-18所示。

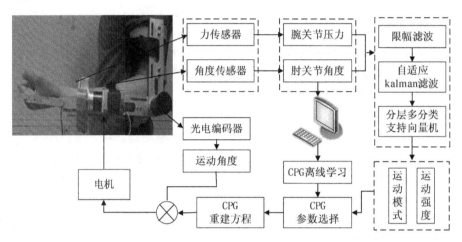

图 1-18   基于意图识别和 CPG 被动学习控制方法的上肢外骨骼机器人控制方案

1.5   本书主要内容

本书一共 7 章,各章节内容描述如下。

第 1 章绪论。主要介绍了上肢康复外骨骼的研究背景和意义,分别对上肢康复外骨骼样机、人机交互和控制方法的国内外研究现状做了深入调查和总结分析,供读者与本书研究内容进行对照。

第 2 章上肢康复外骨骼机械臂设计。为设计具有安全性、灵活性、舒适性的多自由度上肢康复外骨骼,基于人体工学理论剖析上肢的运动,并对各个运动关节的基础自由度进行功能分析。同时,参照人体工学设计理念对外骨骼康复机械臂的相关数据尺寸进行了设计,构建了三维结构模型,得到上肢外骨骼康复机械臂的最终设计方案。

第 3 章上肢康复外骨骼运动学与动力学分析。首先,在所设计的上肢康复外骨骼结构与三维模型的基础上,利用 D-H 参数法构建了 D-H 参数表,并对连杆坐标系之间的齐次变换矩阵进行解算,从而得出关节空间与末端工作空间之间的映射关系,利用 MATLAB 机器人工具箱完成运动学分析。其次,采用牛顿-欧拉法首先对上肢康复外骨骼本体结构进行了动力学分析,并用 MATLAB 机器人工具箱集成的动力学函数对所构建的动力学理论模型进行验证。最后,将人作为系统的一部分,通过人机交互力构建人与外骨骼的耦合关系,搭建了 Simscape multibody 人-机耦合虚拟样机模型,对所得牛顿-欧拉动力学理论模型进行了验证。

第 4 章人机交互信息采集与处理方法。上肢康复外骨骼人机交互信息种类较多,包含交互力、角度、生物电信息等。首先,主要介绍了人机交互信号的采集、预处理以及运动意图分类方法,具体包括交互力、肌电信号、心电信号等的采集,处理方法主要介绍了限幅滤波、卡尔曼滤波以及组合滤波方法等。其次,采用组合限幅滤波和带调整因子的自适应卡尔曼滤波对交互信号进行了预处理,解决了信号干扰和信号延迟的问题。最后,介绍了支持向量机原理,采用基于分层的多分类支持向量机对运动意图进行识别并进行验证。

第 5 章上肢康复外骨骼人机交互感知方法。首先,主要介绍了离散动作和连续动作的识别方法和多模信息融合的理论。针对静态手部离散动作,提出了一种基于迁移学习的手势识别建模方法。其次,针对上肢外骨骼人机交互中的连续行为模式,对上肢连续运动时的状态进行了建模识别,包括两个不同的连续动作预测方法,即基于肌电与加速度信号的连续动作识别与基于 LSSVM 的关节角度预测方法。最后,采集心率和编码器信息模拟患者的多种康复运动反馈信号,使用标准化生成多模融合向量,并作为输入层构建基于深度学习的运动强度感知模型。

第 6 章上肢康复外骨骼轨迹预测与控制方法。首先,提出了两种轨迹预测与控制方法,即基于深度强化学习与基于运动模式的轨迹预测控制方法。其次,采用深度网络模型来拟合复杂策略,将其应用于运动轨迹优化问题中,可以解决复杂的控制规划问题。再次,基于深度强化学习中的深度 Q 网络算法模型来构建用于实时轨迹优化的智能体,使用离线数据集对模型进行参数迭代,并使用预期的康复运动轨迹作为模型输入,通过仿真得到在全为高运动强度情况下的关节运动轨迹。最后,提出了 SCA - LSTM 算法,用于 EMG 信号连续估计上肢运动的肩肘关节角度,建立并测试了一种新的外骨骼机械臂多关节协同轨迹控制系统,用户一次只需要能控制一个关节,便可以与智能假肢控制系统一起实现多关节协同作用。实验结果表明,本方法能够实现协调的多关节运动,并且能够通过减少电路切换的数量和完成任务所需的时间来提高协同任务性能。

第 7 章上肢康复外骨骼控制方法。人机协同控制要求康复训练操作过程具备一定的柔顺性,即需要研究柔顺控制方法。另外,所设计的控制系统对不同运动能力或者不同康复训练阶段的患者具有一定的通用性。首先,针对上肢外骨骼柔顺性不足的问题,研究了基于虚拟导纳模型的上肢外骨骼柔顺控制方法,完成了虚拟交互力矩的获取,通过 MATLAB Simulink 搭建了基于虚拟导纳模型的上肢外骨骼控制模型。其次,针对上肢外骨骼康复机器人系统动力学参数的不确定性和康复训练过程中的柔顺控制问题,分析了滑模变结构控制基本原理,提出了一种自适应全局快速终端滑膜控制方法。再次,基于 CPG 原理提出了一种仿生控制方法,通过基于动态学习的自适应频率 Hopf 振荡器构建 CPG 振荡器网络,采用网络中具有学习适应功能的多个振荡器联合进行训练,重建运动轨迹,有助于提高人机协同能力。最后,针对不同康复训练需求,研究了被动与主动康复训练控制方法,提出了一种基于 RBF 网络逼近的自适应滑模阻抗控制算法。

第 2 章　上肢康复外骨骼机械臂设计

上肢康复外骨骼作为一种针对偏瘫运动功能障碍患者进行康复治疗的功能性设备,有望在未来代替理疗师对患者进行一定程度上的独立训练。人体上肢具有较为复杂的生理结构和广泛的运动范围,使得人体在各关节协同工作下可以完成多种动作。要实现复现多关节运动带动上肢并刺激运动神经从而重塑中枢神经系统,需要在外骨骼结构设计前了解人体上肢的运动机理。本章通过对人体上肢运动解剖学的分析,得出自然的上肢动作模式,并确立上肢康复外骨骼机械臂的设计方案与功能要求。结合人体工学、机械设计等相关领域的知识,研制一款具有安全性、灵活性、舒适性以及轻便性等特征的上肢康复外骨骼机械臂。

2.1　基于人体工学的设计方法

2.1.1　设计分析

康复训练外骨骼作为一种辅助运动功能障碍患者进行康复训练的机械装置,其功能实现过程中必须将康复外骨骼穿戴在患者患肢上。患者或被动或主动或主被动结合地在外骨骼的辅助下共同完成康复训练动作。整个动态训练过程外骨骼与患者患肢始终都通过连接耦合。而患肢本来就较为脆弱,为避免在康复过程中对患者造成二次伤害,对于外骨骼的设计提出了安全性的要求。

在设置物理限位机构保证安全的基础上,所提出的设计必须能够达到预期的功能。其中外骨骼的动作模式对于患者能否按照自然舒适的人类正常运动模式进行康复训练起到了决定性的作用,因此对于外骨骼的设计提出仿生性的要求。满足该要求需要通过运动解剖学对人体上肢正常的运动方式机理进行探究,了解其结构特征与运动规律提出关节自由度配置方案与关节运动范围设计要求,使上肢康复外骨骼在运动能力方面能够最大限度地完成人体正常的运动模式。在此程度上,为了避免外骨骼训练动作单一,设计结果须具有一定的灵活性。

除此之外,患者在康复过程中对于舒适性的需求也必须引起足够的重视,因此需要通过人体工学设计来满足这一设计需求,使得外骨骼数据与用户患者能够较好地匹配,最大程度上降低使用过程中引起的不适感。在实际情况中,一台外骨骼往往要面对多个患者,不同患者的身体数据必然不同,所以对外骨骼提出了普适性的设计要求。通过设计连续调长机构,使外骨骼的尺寸能够在一定范围内自由调节,满足实际的使用需求,提高设备利用率与患者舒适度。

为降低结构体整体的质量,使得外骨骼更加轻便、简单,要求材料在满足负载的条件下,尽量选用质量较轻的材料,即轻量化材料。在结构设计中,应避免过于复杂的结构件,且外骨骼设置为单板结构,以使整体结构符合轻便性的设计要求。

　　结合以上基于实际应用场景下对于设计需求的分析,可得本上肢康复外骨骼的设计要求为:安全性、仿生性、灵活性、舒适性、普适性以及轻便性。分别针对每种特性要求,提出具体的设计解决方案,并应用在本体结构的设计中,最终完成外骨骼的结构设计。

2.1.2　人体工学尺寸设计

　　人体工学作为第二次世界大战后出现的一种技术,本质上是通过人体工学设计,使得设备或者生产工具的使用方式符合人体自然形态。人在使用过程中身体和精神处于自然舒适的状态,不需主动调整适应,降低使用工具造成的疲劳感。上肢康复外骨骼作为一种与患者肢体通过软性物理绑缚结构连接的设备,如果未达到一定的人体工学设计要求,势必会在运动康复过程中对患者肢体造成额外的负担,甚至二次伤害,有必要在设计初期进行人体工学相关设计,满足上文所提出的对于仿生性的要求。

　　1988 年,GB 10000 - 1988《中国成年人人体尺寸》的颁布,基于人类工效学提供了适用于工业产品、建筑设计、军事工业以及工业的技术改造设备更新及劳动安全保护的我国成年人人体尺寸基础数值。虽然多年的工业设计一直采用该数据,但本研究在标准数据的基准上根据课题组样本进行了调整。部分截取数据如表 2 - 1 和 2 - 2 所示。

表 2 - 1　《中国成年人人体尺寸》16～60 岁男性部分数据

百分位数	1	5	10	50	90	95	99
身高/mm	1543	1583	1604	1678	1754	1775	1814
体重/kg	44	48	50	59	71	75	83
上臂长/mm	279	289	294	313	333	338	349
前臂长/mm	206	216	220	237	253	258	268
坐姿肩高/mm	539	557	566	598	631	641	659
小腿加足高/mm	372	383	389	413	439	448	463

表 2 - 2　《中国成年人人体尺寸》16～55 岁女性部分数据

百分位数	1	5	10	50	90	95	99
身高/mm	1449	1484	1503	1570	1640	1659	1697
体重/kg	39	42	44	52	63	66	74
上臂长/mm	252	262	267	284	303	308	319
前臂长/mm	185	193	198	213	229	234	242
坐姿肩高/mm	504	518	526	556	585	594	609
小腿加足高/mm	331	342	350	382	399	405	417

考虑到所设计的上肢康复外骨骼受众为年龄相对较大的运动障碍人群,参考表中 16～60 岁的数据,并结合课题组相关样本数据最终选择大臂的长度范围为 280～320 mm,前臂的长度范围为 220～260 mm。依据中位数显示,该长度能够覆盖 90% 的人体尺寸,故上肢康复外骨骼基本能够满足患者的尺寸需求。其中大臂与小臂分别具有 40 mm 的尺寸调节余量,在后续设计过程中将设计连续调长机构,以保证患者能够舒适穿戴,达成人体工学设计的预期目的。

因设计要求中具有仿生性和灵活性,故研究团队所设计上肢康复外骨骼必然具有多关节、多自由度的特点。多关节设计带来了动作灵活、康复方式多样化、更好的自然人体运动方式等优点。然而即便提出了轻便性的设计准则,由于各关节驱动器的加入,必须设计上肢康复外骨骼的承载安装台,将臂体与之连接,以增强整体设计的连接刚性,降低患者负担。此外依据现代康复医学的康复训练方式,针对肢体运动功能障碍的脑卒中患者进行传统康复训练的治疗时间约为 40 min,每天治疗 1 次,每周治疗 5 天。而为了增强康复效果的强化康复训练在每天治疗时间上延长到了 80 min,每天治疗 1 次,或者 60 min,每天治疗 2 次,每周治疗 5 天。对于这种时长的康复训练来说,长时间的站立反而会增加患者整体的体能消耗,缩短患者所能承受的康复时长,降低康复效果。因此本款上肢康复外骨骼的承载安装台结合人体工学设计,做成座椅结构形式,使患者以坐姿进行上肢康复训练,从而解决上述问题。

上肢康复外骨骼与座椅固定架通过与负责肩关节外展/内收自由度的电机输出轴相连的轴进行连接,将该自由度的执行器置于患者冠状面后侧的肩关节位置,固定接口参考上文所列数据中的坐姿肩高及小腿加足高进行设定,最终将座椅固定架座椅平面的高度定为 450 mm,座椅平面到肩峰距离为 590 mm,额外地可以通过在座椅平面添加坐垫灵活调整患者与外骨骼的相对位置,达到较好的人机相容性。

2.1.3　人体工学理论

人体的上肢由上到下依次由肩部、大臂、肘部、小臂和手部组成,人体上肢示意图如图 2-1(a)所示。而上肢运动功能的实现主要依托于不同组合的骨骼链,从而具备不同的关节运动的能力。分析不同关节的运动功能就需要分析关节的骨骼链。

由于多关节的结构特点,各个关节或单独或协同运动使得上肢的运动方式极其灵活,能够帮助人类完成多样且精细的动作姿态,在日常生活中占据了极其重要的作用。人体上肢主要由肩部、肘部以及腕部组成,对应来讲上肢的三大关节分别是肩关节、肘关节以及腕关节。

人体上肢的骨骼关节如图 2-1(b)所示。根据人体上肢的运动模式,可以分别将肩关节归类为球窝关节,肘关节归类为铰链关节,腕关节归类为髁状关节。但肩部是一个复杂的骨骼链,除了肩胛骨与肱骨组成的负责肩关节绝大运动范围的盂肱关节外,锁骨外侧端与肩胛骨肩峰通过肩锁韧带连接组成了肩锁关节(平面关节),胸骨柄与锁骨内侧端组成了胸锁关节(鞍状关节)。

肩关节为典型的球窝关节,因而上臂能够绕着三个相互垂直的基本轴进行转动。其中,绕额状轴向前抬臂的动作称为肩关节前屈,反之则为肩关节后伸,如图 2-2(a)所示。在肩关节前屈过程中,肱二头肌长头作为原动肌肉负责该动作模式的实现,三角肌前束、胸大肌等为协同肌,保证运动过程的稳定性、流畅性以及对于动作轨迹的精细调整与控制。后伸则背阔肌作为原动肌,大圆肌、三角肌后束等为协同肌。以上肢自由下垂为零位,其生理学运动角度范围为前屈 150°,后伸 40°。

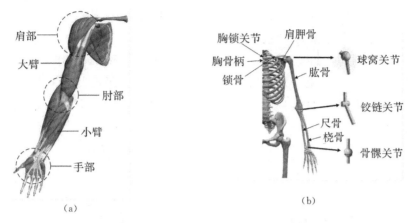

（a）

图 2-1　人体上肢及骨骼关节分析图

（a）上肢组成结构;（b）上肢骨骼关节

以三角肌中束为原动肌肉,三角肌后束、斜方肌等为协同肌共同实现的肩关节外展如图 2-2(b)所示。反之,肩关节内收动作则由背阔肌和胸大肌作为原动肌肉,冈下肌、背阔肌等为协同肌肉。同样地以上肢自由下垂为零位,做内收动作容易受到躯干的干扰,运动范围较小,大约为 20°,而外展动作由于肱骨滑向关节窝的下方,生理学运动范围大约为 90°。

肩关节外旋/内旋运动过程如图 2-2(c)所示。外旋动作时,原动肌为三角肌后束,小圆肌、三角肌前束和中束等为协同肌肉。内旋状态下,背阔肌为原动肌肉,大圆肌、胸大肌等为协同肌肉。以小臂向前平举,平行于矢状面为零位,其生理学运动角度范围为内旋 70°,外旋 60°。当肩关节前屈与身体成 90°时,可沿水平方向进行内收和外展运动。

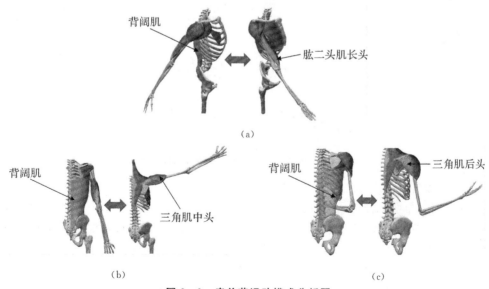

图 2-2　肩关节运动模式分析图

（a）前屈/后伸;（b）外展/内收;（c）内旋/外旋

肘关节屈曲/伸展动作如图2-3(a)所示。屈曲动作以肱二头肌长头为原动肌,肱二头肌短头、肱肌等为协同肌。而肘关节伸直则以肱三头肌外侧头为原动肌,肱三头肌长头、肱三头肌内侧头等为协同肌。以小臂与大臂保持一条直线时作为零位,其生理学运动角度范围为屈曲145°,伸展时因生理结构限制,不能出现反弓。

前臂内旋/外旋过程如图2-3(b)所示。内旋过程中,以旋前圆肌作为原动肌,旋前方肌作为协同肌。反之在外旋过程中以旋后肌作为原动肌,肱二头肌长头、肱桡肌等为协同肌肉来实现该动作模式。以掌心向内,且平行于矢状面作为零位,其生理学运动范围为前臂内旋90°,前臂外旋90°。

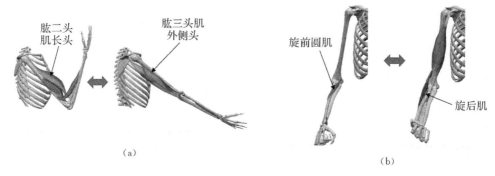

（a）　　　　　　　　　　　　　　　　　　　　　　（b）

图2-3　肘关节运动模式分析图

(a)伸展/屈曲；(b)前臂内旋/外旋

腕关节的前屈/后伸动作如图2-4所示。其中指深屈肌作为原动肌,以指浅屈肌、尺侧腕屈肌等为协同肌,共同完成腕关节前屈。腕关节后伸则以指伸肌为原动肌,以尺侧腕伸肌、桡侧腕长伸肌等为协同肌肉。以手掌与小臂在同一水平面为零位,生理运动范围为后伸60°,前屈80°。由于腕关节为骨髁关节,还具有外展和内收的运动自由度,生理学运动范围分别为外展20°,内收30°。

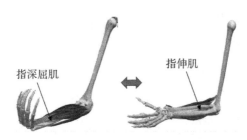

图2-4　腕关节后伸/前屈运动模式分析图

根据以上分析可得人体上肢各关节的生理运动范围如表2-3所示。对于前臂内外旋运动,从运动解剖学角度上分析,在旋前圆肌、旋前方肌以及旋后肌的带动下,由尺骨的桡骨切迹和桡骨头环状关节面组成的桡尺近侧关节实现其转动过程,故将该自由度归属于肘关节。故上肢的七个自由度由肩关节的三个自由度、肘部两个自由度与腕关节的两个自由度组成。

由于腕关节的外展/内收运动范围较小,考虑到康复训练运动的可行性以及患者日常动作使用的频率,所设计上肢康复外骨骼腕关节设计中不考虑对于该动作的训练恢复,只考虑对于前屈、后伸动作的训练恢复。由于在上肢康复外骨骼的辅助康复下,患者患肢的肌力恢复到一定程度,有了一定自主运动能力时,利用其自身的力量去扩大其活动范围与形式。这样不仅可以大大减轻设计的复杂度,还避免由于机构复杂而加大上肢康复外骨骼质量影响设计美观性,加大控制难度,影响到康复治疗效果。

表 2 - 3　人体上肢各关节生理运动范围

关节	动作名称	活动范围
肩关节	外展/内收	$0\sim100°/0\sim20°$
	前屈/后伸	$0\sim150°/0\sim40°$
	内旋/外旋	$0\sim75°/0\sim60°$
肘关节	屈曲/伸展	$0\sim145°/0°$
	内旋/外旋	$0\sim90°/0\sim90°$
腕关节	前屈/后伸	$0\sim80°/0\sim60°$
	外展/内收	$0\sim20°/0\sim30°$

2.1.4　关节自由度配置方案设计

上肢作为人体最灵活的部位之一,在生活中占据了极其重要的作用,尤其是多关节的灵活的特点,能帮助人类完成多样且精细的动作姿态。具有运动功能障碍的脑卒中患者,一方面由于肌肉萎缩导致的肌力不足引起运动能力的缺失,另一方面在关节活动度和运动灵活性上也产生了较大的缺失。作为面向运动功能障碍脑卒中患者的上肢康复外骨骼需兼顾上述两个方面,不能因自由度设置问题而极大地限制运动范围,影响外骨骼的运动灵活性。

根据人体上肢运动解剖学及文献资料,人体上肢在屈曲位形区域内有更好的运动灵活性,与人体上肢的自然运动学属性相吻合。以人体上肢手臂自然下垂作为初始零位,通过设置肩关节外展 90°与否,其水平外展/内收与前伸/后屈可以实现相互变换。考虑到肩关节的外旋/内旋自由度,将肩关节设定为 3 个自由度来模拟人体肩关节的灵活运动方式,肘关节的屈曲/伸展设置 1个自由度,旋前/旋后设置 1 个自由度,腕关节的前屈/后伸设置 1 个自由度,共 6 个自由度。

外骨骼各关节的运动范围设计要求如表 2 - 4 所示。可见根据设计要求,绝大部分的上肢运动模式都能够达到自然生理运动的极限位置。

表 2 - 4　上肢康复外骨骼机器人运动范围设计要求

关节	动作名称	活动范围
肩关节	外展/内收	$0\sim100°/0\sim20°$
	前屈/后伸	$0\sim150°/0\sim20°$
	内旋/外旋	$0\sim75°/0\sim45°$
肘关节	屈曲/伸展	$0\sim125°/0°$
	内旋/外旋	$0\sim90°/0\sim90°$
腕关节	前屈/后伸	$0\sim80°/0\sim60°$

2.2　上肢康复外骨骼机器人建模

2.2.1　上肢康复外骨骼结构设计分析

　　基于人体工学设计理论和康复外骨骼的实际需求,制订了相应的机械结构设计上的要求,主要包括运动性能、安全性、舒适性、可靠性和轻量化等方面的具体要求,针对这些要求提出了具体的结构设计解决方案,详细的应用需求和对应解决方案如表2-5所示。

　　所搭建的上肢外骨骼针对坐姿康复,故整体使用基座式设计。基座可以提供患者正坐并提供背部支撑,此外,基座与上肢外骨骼固定,保持外骨骼的旋转中心固定,减少偏移而造成的位置误差。基座设计时也考虑部分电机传感器走线和提供电机执行器的重力支撑。基座采用铝合金型材制成,中间部分空出,可以摆放不同高度的座椅来调节整体高度。

表 2 - 5　上肢康复外骨骼结构设计需求和解决方案

应用方面	具体需求描述	结构设计解决方案
运动性能	上肢外骨骼可以主动带动人体上肢在一定的活动范围内进行多种康复训练,上肢外骨骼的主要关节自由度需要与人体上肢基础运动自由度相符	基于人体工学分析,人体上肢的主要运动关节可以简化为4个基础自由度和两个个补偿自由度。 (1)肩关节具有3个自由度; ①肩关节外展/内收自由度; ②肩关节前伸/后屈自由度; ③肩关节内旋/外旋自由度; (2)肘关节具有1个自由度;肘关节屈/伸自由度; (3)腕关节具有2个补偿自由度; ①腕关节掌屈/掌伸自由度; ②腕关节内旋/外旋自由度
安全性	各个机械关节可运动范围不能超过人体上肢关节运动的极限范围	在结构设计中采用机械限位机构达到硬限位需求
舒适性	被测主动穿戴时,人机相容性好,且穿戴过程舒适	采用单片式上肢外骨骼,使用柔性的尼龙绑带传动人机交互力,设计环状机构为人体上肢提供运动时的支撑
舒适性	进行穿戴运动时,上肢与外骨骼的关节旋转中心一致	设计两个补偿自由度,在运动过程中对两者旋转中心的偏差进行补偿
舒适性	不同人群穿戴普遍舒适度均较高	设计针对上肢大臂和小臂无极调长机构,适应不同身型的人群需求
可靠性	可以投入长期使用,维护便捷	整体机构进行长期运动测试,检查运动关节磨损程度,零件装配分散,易于检查维护

续　表

应用方面	具体需求描述	结构设计解决方案
轻量化	整体结构轻便简洁	采用较小的结构设计尺寸,装配孔设计紧凑
	易于装配和拆卸	部分关节模块化设计
	总体质量较轻	采用密度较小且强度足够的铝合金材料作为主体材料,非承重零件使用 3D 打印技术制造,整体设计尺寸把控严格,限制体积

结合上述的人体工学理论知识和外骨骼运动能力需求及控制设计复杂度考虑,设计的自由度包含 4 个基础自由度和两个补偿自由度,初步构思设计的整体原理图如图 2－5 所示。

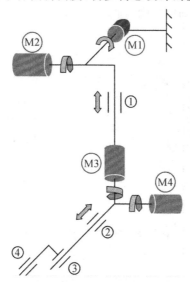

图 2－5　上肢外骨骼关节自由度转动中心及连接示意图

在图 2－5 中,M1 电机、M2 电机、M3 电机实现肩关节的运动,其中 M1 电机实现肩关节的外展/内收自由度,M2 电机实现肩关节的前伸/后屈自由度,M3 电机实现肩关节的内旋/外旋自由度。组合联动可以实现上肢外骨骼在肩关节三维空间的自由活动。M4 电机用于实现肘关节的屈/伸自由度,配合肩关节的三个自由度可以覆盖上肢的移动轨迹点。

机构①、②分别是上肢大臂调长机构和上肢小臂调长机构。调长类型为无级调节,具备更好的泛用性。机构③、④是腕关节的两个补偿自由度,分别实现了腕关节的内旋/外旋自由度和掌屈/掌伸自由度。

整体上肢外骨骼结构连接上,上肢外骨骼和基座通过 M1 电机构成的转动副相连,M2 电机、M4 电机也通过转动副外挂式连接到整体结构。机构①、机构②调节长度的同时与两侧结构固定连接。由于 M3 电机轴向方向和手臂走向一致,不能简单外挂连接,需要设计传动机构来传导力矩。

根据上一小节关节自由度的配置方案可知,所设计的外骨骼肩关节为三自由度。其中外展/内收和前屈/后伸自由度则可直接根据人体工学尺寸设计将转动轴与人体关节的旋转中心轴线重合,采用执行器直驱的方式实现这两种运动模式。

肩部三维结构模型如图 2-6 所示。桁架固连件与座椅式铝合金桁架固连,如图 2-6(a)所示,已将全部上肢康复外骨骼的重量通过桁架固连件传递到座椅式铝合金桁架上,不需患者承担外骨骼本体的重量。外展/内收转轴的具体细节如图 2-6(b)所示。步进电机输出轴与减速器相连,减速器输出轴通过键连接与半空心外展/内收转轴配合。转轴两端分别与 6006 轴承内圈配合,减速器输出轴一端的轴承外圈与轴承安装架配合,另一端的轴承外圈与桁架固连件上的轴承安装孔配合。根据外骨骼的动作模式可知,该轴以承受扭矩为主,弯矩为辅,且在向左的轴向上为可靠固定,理论上不受向右轴向力,故轴向固定采用的紧固方案如图 2-6(b)所示。转轴在桁架固连件一端设有轴用弹性挡圈安装槽,桁架固连件轴承安装孔入口处设有孔用弹性挡圈安装槽。转轴与外骨骼臂体为一体式结构,所受向右的轴向力通过轴用弹性挡圈安装槽传递到轴用弹性挡圈。轴用弹性挡圈再将其传递给轴承内圈,轴承内圈通过滚动体和保持架将轴向力传递给轴承外圈,轴承外圈被孔用弹性挡圈进行轴向紧固。

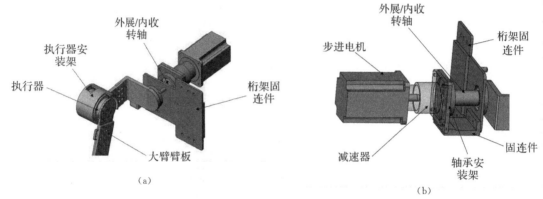

图 2-6 肩关节三维结构模型
(a)视角一;(b)视角二

轴承安装架与桁架固连件通过固连件用螺栓紧固。转轴为两端支撑结构,较为稳定,且支撑点左侧的步进电机和减速器由于和轴承安装架固连,其质量通过固连件传递到桁架。外骨骼的全部质量均通过该轴传递到与其配合的轴承上,由轴承将力传递到外骨骼连接固定件上。因此该转轴的设计尺寸对整个外骨骼的安全运转十分重要,对外展/内收转轴轴径进行理论设计计算。

转轴受力分析如图 2-7 所示。A、B 分别为两端轴承的支承位置,C 点为转轴末端结构,l_1 为 A、B 之间的距离,l_2 为 B、C 之间的距离,$l_1=68$ mm,$l_2=13$ mm。

对工作载荷进行分析可知,转轴受到弯矩和扭矩,故按弯扭合成强度条件对转轴直径进行设计。对于转轴所受的弯矩,当外骨骼处于前屈 90°,即保持水平位姿时,等价到 C 点的弯矩达到最大。将工作载荷设定为 5 kg,集中于肘关节旋转中心。工作载荷折合到 C 点得到的弯矩为

$$M_C = mgL \tag{2-1}$$

式中,L 为肘关节旋转中心与 C 点间的距离,$L=420$ mm。

计算得 M_C 的值为 20 580 Nmm。

假设 B 点受到向上的支持力 F_B,对 A 点的力矩平衡方程为

$$F_B l_1 - mg(l_1 + l_2) - M_C = 0 \tag{2-2}$$

假设 A 点受到向下的支持力 F_A，对 B 点的力矩平衡方程为

$$F_A l_1 - mg l_2 - M_C = 0 \tag{2-3}$$

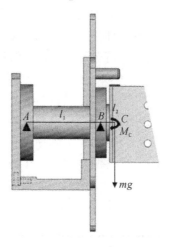

图 2-7　转轴受力图

将已知数据代入式(2-2)与式(2-3)中计算得，$F_A = 312$ N，方向向下。$F_B = 361$ N，方向向上。可知最大弯矩出现在 B 点，其值为 23 911 Nmm。由于转轴在工作过程中，往往承受弯矩和扭矩的复合应力状态，采用弯扭合成强度设计准则对轴径进行设计验证。

当外骨骼处于外展 90°保持水平位姿时，转轴承受的扭矩达到最大。此时转轴所受的扭矩为

$$T = mgL' \tag{2-4}$$

式中，L' 为外骨骼等价质心到转轴轴线的距离，$L' = 302$ mm。

计算可知，T 的值为 14 798 Nmm。

轴的弯扭合成强度校核公式为

$$\sigma_{\alpha} = \sqrt{\left(\frac{M}{W}\right)^2 + 4\left(\frac{\alpha T}{2W}\right)^2} = \frac{\sqrt{M^2 + (\alpha T)^2}}{W} \leqslant [\sigma_{-1}] \tag{2-5}$$

式中：M 为轴所受的弯矩；T 为轴所受的转矩；W 为轴的抗弯截面系数；$[\sigma_{-1}]$ 为轴的许用弯应力，取为 50 MPa；α 为考虑二者循环特性不同的影响引入的折合系数，此处取为 1；铝合金的弯曲极限强度为 228 MPa。

空心轴的抗弯截面系数为

$$W = 0.1 d^3 (1 - \beta^4) \tag{2-6}$$

式中，β 为空心轴内外径比，$\beta = \dfrac{d_1}{d}$，d_1 为空心轴内径，d 为空心轴外径。根据机械设计验，β 通常取 0.5～0.6，此处设为 0.5。

满足弯扭合成强度条件的轴直径设计公式为

$$d^3 \geqslant \frac{\sqrt{M^2 + (\alpha T)^2}}{0.1(1 - \beta^4)[\sigma_{-1}]} \tag{2-7}$$

代入数据计算可得 $d \geqslant 18$ mm，而所设计外骨骼选取的轴承型号为 6006，内径为 30 mm，

即轴的直径,满足外骨骼工作负载要求。

根据前文解剖运动学分析,肩关节的内旋/外旋运动范围为内旋 $0\sim90°$,外旋 $0\sim80°$。考虑上文所提设计准则,利用上肢康复外骨骼帮助患者在一定运动范围内进行康复训练,患者有了一定的自主运动能力之后,利用其自身的运动能力去扩大其活动范围与形式。能够将极其灵敏的人体感官神经加入患者自身的康复闭环中,在对康复治疗效果影响不大的情况下大大减少设计的限制,从而在不丢失功能性的情况下降低设计难度。综合考虑,上肢康复外骨骼肩关节内外旋机构活动角度设置为内旋 $0\sim75°$,外旋 $0\sim45°$。

肩关节的内外旋运动为小臂绕大臂轴线进行转动,所用解决方案为通过转动件与不动件之间的相互转动实现该运动。转动轴与大臂重合,小臂臂体通过螺栓与转动件相连,不动件与大臂臂体连接。转动件采用半圆环形齿轮,圆环实体中间设有导向槽,有齿面为外圆一侧,不动件上设计半圆环形实体凸起结构,与导向槽相配合。半圆环形齿轮外圆侧齿与驱动机构输出轴上固定的小齿轮啮合。在小齿轮驱动下,半圆环形齿轮相对不动件绕大臂轴线即圆环圆心轴线转动,小臂臂体对患者小臂施加交互力,带动患者小臂完成该运动模式,实现肩关节的内外旋运动。

内外旋转动件的设计原理如图 2-8(a)所示。内外旋转动件为一段圆环形齿轮,外侧切齿与小齿轮啮合。闭环步进电机带动小齿轮转动,小齿轮带动内外旋转动件基于内外旋不动件发生相对运动,实现肩部的内外旋运动。在设计圆环齿轮半径时考虑到人体工学设计原则,参考人体臂围的数据,使外骨骼结构肩关节内外旋的旋转中心与人体肩关节内外旋运动时旋转中心互相匹配,提高患者舒适性与训练效果,避免二次伤害的出现。

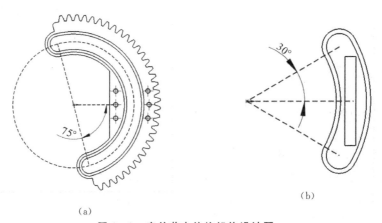

(a)

(b)

图 2-8 肩关节内外旋机构设计图

(a)内外旋转动件;(b)内外旋转动件

内外旋不动件的设计原理如图 2-8(b)所示。内外旋不动件通过圆环凸起实体与内外旋转动件的导向槽与底部设置的凹槽进行配合,既有导向作用,也有承受载荷作用,从而内外旋转动件相对于内外旋不动件绕着圆弧中心进行转动。考虑到承重问题及转动过程中的稳定性,内外旋不动件角度应设置稍大。而如果把不动件的凸起实体两端与圆心的连线之间的夹角设定太大,则会影响到肩部内外旋运动的角度范围。根据上文对于康复运动范围的设置,取内外旋不动件的角度为 $60°$。

依据上述设计过程,在三维建模软件 Solidworks 中构建三维模型可得肩关节内外旋解决方案如图 2-9 所示。

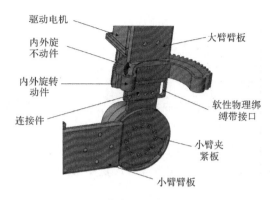

驱动电机
内外旋不动件
内外旋转动件
连接件
大臂臂板
软性物理绑缚带接口
小臂夹紧板
小臂臂板

图 2-9　肩关节内外旋功能三维结构模型

2.2.2　连续调长机构与安全物理限位

　　传统的外骨骼长度调节装置一般是在臂体 1 的特定长度段设计一定数量的光孔,各光孔之间距离 d 相等,在另一个臂体 2 上面设计一个孔。调节长度时,通过两个臂体之间的相对移动,臂体 2 上的孔位与臂体 1 上的不同孔位对齐。患者感到尺寸符合,可通过螺栓固定两个臂体的相对位置,完成调长操作。但这种调节方式得到的臂体总长并不是连续的,此外由于光孔的数量有限,且往往较少,所以最小调节长度 d 的存在会使得调节后尺寸不能很好地与患者肢体尺寸保持一致,降低患者穿戴舒适感,增加受伤风险,人机相容性下降。

　　在外骨骼结构中设计连续调长机构可以解决上述问题。由于设计的功能预期为臂体尺寸的变化,必然是通过两个结构体的相对运动实现。连续调长机构的设计结果如图 2-10 所示。臂体分为两个结构体,结构体 1 即夹紧板上设置槽口,结构体 2 即臂板上设置螺纹孔。首先将六螺栓穿入夹紧板上的槽口,然后拧入臂板上的螺纹孔中,拧入的过程中螺栓头不断靠近夹紧板,继续拧入则螺栓头压紧夹紧板,臂板和夹紧板接触面以及螺栓头与夹紧板接触面上产生正压力。当二者有相对滑动的趋势时,接触面上产生的摩擦力维持二者的相对位置不变。拧松螺栓,则接触面正压力消失,从而对外骨骼臂长进行连续调节。调节尺寸时只需将六星梅花手把螺栓拧紧或放松,十分便利,且能够实现真正的连续调长,实现较好的人机共融性能。

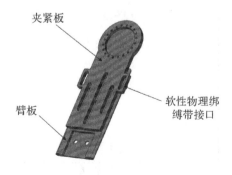

夹紧板
软性物理绑缚带接口
臂板

图 2-10　连续调长机构三维模型

　　考虑在实际情况中,当上肢外骨骼处于人体上肢自由下垂的位姿时,螺栓的受力类型为横向载荷。当外骨骼进行肩关节的前屈/后伸动作时,螺栓组的受到的载荷类型为转矩,由于螺栓头与夹紧板接触面存在预紧力产生的正压力,螺栓组产生摩擦力,摩擦力对螺栓组中心产生反方向力矩与外力矩互相平衡。当外骨骼前屈到 90°,保持水平时,由于重力竖直向下,力与力臂垂直,螺栓组受到的转矩最大,处于危险情况。对该时刻的受力状况进行理论分析计算。由于小臂的调长机构的螺栓组只承载小臂的部分质量,采用大臂处的调长机构螺栓组的负载数据进行理论设计解算以增强可靠性。

受力模型简化为图 2-11,由于肘关节是人体上肢的中间关节,故将外骨骼的质量向肘关节处集中,得到如图 2-11 的等价质量中心是较为合理的。同样的,负载包括患肢与结构本体质量,中等身材成年人手臂约为 3 kg,由于大臂调长机构的螺栓组负载并不涉及肩关节处的电机以及部分外骨骼结构,选择以 5 kg 作为等价质量中心处的等价质量进行设计计算。

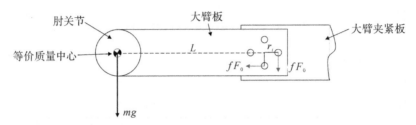

图 2-11　调长机构受力分析图

调长机构螺栓组的力矩平衡方程为

$$fF_0r_1 + fF_0r_2 + fF_0r_3 + fF_0r_4 \geqslant K_sT = K_smgL \tag{2-8}$$

式中:L 为等价质量中心到螺栓组中心的距离,根据结构设计结果 $L=224$ mm;F_0 为螺栓预紧力;r_i 为螺栓到螺栓组中心点的距离,各 r_i 距离相等,均为 20 mm;K_s 为防滑系数,取为1.2;f 为接合面的摩擦因数,因结构体表面喷砂处理,取为 0.5。

各螺栓所需的预紧力为

$$F_0 \geqslant \frac{K_sT}{f\sum\limits_{i=1}^{4}r_i} \tag{2-9}$$

计算得到 $F_0 \geqslant 329.28$ N。

许用屈服强度计算公式为

$$[\sigma] = \frac{\sigma_s}{S} \tag{2-10}$$

式中:σ_s 为材料的屈服强度,6061 铝合金的屈服强度为 110 MPa;S 为安全系数,定为 1.3。

螺栓直径的设计公式为

$$d \geqslant \sqrt{\frac{1.3 \times 4F_0}{\pi[\sigma]}} \tag{2-11}$$

计算结果为 $d \geqslant 2.5$ mm。考虑到可能在运动过程中出现更加复杂的复合受力情况,上肢外骨骼调长机构螺栓组均采用 M6 的六星梅花手把螺栓。

上肢康复外骨骼适用对象为运动功能障碍的患者,保证人机交互过程中的安全问题是首要设计原则。为了符合安全准则,采用软件安全控制与机械结构安全设计两层体系共同保证患者在康复训练过程中的安全问题。机械结构上的安全设计通过设置物理限位实现,肩关节和肘关节的物理限位机构如图 2-12 所示。

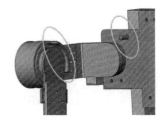

图 2 - 12 物理限位机构三维模型

2.2.3 力交互接口结构

交互力作为患者与上肢康复外骨骼之间最为直接的交互方式,交互力信号的采集对于控制过程的进行具有重要的意义。因交互力的测量首先需要创造接触面,适合安装该传感器的位置只有手腕处的转动齿轮内部和人体有较为全面直接的接触。基于上述已设计结构,采用薄膜压力传感器来采集交互力信号。而腕关节内环为圆弧形,故需要设计内插机构补充圆弧面为平整面以作为接触面的一侧。腕关节内环的直径为 88 mm,而根据解剖学理论,成年人的手腕剖面并非圆形,更多地可以近似为椭圆,长短轴尺寸与其有较大差别,大约为长轴60 mm,短轴 50 mm。如果将薄膜压力传感器直接固定在补充完整的平整面上,患者手臂初始位置并不会与压力传感器接触,只有患者进行了一定程度的运动后,患者手臂与压力传感器接触,才能得到交互力信号,如此在接触瞬间就会产生不必要的冲击力信号。由于交互力信号在康复训练的过程中起伏较大,平稳性并不高。采用弹簧连接两个接触面,以解决上述提到的冲击力问题。

力交互接口的三维模型如图 2 - 13 所示。交互结构接口由手腕上环和手腕下环组成,二者圆环顶部均有凸起的圆柱体结构,该圆柱体直径略小于弹簧套内径,弹簧套向着腕部内环圆心方向处开口,弹簧置于其内。力交互接口固定架通过螺栓连接与小臂臂体结构相连,另外其延伸出的平台补充腕关节内环圆弧面为平整面作为接触面的一侧,FSR 薄膜式压力传感器的固定位置即为途中所示的薄膜压力传感器固定台。手腕下环的圆柱形突起结构压缩弹簧,弹簧对弹簧套施加压力,弹簧套对薄膜压力传感器施压,二者为刚性接触,有利于交互力的测量。手腕上环和手腕下环可以通过力交互接口固定架上的导轨进行上下移动调节,以适应不同用户的手腕尺寸,结构图如 2 - 14 所示。

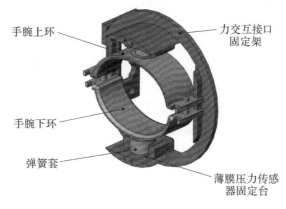

图 2 - 13 力交互接口三维模型

图 2-14　力交互接口结构图

2.2.4　结构材料分析选择

作为上肢康复外骨骼的材料,为保证穿戴到患者身上的轻便性,减少患者的负担从而提高人机共融性,并降低对于驱动机构的驱动能力要求,必须选择一种密度较低且兼具优良的强度与刚度属性。考虑到成本的问题,价格因素也会被纳入选材考量因素。

目前较为常见的轻量化材料主要有铝合金、镁合金、高强度钢等金属材料及碳纤维、工程塑料、复合材料等非金属材料。碳纤维具有优越的力学性能,耐高温、耐摩擦,适用于对刚度、密度及疲劳等性质有较高要求的领域。工程塑料具有较高的机械强度,兼顾耐高温、耐腐蚀的特性,某些场合下可代替金属使用。铝合金作为一种较为常见的低密度、高强度材料,最大优点是材料成本较为低廉,且具有较高的比强度及良好的挤压性,可制作各种复杂零件,在航空航天、机械制造、汽车等多领域得到广泛的应用。由于镁的密度大约为铝的 2/3,镁合金成为目前商用最轻的金属结构材料之一。但也因此,从原材料、生产工艺等各方面价格均在铝合金之上,故采用铝合金作为上肢康复外骨骼的材料。

目前铝和铝合金主要分为八个系列,不同系列的铝合金有不同的性能特性。其中较为常见有 2 系铝铜合金、3 系铝锰合金、4 系铝硅合金、5 系铝镁合金及 7 系铝锌合金等。虽然 7 系是航空系列材料,具有良好的耐磨性及加工性能,但目前依然主要依靠进口。而 6 系铝镁硅合金系列,因含镁与硅两种元素,集中了 4 系和 5 系的优点,材料致密,韧性高,加工性能极佳。不易发生应力集中和材料初始缺陷等问题,广泛用于各种工业结构件。综上所述,考虑到所设计的上肢康复外骨骼所面向的应用场景及相关要求,在 6 系铝合金中选择铝合金型号作为外骨骼的样机材料。6 系铝合金材料型号常用场合如表 2-6 所示。

6061 铝合金作为经过热处理预拉伸工艺生产的高品质铝合金产品,其强度虽不能与 2 系和 7 系铝合金相比,但得益于合金元素镁和铝的特性,具有加工性能极佳、韧性高、加工后不易变形、材料致密无缺陷及易于抛光、氧化效果极佳的优良特点。基于以上特性,最终将 6061 铝合金作为本研究上肢康复外骨骼的材料,其性能指标如表 2-7 所示。

表 2-6　6 系铝合金中常见型号用途

铝合金牌号	常用场合
6005	挤压型材与管材
6009	汽车车身板
6010	汽车车身薄板

续　表

铝合金牌号	常用场合
6061	各种工业结构件如制造卡车、夹具、机械零件等
6066	锻件及焊接结构挤压材料
6070	重载焊接结构与汽车工业用挤压材料
6101	公共汽车用高强度棒材
6205	厚板与耐高冲击的挤压件
6351	车辆的挤压结构件、输送管道
6A02	飞机发动机零件,复杂形状锻件与模锻件

表 2 - 7　6061 铝合金性能参数

性能指标	6061 铝合金
密度	2.75 g/cm^3
抗拉强度	≥205 MPa
屈服强度	≥110 MPa
泊松比	0.33
延伸率	≥16%
弹性系数	68.9 GPa
弯曲极限强度	228 MPa

2.2.5　上肢康复外骨骼 3D 模型

所设计的上肢康复外骨骼整体结构如图 2-15 所示。其主要由座椅式铝合金桁架和上肢康复外骨骼本体结构两大部分组成。其中座椅式铝合金桁架一方面起着固定支撑外骨骼结构的作用,使得外骨骼本体的重量均通过连接件传导到座椅式铝合金桁架上,消除患者穿戴外骨骼之后的负重感与压迫感。另一方面用于患者以坐姿完成对其而言无论是体能还是精力、情绪控制方面都具有一定挑战的康复训练过程,降低患者负担,提升康复舒适性与效果。

上肢康复外骨骼本体结构三维模型如图 2-16 所示。本上肢外骨骼为具有六自由度的灵活仿人外骨骼,能够实现肩关节的外展/内收、前屈/后伸、外旋/内旋三个自由度,肘关节的屈/伸和作为复关节绕垂直轴的旋前/旋后两个自由度,以及腕关节的前屈/后伸自由度,共计 6 个自由度。结构主体材料采用 6061 铝合金,部分零件采用树脂材料 3D 打印成型。预计本体质量约为 1.5 kg。

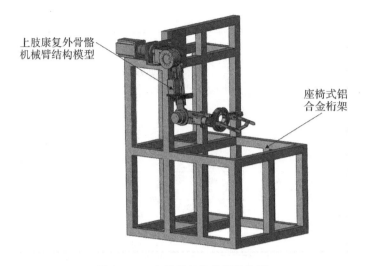

图 2-15 上肢康复外骨骼整体图

　　基于人体工学数据进行的人机相容性设计,大臂和小臂的臂体结构均分别具有 40 mm 余量的连续调长能力,以满足不同病患群体的需求,并提升患者使用效果。预留的软性物理绑缚结构接口使得用户患者能够舒适方便地通过柔性绑带与上肢康复外骨骼进行连接穿戴,完成后续康复过程。同时由于外骨骼要与运动功能障碍患者的患肢直接接触穿戴,保证人机交互过程中的安全性为首要设计准则,故针对设计要求的运动范围,在物理结构上特别添加设计了相应的物理限位结构,充分保证用户患者从穿戴外骨骼到训练结束整个过程的安全性,避免出现由于控制系统的不稳定或者其他因素造成执行器驱动异常,对患者带来二次伤害的可能性,充分保证患者的安全。另外在上肢康复外骨骼腕关节处设计了测量人机交互力的物理接口,便于 FSR 压力传感器的安装,从而监测用户患者康复过程中的人机交互力,防止对组织造成过大的挤压,保证患者康复过程的顺利进行。最终结构符合安全性、灵活性、仿生性、普适性、舒适性以及轻便性的设计要求。

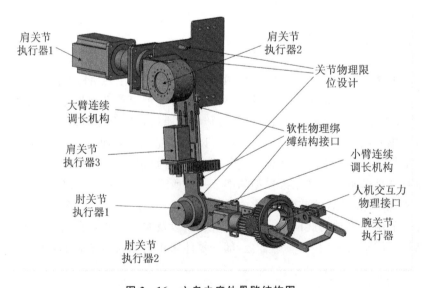

图 2-16 六自由度外骨骼结构图

2.3　上肢康复外骨骼样机研制

2.3.1　驱动方案设计

在上肢外骨骼的整体结构初步设计完成后,需要选定对应运动关节的具体驱动器,来完善设计方案细节。针对上肢康复外骨骼的综合特性,选取关节驱动器时,主要考虑外型尺寸、质量、安装方式、额定功率等参数。常用于机器人领域的驱动方式有液压驱动、气压驱动和电气驱动。其中,电气驱动相比于另外两种驱动方案,虽然力矩输出的柔顺性略差,但是具有控制精度高、响应快速、体积较小等优点。然而工业中常用的电机特点是转速高、额定力矩小,不符合康复外骨骼关节执行器的特性,需要搭配一定减速比的减速器来降低额定转速,并等倍率提高输出力矩。最终,使用电气驱动方案,即使用电机和减速器的组合作为运动关节的驱动器。同时依据初步结构特征和后续控制系统对具体驱动器的选型提出如下需求。

(1)电机及减速器组合的输出额定力矩需要大于目标关节的最大负载转矩,同时需要保留一定的安全阈值,此外电机及减速器组合输出的额定转速也要适配康复运动动作速率;

(2)各关节电机需要配备编码器,实时反馈位置数据来实现闭环控制;

(3)电机、减速器、编码器三者的安装空间要满足结构设计中的预留安装空间,在尽可能大的运动行程内,不能出现机构干涉问题;

(4)电机需要适配驱动器,驱动器内置控制方式满足控制精度要求,并且额定电压稳定。

由于电机及减速器是工艺成品,各种规格参数都符合国家标准,而为外骨骼单独定制成本过高,且不符合泛用性的理念。因而,需要结合机械结构和市面上现有种类来综合考虑选定参数,在初步结构设计后,需要进一步获取具体需求的转速、负载转矩等数据来确定所需的电机和减速器型号。

上肢外骨骼及多个关节驱动器整体可以视为一个多力矩输入的动力学系统。相应地每个力矩输入都是由电机轴传导的转动力矩,需要满足各自的转速需求并能带动连接件作对应转速的圆周运动,并能按照预定的要求进行加速、减速运动。再从整体来看,多个力矩输入的组合则可以带动上肢外骨骼和人体上肢,在不同姿态不同转速下克服重力和其他外力做功,而在正常运动状态下的转动速度及对应力矩输入功率为所需的电机选型参数额定转速、额定功率。

对于上述环节的精确仿真计算量较大,需要借助专业的动力学仿真软件来完成。Adams是一款由美国机械动力公司开发的针对机械系统的动力学仿真软件,该软件使用交互式图形环境、约束库、力库来完全参数化定义给定的机械系统模型,可以使用多种不同算法的求解器对参数化的系统进行运动学、动力学分析。该软件的功能满足本研究对象的动力学仿真需求。

初步进行的机械结构设计与装配都是在 SolidWorks 三维设计软件中完成。首先需要将模型文件转换为 x_t 格式三维模型文件。将该文件导入 Adams 后,文件中的装配关系需要重新设置才能进行数值仿真。整体导入的模型界面如图 2-17 所示。重新定义装配关系主要是固定副和转动副,由于部分弹性元件在运动过程不发生变动,因而将其整体视为固定件。将对应电机轴和对应连接件设定为转动副,旋转中心放置在电机轴中心。初步设计的驱动电机较多,后续方案对腕关节进行改进优化,使用补偿自由度来替代电机驱动。因而,模型仿真主要针对肩关节、肘关节的基础自由度。

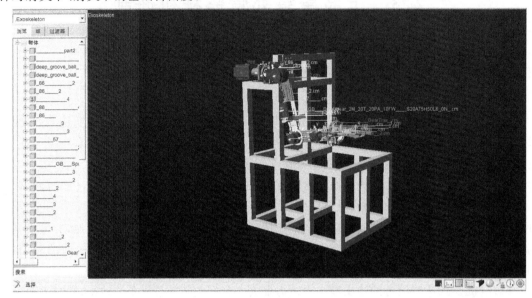

图 2-17 上肢外骨骼 Adams 模型仿真界面

初步机械结构复现后,还需要设置仿真的细节数值场景。首先,需要设定接地零件,以基座架作为固定地面并确认重力方向,并后续开始设定其他零件的连接运动副。涉及零件的质量,则通过设定零件的材质来解决。上肢外骨骼的臂体及传动连接零件设定为 6061 铝合金材质,具体密度为 2 750 kg/m³。关节电机和对应减速器则依据简单估算和初步市场调研设定,估算电机质量由大到小为 3.5 kg、2 kg、1.5 kg、1 kg,估算减速器质量为 1.5 kg。此外,由于肩关节内旋/外旋自由度通过传动比为 4:1 的齿轮传动,因此不需要额外附加减速器。同时,使用 Adams 动力学仿真软件可以观察到运动仿真动画,并对预设的运动范围可能存在的零件干涉进行预防。本研究对主动驱动的肩关节和肘关节基础自由度进行零件干涉检查,结合人体工学得到的人体运动范围对关节限位机构进行优化,并以此作为上肢外骨骼动力学仿真的关节运动范围,并且在后续的控制系统开发中,也采用该运动范围作为软件中实现的软限位。干涉检查后的角度对比范围在表 2-8 中展示。

表 2-8 人体工学上肢运动范围和外骨骼运动范围对照表

运动关节	基础自由度	运动范围	干涉检查范围
	外展/内收	$0°\sim180°/0°\sim50°$	$0°\sim120°/0°\sim0°$
肩关节	前伸/后屈	$0°\sim180°/0°\sim60°$	$0°\sim150°/0°\sim30°$
	内旋/外旋	$0°\sim90°/0°\sim80°$	$0°\sim60°/0°\sim60°$
肘关节	屈/伸	$0°\sim150°/0°\sim20°$	$0°\sim120°/0°\sim0°$

上肢外骨骼要具备带动人体上肢进行运动的能力,为保证各关节输出力矩能满足不同情况下的需求,本研究考虑部分极端情况下的运动需求。偏瘫患者的康复阶段按照 Brunnstrom

运动功能恢复理论可以分为弛缓阶段、痉挛阶段、联带运动阶段、部分分离运动阶段、分离运动阶段和正常阶段六个阶段。在早期的阶段中,患者的肢体会完全丧失运动控制能力且无随意运动;而到中期才能进行基本的共同运动和部分分离运动;最终在运动恢复的末期才能主动进行复杂协调性动作。因而,针对偏瘫患者早期阶段,此时患者的主动运动能力弱,对上肢外骨骼的辅助运动力矩需求最大。针对康复环节的中期阶段和末期阶段,上肢外骨骼更多地是起到类似运动助力的作用,此时患者对外骨骼的依赖度降低,对关节输出力矩的需求也会降低。综合上述因素,上肢外骨骼的运动仿真时考虑完全带动人体上肢进行康复运动,不考虑人体的主动运动对应运动恢复的早期阶段。上肢外骨骼是通过臂体零件上的绑带来带动人体上肢,受力点在臂体零件的两侧。在解剖学中,人体上肢大臂和前臂的质量大约为 1.5 kg,将该质量分别折合计入臂体零件装配体。

通过上述方式对康复外骨骼结构进行动力学建模,对于各个运动关节的仿真运动速度也通过正常人上肢装戴陀螺仪传感器模拟康复运动动作测得。最终将肩关节各基础自由度转动速率设定为接近 60(°)/s,肘关节基础自由度转动速率设定为 80(°)/s,并在设置驱动时,让单关节单独运动。设定具体关节运动方向和外骨骼仿真初始位置示意图如图 2 - 18 所示,而每个关节电机的驱动参数设置如下:

(1)其余各关节电机均保持静止,肩关节外展/内收自由度由初始位置运动至相对角度为 120°位置,运动方式为匀加速运动,运动时长为 4 s,角速度最高为 60(°)/s。

(2)其余各关节电机均保持静止,肩关节前伸/后屈自由度由相对初始位置的 −60°运动至相对角度为 120°位置,运动方式为匀加速运动,运动时长为 6 s,角速度最高为 60(°)/s。

(3)其余各关节电机均保持静止,为确保极限情况,肩关节外展/内收自由度运动至水平位置后,肩关节内旋/外旋自由度开始由相对初始位置的 −40°运动至相对角度为 80°位置,运动方式为匀加速运动,运动时长为 4 s,角速度最高为 60(°)/s。

(4)其余各关节电机均保持静止,肘关节屈/伸自由度由相对初始位置的 −90°运动至相对角度为 30°位置,运动方式为匀加速运动,运动时长为 4 s,角速度最高为 60(°)/s。

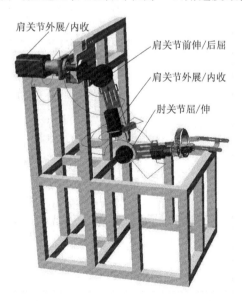

图 2 - 18　上肢外骨骼在 Adams 仿真关节运动方向示意图

　　按照上述运动方式对上肢外骨骼各关节自由度进行匀加速运动的动力学仿真,运行程序后,依照得到的数据结果集绘制对应关节转矩随运动角度的关系曲线,如图 2-19 所示。

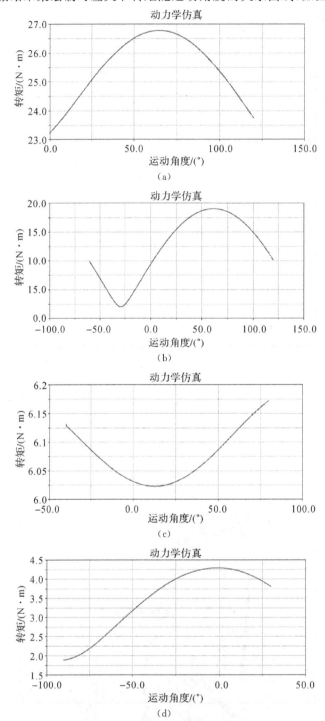

图 2-19　上肢外骨骼各关节转矩角度关系曲线

(a)肩关节外展/内收自由度转矩角度关系曲线；(b)肩关节前伸/后屈自由度转矩角度关系曲线；

(c)肩关节内旋/外旋自由度转矩角度关系曲线；(d)肘关节屈/伸自由度转矩角度关系曲线

由图 2-19(a)仿真结果观察可知,肩关节外展/内收自由度由初始位置运动到极限位置时,在克服 90°位置时,需要完全克服重力做功,因而对电机的输出转矩需求最大为 26.7 N·m。且该位置安装预留空间较大,对电机及减速器体积要求较少。由图 2-19(b)仿真结果可知,肩关节前伸/后屈自由度运动范围较广,在相对零度位置-30°时,运动方向为水平方向,此时对电机输出转矩需求最低为 2.2 N·m,此时电机几乎不克服重力做功。在相对零度位置 60°时,此时运动方向为竖直方向,对电机输出转矩需求达到最高为 17.8 N·m,并且此处需要考虑较小安装预留空间因素。由图 2-19(c)仿真结果可知,肩关节内旋/外旋自由度在调节至竖直方向后,在两侧极限位置时对电机的输出转矩需求最高,在 60(°)/s 的极限角速度下需求转矩为 6.17 N·m。同时该关节位置虽然不需要额外装配减速器,但仍需主要预留安装空间很小且受大臂调长机构限制。由图 2-19(d)仿真结果可知,肘关节屈/伸自由度由于干涉检查及安全限位,缩减了运动范围,在整个运动行程中处于零位位置即运动方向为竖直方向时,需求电机转矩最高为 4.3 N·m,并且肘关节的预留安装空间也较小。

2.3.2　关节电机及减速器选型

查阅常用的电机型号和对应质量体积和输出轴尺寸等标准参数,发现了与传统电机不同的盘式电机。在多数盘式电机中,定子与转子都呈盘型结构,两者间的气隙是与电机转轴垂直的平面。盘式电机主要特点是外型扁平,而轴向尺寸短,特别适用于安装空间有严格限制的场合。此外,常规电机主要面向工业应用场景,因而主要的运动特点是低转速、高转矩,不符合需求,必须要装配一定减速比的减速器。蜗杆减速器主要特点是具有反向自锁功能,而行星减速器的结构较为紧凑、回程间隙小,谐波减速器则是通过柔性原件的可控弹性变形来传递运动及动力,体积不大且精度较高。

对肩关节外展/内收自由度及肘关节屈/伸自由度选用 INNFOS 公司的集成关节执行器。该关节执行器将盘式电机、谐波减速器、驱动器、编码器高度集成化,通过 CAN 通信协议对外交换信息。盘式电机额定输出转矩为 0.46 N·m、0.12 N·m,谐波减速器的减速比为 50:1。肩关节外展/内收自由度采用带编码器的 86 步进电机搭配减速比 3:1 的行星减速器。肩关节内旋/外旋自由度采用带编码器的 57 步进电机搭配传动比为 4:1 的齿轮进行减速适配。同时绘制上述电机及减速器的三维模型并在软件中进行装配,通过仿真验证,符合预留安装空间,且在规定的运动范围内不会出现机构干涉。详细的电机额定转矩、电机减速器额定转矩等计算信息如表 2-9 所示。

表 2-9　关节电机输出转矩和仿真负载最大转矩

	肩关节外展/内收	肩关节前伸/后屈	肩关节内旋/外旋	肘关节屈/伸
仿真负载最大转矩 T_c/(N·m)	26.7	17.8	6.17	4.3
额定转矩 T_N/(N·m)	12	0.46	2.1	0.12
减速后额定转矩 T_N'/(N·m)	40	23	8.4	6

2.3.3　上肢康复外骨骼平台搭建

完成上述的初步结构设计和驱动方案选型,后续在实验室学生的帮助下完成了关节部位强度校核和机构优化工作。对于送厂进行切削加工的零件需要针对零件绘制工程图,加工精度为IT7,材质选择 6061 铝合金。此外,在设计方案中存在部分结构复杂且不易于机床加工零件,该部分零件采用 3D 打印的方式制造,3D 打印的精度为 0.2~0.3 mm。购置的电机首先在空载状态下进行调试,INNFOS 关节执行器借助自带的调试软件界面对位置控制模式、速度控制模式、电流控制模式进行调试,并在整机装配前校验编码器零位位置。57 步进电机、86 步进电机则通过单片机连接驱动器进行调试,确认步进角和增量式编码器工作运行正常后,将电机轴、轴套进行过盈装配。基座则是通过 4040L 铝合金型材切割组装而成,整体座架拼装高度符合人体坐姿工学标准。最终,搭建完成的上肢康复外骨骼实验平台如图 2-20 所示。

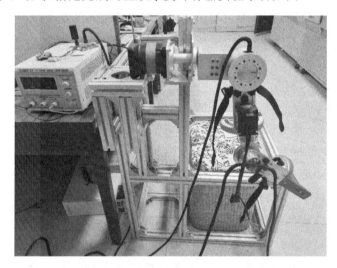

图 2-20　上肢康复外骨骼实验平台实物展示图

2.4　本 章 小 结

在明确本研究具体研究内容与方向的基础上,本章对目标应用场景下的外骨骼功能需求进行了分析,并提出了设计要求。基于人体工学理论剖析上肢的运动,并对各个运动关节的基础自由度进行了功能分析,研究了运动解剖学理论中人体上肢的骨骼结构、关节构成以及在不同肌肉主导下产生的生理运动模式与能力。秉持普适性、仿生性与舒适性的设计准则,参照人体工学设计理念对外骨骼康复机械臂的相关数据尺寸进行了设计,构建了三维结构模型,得到上肢外骨骼康复机械臂的最终设计方案。

第 3 章 上肢康复外骨骼运动学与动力学分析

为实现良好的人机交互,本章主要针对第 2 章所设计的上肢康复外骨骼,对其进行理论分析,具体包括运动学分析以及人机耦合动力学分析。由于康复机器人的运动精度是实现控制的先决条件,而运动精度往往依赖于快速准确的运动学的正、逆解以及动力学模型,速度模式的控制依赖于关节空间与笛卡儿空间的速度变换,工作空间分析则有利于更好的进行康复训练运动的规划。因而,本章将依据设计的外骨骼机器人进行综合的运动学、动力学分析,并通过仿真进行验证。

3.1 运动学仿真与分析基础

3.1.1 D−H 参数法运动学模型构建

上肢外骨骼康复机器人的正运动学是指从康复机器人关节变量空间到末端笛卡儿空间的运动变换。机器人正向运动学的主要问题是对于给定一组关节变量,求解机器人末端执行器的位置和方向。

D−H 建模方法由 Denavit 及 Hartenberg 在 1955 年所提出,旨在通过附着到机器人关节上的一系列由平移和旋转即线性变换相互转换表示的坐标系来表征机器人的关节状态,构建各关节之间的映射关系。D−H 建模方法用一种简单明了的方式表示了机器人运动学之间的关系,是目前国际上公认的建立机器人运动学模型的方式。采用 D−H 法求解运动学正解的一般步骤为:

(1)建立外骨骼各连杆的坐标系;

(2)确定各连杆参数和关节变量;

(3)写出两连杆之间的位姿矩阵;

(4)求出末端位姿矩阵,写出末端操作器的位置和姿态。

利用 D−H 建模方法构建机器人运动学模型首先要建立杆件坐标系并编号为坐标系 $i(i=0,1,\cdots,n)$,建立原则与方式参见文献,此处不再赘述。建立好杆件坐标系之后,坐标系 $i-1$ 和坐标系 i 之间的相对位置关系和指向可用 $\{a_i,\alpha_i,d_i,\theta_i\}$ 四个参数表示,即 D−H 参数。其中:a_i 为杆件长度,即 Z_{i-1} 轴到 Z_i 轴的距离,沿 X_i 轴的指向为正;α_i 为杆件扭角,即

Z_{i-1} 轴到 Z_i 轴的转角,绕 X_i 轴正向转动为正,且规定 $\alpha_i \in (-\pi, \pi]$;d_i 为关节距离,即 X_{i-1} 轴到 X_i 轴的距离,沿 Z_{i-1} 轴指向为正;θ_i 为关节转角,即 X_{i-1} 轴到 X_i 轴的转角,绕 Z_{i-1} 轴正向转动为正,且规定 $\theta_i \in (-\pi, \pi]$。

此时坐标系 $i-1$ 即可经过所得参数表征的连续相对运动变换到坐标系 i。首先坐标系 $i-1$ 沿 Z_{i-1} 轴移动 d_i,然后绕 Z_{i-1} 轴转动 θ_i,之后经过前两步变换得到的新的坐标系 $i-1$ 先沿 X_i 轴移动 a_i,再绕 X_i 轴转动 α_i。新得到的坐标系 $i-1$ 根据定义即与坐标系 i 重合。将代表四步相对运动变换的齐次变换矩阵依次相乘,即可得到坐标系 $i-1$ 和坐标系 i 之间的齐次变换矩阵 $^{i-1}A_i$。

根据 D-H 建模法中杆件坐标系构建原则所得对应于所设计的 6 自由度上肢康复外骨骼构型的杆件坐标系如图 3-1 所示。初始坐标系 C_0 位于肩关节与座椅固定架的连接处。

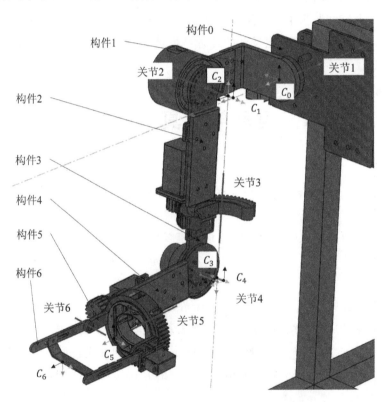

图 3-1　上肢康复外骨骼杆件坐标系示意图

基于所构建上肢康复外骨骼的杆件坐标系系统,得到 D-H 参数如表 3-1 所示。初始位姿为外骨骼向前平举,与冠状面垂直的状态。由于外骨骼大小臂均具有调节余量为 40 mm 的连续调长机构,以适应不同患者的身体数据,达到人体工学普适性的要求。因此在不同的情况下适当修改 d_3 和 d_5 的值即可使得运动学模型符合真实情况。下面依据 D-H 参数推导各关节坐标系之间的齐次变换矩阵,以便进行后续运动学分析与验证。

表 3 - 1 D - H 参数表 （单位:mm）

i	θ_i	d_i	a_i	α_i
1	θ_1	109	0	90°
2	θ_2	−10.5	0	90°
3	θ_3	−302	0	−90°
4	θ_4	18	0	−90°
5	θ_5	260	0	90°
6	$90 + \theta_6$	0	120	0

根据 D - H 参数法下坐标系的构建原则,可知坐标系 $i-1$ 到坐标系 i 的齐次变换矩阵为

$$^{i-1}\boldsymbol{T}_i = \mathrm{Trans}_z(d_i)\mathrm{Rot}(\theta_i)\mathrm{Trans}_x(a_i)\mathrm{Rot}_x(\alpha_i)$$

$$= \begin{bmatrix} \cos\theta_i & -\cos\alpha_i\sin\theta_i & \sin\alpha_i\sin\theta_i & a_i\cos\theta_i \\ \sin\theta_i & \cos\alpha_i\cos\theta_i & -\sin\alpha_i\cos\theta_i & a_i\sin\theta_i \\ 0 & \sin\alpha_i & \cos\alpha_i & d_i \\ 0 & 0 & 0 & 1 \end{bmatrix} \tag{3-1}$$

从坐标系 C_0 到外骨骼末端坐标系 C_6,可以建立坐标系 $i-1$ 与坐标系 i（$i=1,2,5$）之间的齐次变换矩阵,即

$$^{i-1}\boldsymbol{T}_i = \begin{bmatrix} \cos\theta_i & 0 & \sin\theta_i & a_i\cos\theta_i \\ \sin\theta_i & 0 & -\cos\theta_i & a_i\sin\theta_i \\ 0 & 1 & 0 & d_i \\ 0 & 0 & 0 & 1 \end{bmatrix} \tag{3-2}$$

坐标系 $i-1$ 与坐标系 i（$i=3,4$）之间的齐次变换矩阵为

$$^{i-1}\boldsymbol{T}_i = \begin{bmatrix} \cos\theta_i & 0 & -\sin\theta_i & a_i\cos\theta_i \\ \sin\theta_i & 0 & \cos\theta_i & a_i\cos\theta_i \\ 0 & -1 & 0 & d_i \\ 0 & 0 & 0 & 1 \end{bmatrix} \tag{3-3}$$

坐标系 $i-1$ 与坐标系 i（$i=6$）之间的齐次变换矩阵为

$$^{i-1}\boldsymbol{T}_i = \begin{bmatrix} \cos\theta_i & -\sin\theta_i & 0 & a_i\cos\theta_i \\ \sin\theta_i & \cos\theta_i & 0 & a_i\sin\theta_i \\ 0 & 0 & 1 & d_i \\ 0 & 0 & 0 & 1 \end{bmatrix} \tag{3-4}$$

现拟定上肢康复外骨骼为 $\boldsymbol{\theta} = \begin{bmatrix} 0 & -20 & 0 & -30 & 0 & 0 \end{bmatrix}^\mathrm{T}$ 的位姿状态,即在设定的初始位姿基础上肩关节前伸 20°,肘关节屈曲 30°(关节变量正负根据右手坐标系旋转方向正负准则设定)。

将关节变量代入齐次变换矩阵中,并按照顺序依次相乘,可得坐标系 C_0 到坐标系 C_6 的齐次变换矩阵为

$$^0\boldsymbol{T}_1\,^1\boldsymbol{T}_2\,^2\boldsymbol{T}_3\,^3\boldsymbol{T}_4\,^4\boldsymbol{T}_5\,^5\boldsymbol{T}_6 = {}^0\boldsymbol{T}_6 \tag{3-5}$$

$^0\boldsymbol{T}_6$ 第四列前三行为坐标系 C_6 的原点相对于坐标系 C_0 的坐标值,即外骨骼末端相对于坐标系 C_0 的位置矢量。

利用 MATLAB 编程对 $^0\boldsymbol{T}_6$ 的求解结果为

$$^0\boldsymbol{T}_6 = \begin{bmatrix} 0.766 & -0.643 & 0 & 0.394 \\ 0 & 0 & -1 & -0.007 \\ 0.643 & 0.766 & 0 & 0.638 \\ 0 & 0 & 0 & 1 \end{bmatrix} \tag{3-6}$$

可知末端的位置矢量为 $[0.394 \quad -0.007 \quad 0.638]^\mathrm{T}$。

3.1.2　逆运动学计算

依据上肢外骨骼康复机器人的手腕末端的位置和方向确定关节变量的过程称为逆向运动学。上肢外骨骼康复机器人在对患者进行康复治疗时,需要确定其康复训练轨迹。然而这些轨迹通常在末端笛卡儿空间坐标系中表达,所以必须求解逆向运动学。求解逆运动学的一般方法有解耦技术、逆向变换和迭代技术。

在解耦技术中,机器人的逆运动学将解耦成两个子问题:逆向位置运动学问题和逆向方向运动学问题。这样可以将逆运动学问题分解为两个独立的问题,且每个问题只有三个未知参数。依据上述的解耦原理,上肢康复外骨骼机器人的总的变换矩阵可分解为一个平动矩阵和一个转动矩阵,即

$$^0\boldsymbol{T}_6 = \begin{bmatrix} ^0\boldsymbol{R}_6 & ^0\boldsymbol{d}_6 \\ 0 & 1 \end{bmatrix} = {}^0\boldsymbol{D}_6\,^0\boldsymbol{R}_6 = \begin{bmatrix} \boldsymbol{I} & ^0\boldsymbol{d}_6 \\ 0 & 1 \end{bmatrix} \begin{bmatrix} ^0\boldsymbol{R}_6 & 0 \\ 0 & 1 \end{bmatrix} \tag{3-7}$$

式中,平动矩阵 $^0\boldsymbol{D}_6$ 为康复机器人手腕末端在基础坐标系 $\{O\}$ 中的位置;转动矩阵 $^0\boldsymbol{R}_6$ 为康复机器人手腕末端在基础坐标系 $\{O\}$ 中的姿态。

因此要求解手腕位置,只需求解 $^0\boldsymbol{d}_6$ 即可;求解控制手腕姿态的关节变量,只需求解 $^0\boldsymbol{R}_6$ 即可。

逆向变换技术是指假设上肢外骨骼机器人末端在基础坐标系 $\{O\}$ 的变换矩阵和 6 自由度机器人的手腕末端的定位均已知,而且每个变换矩阵 $^0\boldsymbol{T}_1(\theta_1)$、$^1\boldsymbol{T}_2(\theta_2)$、$^2\boldsymbol{T}_3(\theta_3)$、$^3\boldsymbol{T}_4(\theta_4)$、$^4\boldsymbol{T}_5(\theta_5)$、$^5\boldsymbol{T}_6(\theta_6)$ 都是关节变量的函数。对于未知的关节变量,可以通过下列方程求解:

$$\left. \begin{aligned} ^1\boldsymbol{T}_6 &= {}^0\boldsymbol{T}_1^{-1}\,^0\boldsymbol{T}_6 \\ ^2\boldsymbol{T}_6 &= {}^1\boldsymbol{T}_2^{-1}\,^0\boldsymbol{T}_1^{-1}\,^0\boldsymbol{T}_6 \\ ^3\boldsymbol{T}_6 &= {}^2\boldsymbol{T}_3^{-1}\,^1\boldsymbol{T}_2^{-1}\,^0\boldsymbol{T}_1^{-1}\,^0\boldsymbol{T}_6 \\ ^4\boldsymbol{T}_6 &= {}^3\boldsymbol{T}_4^{-1}\,^2\boldsymbol{T}_3^{-1}\,^1\boldsymbol{T}_2^{-1}\,^0\boldsymbol{T}_1^{-1}\,^0\boldsymbol{T}_6 \\ ^5\boldsymbol{T}_6 &= {}^4\boldsymbol{T}_5^{-1}\,^3\boldsymbol{T}_4^{-1}\,^2\boldsymbol{T}_3^{-1}\,^1\boldsymbol{T}_2^{-1}\,^0\boldsymbol{T}_1^{-1}\,^0\boldsymbol{T}_6 \\ \boldsymbol{I} &= {}^5\boldsymbol{T}_6^{-1}\,^4\boldsymbol{T}_5^{-1}\,^3\boldsymbol{T}_4^{-1}\,^2\boldsymbol{T}_3^{-1}\,^1\boldsymbol{T}_2^{-1}\,^0\boldsymbol{T}_1^{-1}\,^0\boldsymbol{T}_6 \end{aligned} \right\} \tag{3-8}$$

逆运动学迭代算法的流程图如图 3-2 所示。

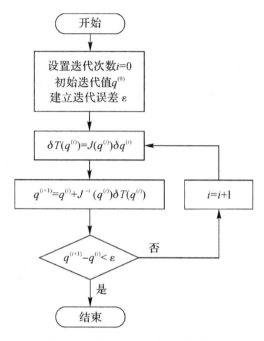

图 3-2　逆运动学迭代算法流程图

在迭代技术中,为了求解有关关节变量的运动学方程,可以先给定关节变量一组估计值 $\boldsymbol{\theta}^*$。假设

$$\boldsymbol{\theta}^* = \boldsymbol{\theta} + \boldsymbol{\delta\theta} \tag{3-9}$$

利用正向运动学,对于估计值 $\boldsymbol{\theta}^*$,可以确定其末端的位姿 $\boldsymbol{T}^*$,即

$$\boldsymbol{T}^* = \boldsymbol{T}(\boldsymbol{\theta}^*) \tag{3-10}$$

基于正向运动学所计算机器人手腕末端的位姿和真实的机器人手腕末端位姿之间有一定的误差 $\boldsymbol{\delta T}$,且

$$\boldsymbol{\delta T} = \boldsymbol{T} - \boldsymbol{T}^* \tag{3-11}$$

此时求解逆向运动学转换为将这个误差最小化的过程。根据一阶泰勒展开式有

$$\boldsymbol{T} = \boldsymbol{T}(\boldsymbol{\theta}^* + \boldsymbol{\delta\theta}) = \boldsymbol{T}(\boldsymbol{\theta}^*) + \frac{\partial \boldsymbol{T}}{\partial \boldsymbol{\theta}}\boldsymbol{\delta\theta} + \boldsymbol{O}(\boldsymbol{\delta\theta}^2) \tag{3-12}$$

假设误差范围为 ε,有 $\boldsymbol{\delta\theta} \ll \varepsilon$,则有

$$\boldsymbol{\delta T} = \boldsymbol{J}\boldsymbol{\delta\theta} \tag{3-13}$$

式中,$\boldsymbol{J}$ 为方程的雅克比矩阵。

$$\boldsymbol{J}(\boldsymbol{\theta}) = \left(\frac{\partial \boldsymbol{T}_i}{\partial \boldsymbol{\theta}_i}\right) \tag{3-14}$$

即

$$\boldsymbol{\delta\theta} = \boldsymbol{J}^{-1}\boldsymbol{\delta T} \tag{3-15}$$

因此,未知的关节变量 $\boldsymbol{\theta}$ 为

$$\boldsymbol{\theta} = \boldsymbol{\theta}^* + \boldsymbol{J}^{-1}\boldsymbol{\delta T} \tag{3-16}$$

将式(3-16)所得的关节变量值作为一组新的估计值，重复计算并求解新值。根据以下方程不断进行迭代，以便收敛于关节变量的确切值。

$$\boldsymbol{\theta}^{(i+1)} = \boldsymbol{\theta}^{(i)} + \boldsymbol{J}^{-1}(\boldsymbol{\theta}^{(i)})\boldsymbol{\delta T}(\boldsymbol{\theta}^{(i)}) \tag{3-17}$$

利用齐次变换矩阵的解耦和逆变换技术，通常需要进行大量计算。而迭代法通常很难保证一定收敛于正确解，所以本研究提出将解耦技术和几何方法相结合的逆运动学求解方法。

（1）求 θ_1。

由式3-5可知，6自由度康复外骨骼的手腕位置矢量 $\boldsymbol{p}$ 为

$$\boldsymbol{p} = \begin{bmatrix} p_x \\ p_y \\ p_z \end{bmatrix} = \begin{bmatrix} l_2\cos\theta_1\sin(\theta_2+\theta_3) + d\sin\theta_1 + l_1\cos\theta_1\cos\theta_2 \\ l_2\sin\theta_1\sin(\theta_2+\theta_3) - d\cos\theta_1 + l_1\sin\theta_1\cos\theta_2 \\ l_2\cos(\theta_2+\theta_3) + l_1\sin\theta_2 \end{bmatrix}$$

观察位置矢量的前两个坐标分量有

$$p_x\sin\theta_1 - p_y\cos\theta_1 = d$$

可得

$$\theta_1 = 2\arctan2\left(P_x \pm \sqrt{p_x{}^2 + p_y{}^2 - d^2}, d - p_y\right) \tag{3-18}$$

式中，当 $p_x{}^2 + p_y{}^2 > d^2$ 时，θ_1 有两个解；当 $p_x{}^2 + p_y{}^2 = d^2$ 时，θ_1 只有一个解；当 $p_x{}^2 + p_y{}^2 < d^2$ 时，θ_1 无实解。

（2）求 θ_2。

根据手腕位置矢量 $\boldsymbol{P}$ 的前两个坐标，可知

$$l_2\sin(\theta_2+\theta_3) = \pm\sqrt{p_x{}^2 + p_y{}^2 - d^2} - l_1\cos\theta_2$$

利用 $\boldsymbol{P}$ 的最后一个坐标分量，可得

$$l_2^2 = \left(\pm\sqrt{p_x{}^2 + p_y{}^2 - d^2} - l_1\cos\theta_2\right)^2 + (d - l_1\sin\theta_2)^2$$

将上式调整为如下形式

$$a\cos\theta_2 + b\sin\theta_2 = \cos$$

其中

$$\begin{cases} a = 2l_2\sqrt{p_x{}^2 + p_y{}^2 - d^2} \\ b = 2l_1 d \\ c = p_x{}^2 + p_y{}^2 + p_z{}^2 - d^2 + l_1{}^2 - l_2{}^2 \\ r^2 = a^2 + b^2 \end{cases}$$

解得

$$\theta_2 = 2\arctan2\left(\frac{c}{r}, \sqrt{1 - \frac{c^2}{r^2}}\right) - \arctan2(a, b) \tag{3-19}$$

在求解 θ_2 的过程中，根据如图3-3可得，θ_2 的几何解为

$$\theta_2 = \pi \pm \arccos\left(\frac{\|e-o\|^2 - l_1{}^2 - l_2{}^2}{-2l_1 l_2}\right) \tag{3-20}$$

至此，θ_2 的解析解和几何解都可求得，可根据外骨骼的工作空间进行取舍，选取适合当前位置的解。

（3）求 θ_3 。

根据上文可知手腕位置矢量 $\boldsymbol{P}$ 的坐标平方和为

$$p_x{}^2 + p_y{}^2 + p_z{}^2 = d^2 + l_1{}^2 + l_2{}^2 + 2\,l_1\,l_2\sin(2\,\theta_2 + \theta_3)$$

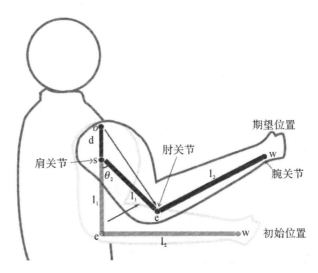

图 3 - 3　关节 θ_2 的几何关系图

可解得 θ_3 的解析解为

$$\theta_3 = \arcsin\!\left(\frac{P_x{}^2 + P_y{}^2 + P_z{}^2 - d^2 + l_1{}^2 + l_2{}^2}{2\,l_1\,l_2}\right) - 2\,\theta_2 \qquad (3-21)$$

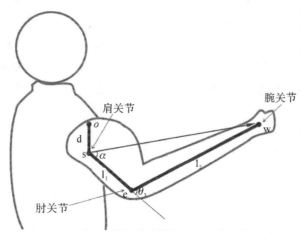

图 3 - 4　关节 θ_3 的几何关系图

根据图 3 - 4 可得，θ_3 的几何解为

$$\theta_3 = \pi \pm \arccos\!\left(\frac{l_1{}^2 + l_2{}^2 - \|w - s\|^2}{2\,l_1\,l_2}\right) \qquad (3-22)$$

至此，θ_3 的解析解和几何解都可求得，可根据外骨骼的工作空间进行取舍，选取适合当前位置的解。

（4）求 θ_4、θ_5、θ_6。

在求得 θ_1、θ_2、θ_3 之后，可以通过 ${}^3\boldsymbol{T}_6$，求得 θ_4、θ_5、θ_6，从而得到机器人手腕末端的定位。

$$
{}^3\boldsymbol{T}_6 = \begin{bmatrix} \cos\theta_4\cos\theta_5\cos\theta_6 - \sin\theta_4\sin\theta_6 & -\sin\theta_4\cos\theta_6 - \cos\theta_4\cos\theta_5\sin\theta_6 & \cos\theta_4\sin\theta_5 & 0 \\ \sin\theta_4\cos\theta_5\cos\theta_6 + \cos\theta_4\sin\theta_6 & \cos\theta_4\cos\theta_6 - \sin\theta_4\cos\theta_5\sin\theta_6 & \sin\theta_4\sin\theta_5 & 0 \\ -\sin\theta_5\cos\theta_6 & \sin\theta_5\cos\theta_6 & \cos\theta_5 & l_3 \\ 0 & 0 & 0 & 1 \end{bmatrix}
$$

$$
= \begin{bmatrix} s_{11} & s_{12} & s_{13} & 0 \\ s_{21} & s_{22} & s_{23} & 0 \\ s_{31} & s_{32} & s_{33} & l_3 \\ 0 & 0 & 0 & 1 \end{bmatrix}
$$

根据 ${}^3\boldsymbol{T}_6$，可得

$$\theta_4 = \arctan2(s_{23}, s_{13}) \tag{3-23}$$

$$\theta_5 = \arctan2\left(\sqrt{s_{13}{}^2 + s_{23}{}^2}, s_{33}\right) \tag{3-24}$$

$$\theta_6 = \arctan2(s_{32}, -s_{31}) \tag{3-25}$$

至此，各个关节角度均已求解，由于 θ_2 和 θ_3 均有两个解，在后续的控制过程中，应进行取舍。

3.1.3 雅可比矩阵计算

对机器人进行运动学分析，可以得到关节空间位姿和末端笛卡儿空间位姿之间的映射关系。而进一步将其映射关系对时间求导，便可以得到关节角速度与笛卡儿速度之间的关系。这种关系可以用一个矩阵进行表示，这个矩阵称为机器人雅克比矩阵。在机器人的相关文献中，将雅可比矩阵分为解析雅可比矩阵和几何雅可比矩阵。通常在运动学分析中，为了得到机器人末端线速度与关节角速度的关系，用到了解析雅可比矩阵，接下来将对其进行推导。而随后的动力学建模分析及控制结构推导中，将会推导几何雅克比矩阵。

$$\boldsymbol{X} = \boldsymbol{J}\boldsymbol{\theta} \tag{3-26}$$

式中，$\boldsymbol{X} \in \boldsymbol{R}^3$ 为笛卡儿空间的速度矢量；$\boldsymbol{\theta} \in \boldsymbol{R}^3$ 为关节空间的角速度矢量。

对于本课题研究的外骨骼来说，雅克比矩阵是一个 6×6 矩阵。雅可比矩阵的求解方法有偏微分法、矢量积分法、微分变换法等，本研究采用的方法是偏微分法。

$$\boldsymbol{J}_{ij}(\theta) = \frac{\partial X_i(\theta)}{\partial \theta_i}, \quad i = 1, 2, \cdots, 6; j = 1, 2, \cdots, 6 \tag{3-27}$$

该矩阵主要由微分平移矢量和微分旋转矢量组成，前面三行为微分平移矢量，用于表示机器人末端线速度的转化关系，后三行为微分旋转矢量，用于表示机器人末端角速度的变换关系，其中雅克比矩阵的每一列元素对应关节的位置姿态的变化。通过求解偏微分方程可知

雅克比矩阵第一列为

$$\boldsymbol{c}_1 = \begin{bmatrix} -l_2\sin\theta_1\sin(\theta_2+\theta_3)+d\cos\theta_1-l_1\sin\theta_1\cos\theta_2 \\ l_2\cos\theta_1\sin(\theta_2+\theta_3)+d\sin\theta_1+l_1\cos\theta_1\cos\theta_2 \\ 0 \\ 0 \\ 0 \\ 1 \end{bmatrix}$$

雅克比矩阵第二列为

$$\boldsymbol{c}_2 = \begin{bmatrix} \cos\theta_1[-l_1\sin\theta_2+l_2\cos(\theta_2+\theta_3)] \\ \sin\theta_1[-l_1\sin\theta_2+l_2\cos(\theta_2+\theta_3)] \\ l_2\cos\theta_2+l_3\sin(\theta_2+\theta_3) \\ \sin\theta_1 \\ -\cos\theta_1 \\ 0 \end{bmatrix}$$

雅克比矩阵第三列为

$$\boldsymbol{c}_3 = \begin{bmatrix} l_2\cos\theta_1\sin(\theta_2+\theta_3) \\ l_2\sin\theta_1\sin(\theta_2+\theta_3) \\ -l_2\cos(\theta_2+\theta_3) \\ \sin\theta_1 \\ -\cos\theta_1 \\ 0 \end{bmatrix}$$

雅克比矩阵第四列为

$$\boldsymbol{c}_4 = \begin{bmatrix} 0 \\ 0 \\ 0 \\ \cos\theta_1(\cos\theta_2\sin\theta_3+\sin\theta_2\cos\theta_3) \\ \sin\theta_1(\cos\theta_2\sin\theta_3+\sin\theta_2\cos\theta_3) \\ -\cos(\theta_2+\theta_3) \end{bmatrix}$$

雅克比矩阵第五列为

$$\boldsymbol{c}_5 = \begin{bmatrix} 0 \\ 0 \\ 0 \\ \sin\theta_1\cos\theta_4-\cos\theta_1\sin\theta_4\cos(\theta_2+\theta_3) \\ -\cos\theta_1\sin\theta_4-\sin\theta_1\sin\theta_4\cos(\theta_2+\theta_3) \\ -\sin\theta_4\sin(\theta_2+\theta_3) \end{bmatrix}$$

雅克比矩阵第六列为

$$
\boldsymbol{c}_6 = \begin{bmatrix} 0 \\ 0 \\ 0 \\ -\cos\theta_1\cos\theta_4\sin(\theta_2+\theta_3)-\sin\theta_4\left[\sin\theta_1\sin\theta_4+\cos\theta_1\cos\theta_4\cos(\theta_2+\theta_3)\right] \\ -\sin\theta_1\cos\theta_4\sin(\theta_2+\theta_3)-\sin\theta_4\left[-\cos\theta_1\sin\theta_4+\sin\theta_1\cos\theta_4\cos(\theta_2+\theta_3)\right] \\ -\cos\theta_4\cos(\theta_2+\theta_3)-0.5\sin(\theta_2+\theta_3)\sin2\theta_4 \end{bmatrix}
$$

因此，求得雅克比矩阵为 $\boldsymbol{J}=\begin{bmatrix}\boldsymbol{c}_1 & \boldsymbol{c}_2 & \boldsymbol{c}_3 & \boldsymbol{c}_1 & \boldsymbol{c}_5 & \boldsymbol{c}_6\end{bmatrix}$。

3.1.4　运动学模型验证

MATLAB 机器人工具箱是 MATLAB 软件中专门用于机器人仿真的工具箱，在机器人建模、轨迹规划、控制和可视化方面使用非常方便。本节即使用该工具来验证前面所得外骨骼机械臂运动学模型的正确性。由于前文所列 D-H 参数表以毫米为长度单位，而在该软件中，默认的长度单位为米，故应将相应参数转化为米制单位后，再将数据输入编程文件中。利用机器人工具箱所提供的 Link 函数及 SerialLink 函数构建外骨骼模型，经验证所得外骨骼模型的 D-H 参数属性与前文一致，没有位移关节。

利用机器人工具箱中的可视化示教功能，将所构建的外骨骼以三维形式进行展示，以观察其构型是否符合所设计的上肢康复外骨骼，如图 3-5 所示。拖动示教面板关节变量调节旋钮，将关节角度设为 $\boldsymbol{\theta}=\begin{bmatrix}0 & -20 & 0 & -30 & 0 & 90\end{bmatrix}^{\mathrm{T}}$，观察示教面板左上角末端 X 坐标、Y 坐标、Z 坐标分别为 0.394、-0.007、0.638。式（3-6）所得结果也为如此，验证了所得 D-H 参数以及构建的外骨骼机械臂构型的正确性。

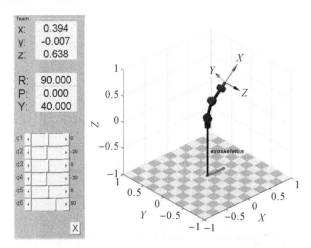

图 3-5　机器人工具箱外骨骼模型可视化示教图

在 MATLAB 机器人工具箱构建的外骨骼模型基础上，根据所设计外骨骼的关节运动角度范围，对关节变量添加限制，求解外骨骼在三维空间内的运动范围。根据求解结果绘制运动范围点图如图 3-6 所示。运动空间点图的左视图如图 3-6(a)所示，可以观察到外骨骼肩关节的运动范围为前屈 150°，后伸 20°。

　　MATLAB 提供了简便的开发环境来创建图形用户界面(Graphical User Interface，GUI)。在正逆运动学计算完成之后，为了方便分析与观察，使用 MATLAB 自带工具 GUIDE (Graphical User Interface Development Environment)来创建 GUI，通过选择正、逆运动学可以得到该机械臂从初始位置运动到给定位置的动态图，并得到末端位姿矩阵或者各关节旋转角。最后将程序编译为 .exe 可执行文件，可以独立于 MATLAB 环境单独运行，方便日后查看。该 GUI 程序设计主要包括以下几个方面内容：窗口控件的布局与参数设置、设置回调函数(初始化图形界面函数、为编辑框设置回调函数、为按钮设置回调函数)、设置关闭程序等。具体的实现过程描述如下。

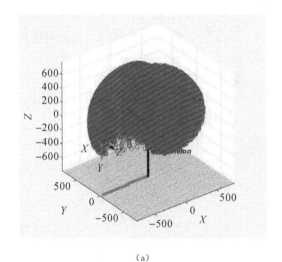
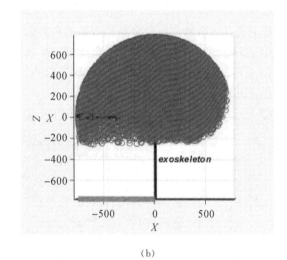

(a) 　　　　　　　　　　　　　　　　　　　　　　(b)

图 3 - 6　运动范围点图

(a)立体视角；(b)左视视角

　　步骤一：窗口的控件布局与参数设置。

　　使用 GUIDE 指令，打开一个新的 GUI 程序，分别将所需要的控件全部拖到界面上。依次双击每个控件即可以打开"Property Inspector"，并进行属性设置。全部设置完成以后，将文件存为 znGUI.fig 并运行，即可出现图形界面，同时会生成一个 znGUI.m 文件。由于目前还未设置每个控件的回调属性，故该图形界面并不能用。

　　步骤二：设置控件的回调函数。

　　(1)初始化图形界面函数。打开 znGUI.fig，找到函数：function znGUI_OpeningFcn (hObject, eventdata, handles, varargin)。在该程序中，进行参数的初始化操作。该函数是在 znGUI 运行时，在 znGUI 图形界面出现之前开始执行。

　　(2)为编辑框设置回调函数。在 znGUI.fig 上，选中编辑框，点右键，选中"view Callbacks"，选中"Callback"，即可进行回调函数编写。此时，若在编辑框中输入数据，并按回车键，则自动调用该回调函数。也可在 znGUI.m 中找到函数：function edit1_Callback(hObject, eventdata, handles)进行设置。

　　(3)为按钮设置回调函数。本段函数的目的是按照当前输入的各关节旋转角或者机器人末端位姿矩阵，便可以实现在两者之间切换计算。在 znGUI.fig 上，选中按钮，点右键，选中"view Callbacks"，选中"Callback"，即可进行回调函数编写。也可在 znGUI.m 中找到函数：

function pushbutton1_Callback(hObject，eventdata，handles)进行设置。

步骤三：设置关闭程序函数。本函数在关闭该 GUI 程序时被执行。在 znGUI. fig 上的空白处，按右键，选中"view Callbacks"中的"CloseRequestFcn"，自动生成 function figure1_CloseRequestFcn（hObject，eventdata，handles）函数，然后进行编辑。

最终完成了如图 3-7 的运动学仿真软件的设计，实现了如下功能：在该软件中可以在各关节旋转角或末端位姿矩阵编辑框中输入新数据，若输入的数据错误，则弹出出错对话框；若给定各关节的旋转角并点击"正运动"的按钮，通过计算该组关节旋转角所对应的末端位姿矩阵就会算出并显示在末端位姿矩阵下的编辑框中，并且外骨骼会从初始位置运动到该给定的旋转角所在位置。同理，若给定外骨骼的末端位姿矩阵并点击"逆运动"的按钮，通过计算该末端位姿所对应的各关节旋转角度就会算出并显示在各关节旋转角下的编辑框中，并且外骨骼会从初始位置运动到该给定的末端位姿。也由此可以验证前面的整个运动学分析的合理性和正确性。

为了进一步验证前面正逆运动学的结果，又进行了仿真实验。给定如图 3-8 所示的末端位置轨迹，根据上节的逆运动学算法求得关节的角度变化，如图 3-9 的各关节运动轨迹图。综合这两次仿真结果，结果表明该上肢外骨骼康复机器人的运动学分析是正确的。

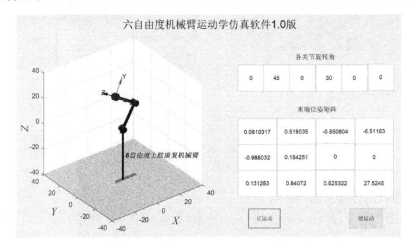

图 3-7　运动学仿真软件界面

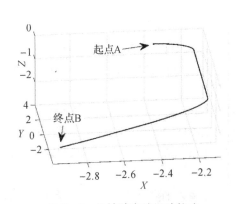

图 3-8　机械臂末端运动轨迹

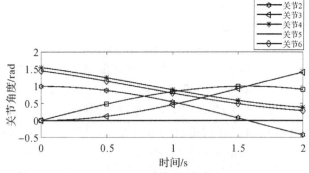

图 3-9　机械臂各关节运动轨迹

3.2 动力学仿真与分析

3.2.1 动力学建模基本理论

从本质来看,外骨骼机械臂上的驱动电机提供的控制输入力矩包括两部分,一部分是用于自身摆动所需的输入,另一部分则是对辅助患者进行康复训练的补偿力矩。康复训练时,每一个结构的运动都会与其他关节产生一定的交互作用,进而影响整个系统的动态特性,因此动力学建模分析是后续控制方法研究的关键。本节将着重分析控制力矩与外骨骼间的映射关系,为后续主被动控制算法奠定基础。

作为理论力学的分支学科,用于描述质点、质点系及刚体运动的基本物理量与作用于力学模型上的力与力矩之间通过动力学基本定理搭建起了物体受力与运动之间的关系。机器人动力学建模对于控制器的设计与机器人系统动态性能分析起着至关重要的作用。外骨骼康复机械臂从本质上讲是通过关节执行器提供大于外骨骼本体所需要的驱动力矩,多余的力矩即为对病人提供的辅助力,从而辅助甚至带动患者完成上肢的康复训练运动的机械装置。外骨骼各关节之间通过机械装置相互连接,每一个关节的运动都会对其他关节产生耦合作用,影响其他关节的动态特性。整个外骨骼是一个复杂的多变量耦合非线性自动控制系统,必须在研究其动力学模型理论的基础上进一步讨论相关的控制问题。以下先对机器人动力学分析中常见的建模理论进行必要的引入介绍。

上肢康复外骨骼是一种类似人体关节仿生机构,均视为转动关节。患者穿戴外骨骼机械臂进行康复训练时,由于系统有足够的刚度和限位机构保证身体的安全及良好的人机交互性,可将外骨骼各关节机构视为刚性连杆。常见的动力学分析方法有拉格朗日、牛顿-欧拉以及凯恩方程等,其中拉格朗日方法在处理非线性多自由度复杂动力学时有明显优势。拉格朗日法从能量角度对系统变量和时间的微分进行动力学方程求解,得到系统动力学方程。因其分析角度的特性,忽略了系统内部的力学分析,故计算相对较为简便,尤其对于系统复杂程度较高的情况。所以很多文献均采用此种方法对外骨骼的动力学方程进行求解分析。拉格朗日法的核心方程为

$$L = K - P \qquad\qquad (3-28)$$

式中:L 为拉格朗日函数;K 为系统动能;P 为系统势能。

针对直线运动的拉格朗日基本方程为

$$F_i = \frac{\partial}{\partial t}\left[\frac{\partial L}{\partial \dot{x}_i}\right] - \frac{\partial L}{\partial x_i} \qquad\qquad (3-29)$$

式中:x_i 为系统变量;F_i 为产生线运动的所有外力之和。

针对旋转运动的拉格朗日基本方程为

$$T_i = \frac{\partial}{\partial t}\left[\frac{\partial L}{\partial \dot{\theta}_i}\right] - \frac{\partial L}{\partial \theta_i} \tag{3-30}$$

式中：θ_i 为系统变量；T_i 为产生转动的所有外力矩之和。

将式（3-29）和式（3-30）求得之后即可得到力-质量-加速度和力矩-惯量-角加速度之间的动力学关系。为了形式上的简洁，常把求解结果描述为矩阵形式。

凯恩方程不仅可用于非完整系统，还可用于完整系统，且表达式较拉格朗日方程更加简单。其建立步骤如下：

（1）取两杆间的相对速度为广义速度；

（2）求各个杆件的速度及加速度；

（3）递推各杆件的偏角速度，偏速度及质心处的偏速度；

（4）求取广义主动力和广义惯性力；

（5）得到凯恩方程。

凯恩方程核心表达式为

$$K_i + K_i^* = 0, \quad i = 1, 2, \cdots, n \tag{3-31}$$

式中，K_i 和 K_i^* 分别为系统对于第 i 个独立速度的广义主动力和广义惯性力。

牛顿-欧拉法是基于力平衡的计算方法，针对单个刚体进行动力学描述，在这点上与刻画多刚体系统动力学的拉格朗日方程具有较大的区别。做一般运动的刚体，虽然区别于平动刚体，由于存在某种形式的转动，其上各点的速度一般不同。但对于刚体上每个质点 i 始终都成立的平衡方程为

$$m_i \frac{\mathrm{d}^2}{\mathrm{d}t^2}\boldsymbol{r}_i = \boldsymbol{F}_i^{(o)} + \boldsymbol{F}_i^{(i)} \tag{3-32}$$

式中：$\boldsymbol{F}_i^{(o)}$ 为质点 i 受到的外界作用力；$\boldsymbol{F}_i^{(i)}$ 为质点 i 与刚体内部其他质点间的相互作用力；$\boldsymbol{r}_i$ 为质点的矢径。

整个刚体的平衡方程为

$$\sum_i m_i \frac{\mathrm{d}^2}{\mathrm{d}t^2}\boldsymbol{r}_i = \sum_i \boldsymbol{F}_i^{(o)} + \sum_i \boldsymbol{F}_i^{(i)} = \boldsymbol{F} \tag{3-33}$$

质心定义为

$$\sum_i m_i \frac{\mathrm{d}^2}{\mathrm{d}t^2}\boldsymbol{r}_i = \frac{\mathrm{d}^2}{\mathrm{d}t^2}\left(\sum_i m_i \boldsymbol{r}_i\right) = \frac{\mathrm{d}^2}{\mathrm{d}t^2}(m\boldsymbol{r}_c) = m\frac{\mathrm{d}^2}{\mathrm{d}t^2}\boldsymbol{r}_c = m\ddot{\boldsymbol{r}}_c \tag{3-34}$$

将式（3-33）与式（3-34）合并，得到一般运动刚体的牛顿方程为

$$m\ddot{\boldsymbol{r}}_c = F \tag{3-35}$$

式中，r_c 为刚体质心矢径。

对于做一般运动的刚体，关于质心的欧拉方程表达式为

$$M_c = I_c\dot{\omega} + \omega \times I_c\omega \tag{3-36}$$

式中，ω 为刚体的角速度。

由于式（3-35）未表现刚体的转动情况，故对于一般运动的刚体还需引入欧拉方程，即式（3-36），共同刻画刚体的全部动力学行为，即为牛顿-欧拉方程。

外骨骼机械臂作为一个由多个杆件组成的刚体系统,采用牛顿-欧拉方程描述其动力学行为必然是通过针对各杆件的牛顿-欧拉方程联立得到方程组。在牛顿-欧拉法的分析过程中,要针对外骨骼机械臂每一个刚体进行单独求解,涉及每一个杆件的外力和内力。外骨骼康复机械臂与人体手臂之间有交互力,用牛顿-欧拉法来构建人机耦合的动力学数学模型较为便捷。另外牛顿-欧拉刚体动力学公式对于典型的开链式机械臂结构给出的为递推形式的动力学模型,计算效率高于其他方法。前向递归用于推导传递连杆的速度和加速度,逆向递归用于推导传递力。因此本研究采用牛顿-欧拉方程来求取所设计的外骨骼康复机械臂的动力学数学理论模型。

3.2.2 　上肢康复外骨骼的牛顿欧拉动力学模型构建

本节首先构建单独的外骨骼康复机械臂的牛顿-欧拉动力学理论模型,验证其正确性之后,再将人机交互力添加到所到得理论模型中,从而得到基于牛顿欧拉法的人机耦合外骨骼康复机械臂动力学理论模型。根据上文所建立杆件坐标系,对任意一个构件 i 进行受力情况分析,如图 3-10 所示。

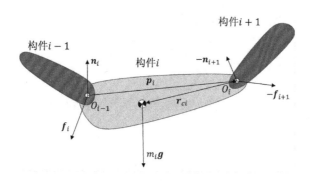

图 3-10　连杆受力情况分析图

根据以上受力分析和外骨骼构型图分别列出各构件的质心平动方程和绕质心的转动方程,得外骨骼康复机械臂的牛顿-欧拉方程组为

$$\left. \begin{array}{l} m_i a_{ci} = m_i g + f_i - f_{i+1} \\ I_{ci} \dot{\omega}_i + \omega_i \times I_{ci} \omega_i = n_i - n_{i-1} - (p_i + r_{ci}) \times f_i + r_{ci} \times f_{i+1} \end{array} \right\} \tag{3-37}$$

式中:$i = 1,2,\cdots,6$;I_{ci} 为构件 i 对质心的惯性张量矩阵;该方程组中的所有物理量的值均为相对于坐标系 C_0 的值。

下面对所得到的外骨骼康复机械臂牛顿欧拉动力学方程组进行逆动力学驱动力矩的求解,算法图如图 3-11 所示。

逆动力学即已知外骨骼康复机械臂各关节的角度、角速度、角加速度,求取关节驱动力矩的过程,各关节的 $q,\dot{q},\ddot{q}$ 为已知量。对部分变量初始化,然后进行 $i=1\rightarrow6$ 的正向迭代过程,其中构件 i 固连坐标系原点的加速度相对于坐标系 i 的矢量为

$$a_i^{(i)} = {}^i R_{i-1} a_{i-1}^{(i-1)} + \dot{\omega}_i^{(i)} \times p_i^{(i)} + \omega_i^{(i)} \times (\omega_i^{(i)} \times p_i^{(i)}) \tag{3-38}$$

构件 i 质心运动的加速度相对于坐标系 i 的矢量为

$$a_{ci}^{(i)} = a_i^{(i)} + \dot{\omega}_i^{(i)} \times r_{ci}^{(i)} + \omega_i^{(i)} \times (\omega_i^{(i)} \times r_{ci}^{(i)}) \qquad (3-39)$$

绕构件 i 质心转动的角速度相对于坐标系 i 的矢量为

$$\omega_i^{(i)} = {}^iR_{i-1}(\omega_{i-1}^{(i-1)} + z\dot{q}_i) \qquad (3-40)$$

绕构件 i 质心转动的角加速度相对于坐标系 i 的矢量为

$$\dot{\omega}_i^{(i)} = {}^iR_{i-1}(\dot{\omega}_{i-1}^{(i-1)} + \omega_{i-1}^{(i-1)} \times z\dot{q}_i + z\ddot{q}_i) \qquad (3-41)$$

之后将描述构件 i 运动的牛顿-欧拉方程组改写为递推形式的逆动力学算法公式,并将其坐标变化为相对于和杆 i 固连的坐标系中的表达式。

递推形式的构件 i 随质心平动的方程为

$$\left.\begin{array}{l} F_i^{(i)} = m_i(a_{ci}^{(i)} - g_i^{(i)}) \\ f_i^{(i)} = F_i^{(i)} + {}^iR_{i+1}f_{i+1}^{(i+1)} \end{array}\right\} \qquad (3-42)$$

式中,$f_{i+1}^{(i+1)} = [0\ 0\ 0]^T$。

递推形式的构件 i 绕其质心转动的方程为

$$\left.\begin{array}{l} N_i^{(i)} = I_{ci}^{(i)}\dot{\omega}_i^{(i)} + \omega_i^{(i)} \times I_{ci}^{(i)}\omega_i^{(i)} \\ n_i^{(i)} = N_i^{(i)} + {}^iR_{i+1}n_{i+1}^{(i+1)} + p_i^{(i)} \times f_i^{(i)} + r_{ci}^{(i)} \times F_i^{(i)} \end{array}\right\} \qquad (3-43)$$

式中,$n_{i+1}^{(i+1)} = [0\ 0\ 0]^T$。

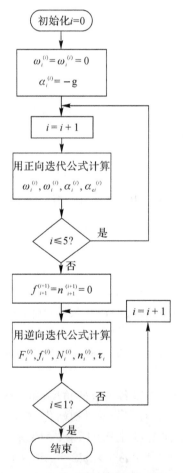

图 3-11 牛顿-欧拉法逆动力学算法图

关节轴向上的驱动力为

$$\tau_i = ({}^i R_{i-1} z)^{\mathrm{T}} (\bar{\delta}_i n_i^{(i)} + \delta_i f_i^{(i)})\qquad(3-44)$$

式中，对于转动关节 $\delta_i = 0$，移动关节与之相反，$\bar{\delta}_i = 1$；物理量右上角的标号 i 表示该物理量相对于坐标系 i 的坐标值。

通过 $i = 6 \rightarrow 1$ 的逆向迭代过程即可求得关节驱动力矩。坐标变换可以利用上一小节运动学分析得到的齐次变换矩阵实现，记 $x^{(0)}$，$x^{(2)}$ 分别为矢量 x 相对于坐标系 C_0 和坐标系 C_2 的坐标值，则二者关系为

$$x^{(0)} = {}^0 T_2 x^{(2)}\qquad(3-45)$$

逆动力学公式中还有 $\boldsymbol{I}_a^{(i)}$，$\boldsymbol{p}_i^{(i)}$，$\boldsymbol{r}_a^{(i)}$ 三个量未知，其中 $\boldsymbol{I}_a^{(i)}$ 为构件 i 的惯性张量矩阵在与构件 i 固连的坐标系 i 中的值，可以通过三维结构建模软件 Solidworks 中设计的外骨骼康复机械臂的三维结构模型选定零部件之后，在质量属性测量模块中设置相应输出坐标系得到，将所得结果进行整理如表 $3-2$ 所示。$\boldsymbol{r}_a^{(i)}$ 为构件 i 的质心相对于坐标系 i 的坐标，获取方法与 $\boldsymbol{I}_a^{(i)}$ 思路一致，不再赘述。$\boldsymbol{p}_i^{(i)}$ 求解公式为

$$\boldsymbol{p}_i^{(i)} = {}^i \boldsymbol{T}_{i-1} \boldsymbol{p}_i^{(i-1)}\qquad(3-46)$$

式中，$\boldsymbol{p}_i^{(i-1)}$ 为坐标系 i 的原点在坐标系 $i-1$ 中的坐标。

表 3 - 2　外骨骼构件惯量矩阵

构件 i	$\boldsymbol{I}_{XX}^{(i)}$	$\boldsymbol{I}_{YY}^{(i)}$	$\boldsymbol{I}_{ZZ}^{(i)}$	$\boldsymbol{I}_{XY}^{(i)}$	$\boldsymbol{I}_{XZ}^{(i)}$	$\boldsymbol{I}_{YZ}^{(i)}$
构件 1	6 402 825	2 623 179	4 756 748	−9 887	−1 204	2 430 453
构件 2	2 412 292	2 234 781	568 482	−3.33	−11.27	−302 445
构件 3	998 191	521 614	1 219 969	−53 819	69 565	170 532
构件 4	2 361 885	2 274 789	522 414	−3 809.24	29 907	476 682
构件 5	531 375	810 429	403 371	−3 005.86	−708.5	−15 406.67
构件 6	71 094	100 859	32 979	341.33	0	0

由以上分析可知，动力学理论方程中的所有变量均已知，只要给定外骨骼各关节的角度，角速度，角加速度即可得到关节驱动力矩，下面对其进行验证。

首先给定一个静态位姿如图 $3-12$ 所示，设置外骨骼康复机械臂保持该静态位姿静止不动，则关节角速度、角加速度均为 0，将上文所得的牛顿-欧拉动力学方程组在 MATLAB 程序文件中进行程序编写，计算各关节的驱动力矩。在 3.1 小节用机器人工具箱构建的外骨骼模型，将前文提到的各构件的惯性张量矩阵作为属性传入机器人工具

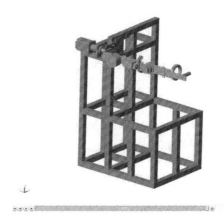

图 3 - 12　静态位姿图

箱外骨骼模型 link 中,通过工具箱提供的 rne 函数,传入相同的关节变量参数,求解各关节的驱动力矩。比较二者结果的一致性,证明上文所推导的数学模型的正确性。

利用所得牛顿-欧拉动力学理论模型编程计算得到的关节驱动力矩结果如图 3-13(a)所示。T_2 和 T_4 分别为肩关节前伸/后屈自由度和肘关节屈/伸自由度维持该静态位姿所需的关节驱动力矩,由于肩部位于近端需要承担整条臂的重力对其转动轴的扭矩,T_2 为 4.9 N·m 左右大于 T_4,符合客观规律。利用机器人工具箱逆动力学函数求解得到的结果如图 3-13(b)所示,可以发现二者求解结果近乎一致。

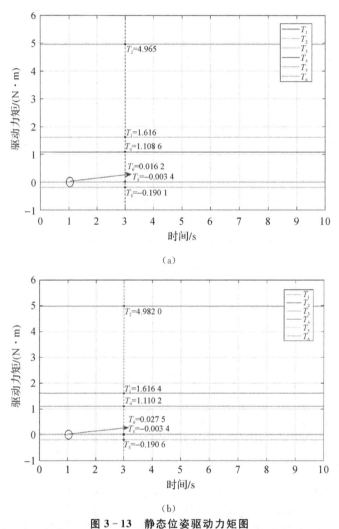

图 3-13　静态位姿驱动力矩图
(a)牛顿-欧拉理论模型解算结果;(b)机器人工具箱逆动力学函数解算结果

为排除偶然性,下面设置一组动态位姿,使外骨骼康复机械臂沿着动态轨迹运行,采用同样的思路求取关节的驱动力矩,充分验证所构建动力学理论模型的正确性。所设动态轨迹为 $q_2 = 45\sin(t-\pi/2) + 45$　$q_4 = 15\sin(t-\pi/2) + 15$,其余关节保持静止,则关节 2 和关节 4 的角速度和角加速度可以通过对轨迹函数求导得到,其余关节为 0。解算结果如图 3-14 所示。

由于运动轨迹集中在人体的矢状面,完成该轨迹的过程中主要靠关节 2 和关节 4 的驱动。

其次关节 1 需要一定的保持力矩,使关节 2 的轴线位于冠状面内,求解结果符合预期。两种方式下求解结果的差值如图 3-15 所示。可以证明,本节所构建的牛顿欧拉动力学模型无误。

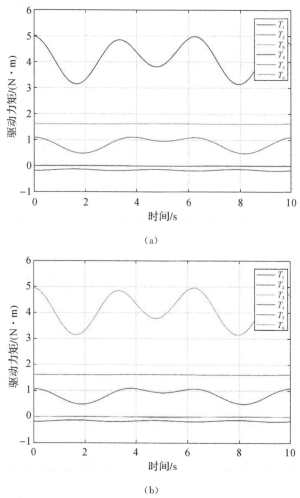

(a)

(b)

图 3-14　动态轨迹驱动力矩图

(a)牛顿-欧拉理论模型解算结果;(b)机器人工具箱逆动力学函数解算结果

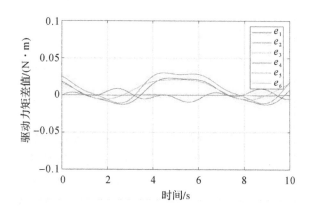

图 3-15　牛顿-欧拉动力学模型与机器人工具箱驱动力矩解算差值

3.3 人机耦合动力学分析

所设计的上肢康复外骨骼从应用场景上来讲,需要通过软性物理绑缚结构与运动功能障碍患者的患肢进行连接,在上肢康复外骨骼的带动或者辅助下完成康复训练动作。在进行康复训练时,上肢康复外骨骼控制系统的控制对象是由运动功能障碍患者患肢与外骨骼通过软性物理绑缚结构连接的即人与外骨骼通过柔性交互力耦合的人机耦合系统。交互力的大小需要进行一定程度的把控,防止为完成某个特定的康复训练动作而造成交互力的过大引起患肢二次损伤。因此,有必要对人与外骨骼整体的耦合系统的动力学特性进行分析研究。

3.3.1 人机耦合牛顿-欧拉理论模型

由第 2 章关于结构设计的详细描述可知,所设计的上肢康复外骨骼与患肢主要由构件 3 和构件 4 的两个软性物理绑缚结构连接,通过柔性绑带传递人机交互力。根据牛顿-欧拉法,对构件 3 和构件 4 分别进行受力分析,发现构件 3 和构件 4 受到的外力还包含患者肢体通过绑带传递给外骨骼的交互力,定义为 F_{jh1} 和 F_{jh2},除此之外,其余受力情况均不变,可得人机耦合动力学理论模型。其中构件 $1,2,5,6$ 的牛顿-欧拉方程组为

$$
\left.\begin{array}{l}
m_i a_{ci} = m_i g + f_i - f_{i+1} \\
I_{ci}\dot{\omega}_i + \omega_i \times I_{ci}\omega_i = n_i - n_{i-1} - (p_i + r_{ci}) \times f_i + r_{ci} \times f_{i+1}
\end{array}\right\} \quad (3-47)
$$

构件 3 的牛顿-欧拉方程组为

$$
\left.\begin{array}{l}
m_i a_{ci} = m_i g + f_i - f_{i+1} + F_{jh1} \\
I_{ci}\dot{\omega}_i + \omega_i \times I_{ci}\omega_i = n_i - n_{i-1} - (p_i + r_{ci}) \times f_i + r_{ci} \times f_{i+1}
\end{array}\right\} \quad (3-48)
$$

构件 4 的牛顿-欧拉方程组为

$$
\left.\begin{array}{l}
m_i a_{ci} = m_i g + f_i - f_{i+1} + F_{jh2} \\
I_{ci}\dot{\omega}_i + \omega_i \times I_{ci}\omega_i = n_i - n_{i-1} - (p_i + r_{ci}) \times f_i + r_{ci} \times f_{i+1}
\end{array}\right\} \quad (3-49)
$$

逆动力学解算过程与 3.2.2 小节的步骤一致。正向迭代和逆向迭代也采用上一小节提到的公式,需要注意的是在逆向迭代的过程中当 $i=3$ 和 4 时,递推形式的构件 i 随质心平动的方程分别为

$$
F_3^{(3)} = m_3(a_{c3}^{(3)} - g_3^{(3)}) - F_{jh1}^{(3)} \quad (3-50)
$$

$$
F_4^{(4)} = m_4(a_{c4}^{(4)} - g_4^{(4)}) - F_{jh2}^{(4)} \quad (3-51)
$$

3.3.2 人机耦合虚拟样机模型构建

Simscape multibody 作为立足于 Simulink 之上的多体动力学三维机械系统仿真模块,通过产品库中提供的代表诸如传送带、弹簧、刚体、关节连接等机械系统实体部件以及物理元素,如力矩、重力等模块为用户提供了极为方便的多体仿真环境。用户可以通过物理连接方式将相连模块框图组建成物理模型,同时该模块也支持用户自定义导入含有质量、惯量以及关节约束的三维 CAD 装配文件。相比其前身 SimMechanics,Simscape multibody 建模技术基于

openGL 计算机图形学先进的可视化工具箱使得其提供的可视化仿真技术极大地方便了用户观察仿真系统的动态特性。基于以上特点,本研究使用该模块构建人机耦合模型。

考虑到所设计的上肢康复外骨骼样机是采用 Solidworks 软件环境设计完成三维结构模型后,在此基础上绘制工程图。为提高构建的人机耦合模型的准确性与真实性,采用 URDF (Unified Robot Description Format)格式机器人描述文件作为中间文件进行三维模型的传递,使得刚体形状、质量、转动惯量以及连接关系直接转换到 Simscape multibody 模型中。具体步骤如下。

(1)将所设计的上肢康复外骨骼 Solidworks 三维模型在保留主要结构特征的情况下进行简化,忽略零件细节,得到主体零件的三维模型,然后进行装配。

(2)利用 URDF Exporter 插件,在 Solidworks 中对装配好的三维模型按照 URDF 的描述格式进行配置。配置结束导出得到上肢康复外骨骼的 URDF 描述文件。

(3)在 MATLAB 命令行中键入 smimport()函数,urdf 文件路径作为参数传入,则 MATLAB 会自动导入结构特征,生成 Simscape multibody 模型如图 3-16 所示。

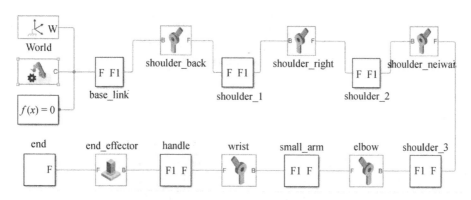

图 3-16　Simscape multibody 初步模型图

(4)在第 3 步所得模型基础上进行修改完善。考虑到建模的简便且不失真实性,利用圆柱体来代替真实患者的患肢。添加 solid 模块并根据人体工学数据设置形状、尺寸、质量等参数。并将患肢大臂模型肩关节和外骨骼肩关节用旋转关节连接,以保证患肢可以自由地与外骨骼臂体发生相对运动。二者之间只通过软性物理绑缚结构进行约束,以便更加真实地模拟人机交互力的动态特性。

(5)添加 2 个弹簧阻尼模块作为患肢模型与外骨骼模型的连接方式,如图 3-17 所示。用以模拟现实情况下外骨骼结构与患者患肢通过软性物理绑缚结构连接的动态特性,即人与机器通过力进行人机交互。将弹簧阻尼模块的两端分别连接物理绑缚结构中心与患肢模型中心重合的位置,保证患者模型与外骨骼模型关节角度一致,二者保持同步时,交互力为 0。

(6)在模型的各关节处添加控制方式,得到基于 Simscape multibody 的人机耦合模型,如图 3-18 所示。

基于 Simscape multibody 的人机耦合模型主要由 exoskeleton 和 human arm 两部分组成,其具体模块结构组成如图 3-19 与图 3-20 所示。human arm 代表真实情况下通过柔性绑带连接在外骨骼的患肢,模型中将其简化为大臂和小臂。exoskeleton 为所设计的 6 自由度上肢康复外骨骼,二者通过弹簧阻尼模块相互连接。

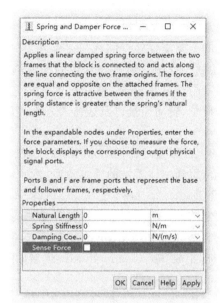

图 3－17　弹簧阻尼模块

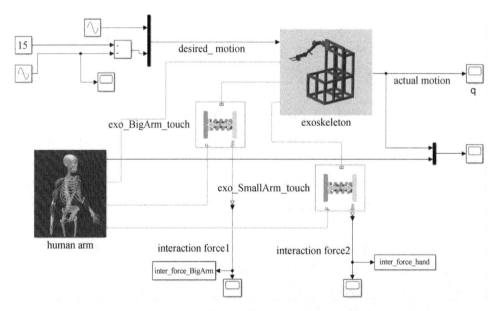

图 3－18　Simscape multibody 人机耦合模型

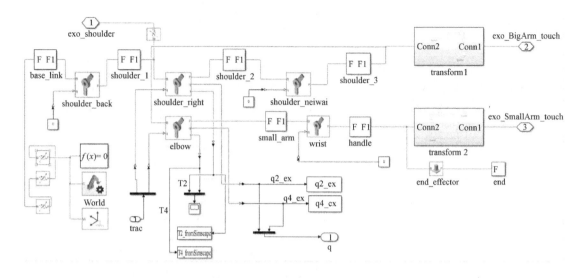

图 3 – 19 exoskeleton 模块组成图

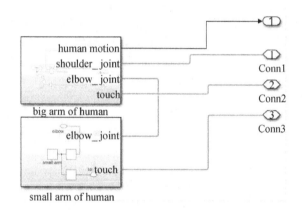

图 3 – 20 human 模块组成图

3.3.3 人机耦合仿真实验与分析

根据本节前两小节的研究内容可知,本研究以人机交互力作为切入点,首先分析得出牛顿-欧拉动力学方程组表示的上肢康复外骨骼系统的人机耦合动力学理论模型。为了验证所得理论模型的正确性与合理性,利用 Simscape multibody 产品库搭建了人机耦合动力学的物理仿真模型,所设计的方案如图 3 – 21 所示。

对外骨骼的关节采用 motion control 模式,与 3.2.2 小节动态验证一致,设定其动态轨迹分别为 $q_2 = 45\sin(t - \pi/2) + 45$ $q_4 = 15\sin(t - \pi/2) + 15$,其余关节均保持零位。

模拟的患肢关节均不提供驱动力,表示真实情况下完全丧失运动能力的患者只能通过柔性绑带在外骨骼的带动下运动。仿真结果如图 3 – 22 所示,患肢在外骨骼仿真模型中弹簧阻尼模块的带动下很好地完成了预期轨迹。弹簧阻尼模块输出的人机交互力如图 3 – 23 所示。

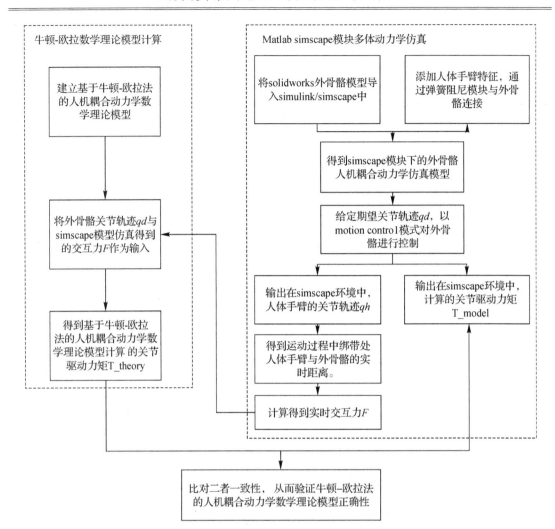

图 3 - 21　人机耦合动力学模型仿真验证方案图

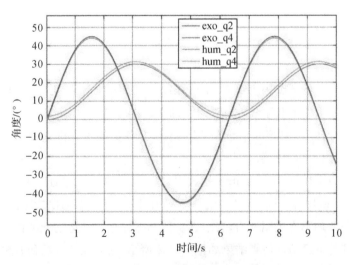

图 3 - 22　外骨骼与患肢的关节位置轨迹图

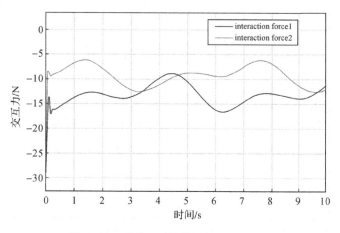

图 3 - 23　弹簧阻尼模块测量交互力结果

根据验证方案图,将交互力和设定关节角度轨迹作为牛顿-欧拉法的人机耦合动力学理论模型的输入,解算得到的数学理论关节驱动力矩图如图 3 - 24 所示。

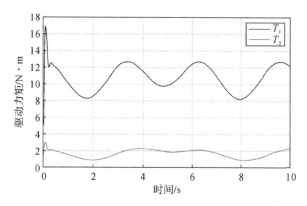

图 3 - 24　牛顿-欧拉人机耦合模型关节驱动力矩解算结果

基于 Simscape multibody 人机耦合模型驱动力矩解算结果如图 3 - 25 所示。可见,按照验证方案中的两种方法求解的关节驱动力矩结果基本保持一致。证明所构建牛顿-欧拉法人机耦合动力学理论模型的正确性与合理性。

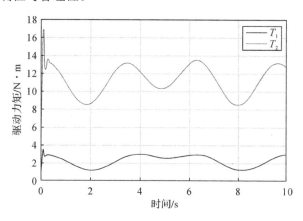

图 3 - 25　Simscape multibody 人机耦合模型关节驱动力矩解算结果

3.4　本　章　小　结

　　本章在所设计的上肢康复外骨骼结构与三维模型的基础上,通过运动学与动力学原理进行了相关的研究分析。运动学方面,利用D-H参数法构建了D-H参数表,并对连杆坐标系之间的齐次变换矩阵进行解算,从而得出关节空间与末端工作空间之间的映射关系。同时利用MATLAB机器人工具箱构建具有相同D-H参数的外骨骼构型,以验证所得运动学模型的正确性,并计算绘制外骨骼的运动空间范围点图。动力学研究方面,在对动力学建模的基本理论与方法进行分析研究的基础上,采用牛顿-欧拉法首先对上肢康复外骨骼本体结构进行了动力学分析,得出其动力学表达式,并用前面提到的MATLAB机器人工具箱集成的动力学函数对所构建的动力学理论模型进行验证。将人作为系统的一部分,通过人机交互力构建人与外骨骼的耦合关系,采用牛顿-欧拉法求取动力学方程,得到人机耦合的动力学理论模型。根据所设计的正确性验证方案,搭建了Simscape multibody人机耦合虚拟样机模型,对所得牛顿-欧拉动力学理论模型进行了验证。

第4章 人机交互信号采集与处理方法

人体上肢具有较为复杂的生理结构以及灵活的运动范围,基于人体意图的人机交互方式更能发挥外骨骼的控制优势。上肢康复外骨骼人机交互信息种类较多,包含交互力、角度、生物电信号等。生物电信号包含肌电(EMG,electromyogram,肌电图)信号和心电信号(ECG),EMG 可以用来预测运动意图,ECG 主要用来表达运动强度,两者均能表达运动的特征。交互信息通常信号较为微弱,需要进行预处理和滤波等,尤其是生物电信息还需要进行特征提取。本章重点介绍用于上肢康复外骨骼的人机交互感知系统的信号采集和处理方法,为控制决策提供所需的感知信息。

4.1 交互力的采集与处理

4.1.1 交互力的采集

人机交互力采集系统用于将表征人机交互过程中的力信号实时采集以反馈给控制系统。力传感器主要用于力信号的采集,电压转换模块用于将传感器的电阻变化信号转换为模拟电压信号,Arduino Uno 控制板用作数据采集卡,串口调试助手用于数据的显示和调试。整个力信息的采集流程如图 4-1 所示,下面将依次对各元件进行详细介绍。

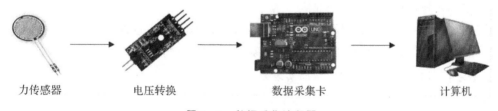

力传感器　　　　电压转换　　　　数据采集卡　　　　计算机

图 4-1　数据采集流程图

(1)力传感器的选取。

对于力传感器的选取,基于用途还有实际效果考虑,本研究需要采集的力是大约在 0~3 kg 之间,以这个数据用作压力传感器选择的量程标准。由于传感器用于康复训练过程,要求具有很强的重复性和较快的响应速度。综上考虑,选择 RP-C 薄膜电阻式压敏传感器,如图 4-2 所示。

RP－C电阻式压敏传感器是指电阻值随着作用于感应区上的压力增大而减小的柔性薄膜传感器。单感应区传感器相当于一个电阻值由压力控制的双端口可变电阻,也相当于是有一定阈值的开关,此阈值由压力和设备参数设定共同决定。该传感器有如下特点:静态/动态压力感应、响应速度快、耐久性寿命长、产品外形可根据客户要求定制、产品灵敏度可根据客户要求定制。RP－C电阻式压敏传感器的主要技术数据和物理性能如表4－1所示。

图4－2　RP－C18.3－ST 电阻式压敏传感器

表4－1　RP－C18.3－ST 压力传感器的性能参数

主要性能参数	RP－C18.3－ST 电阻式压敏传感器
厚度	0.4 mm
样式	薄片状
压力感应范围	0～6 kg
压力作用方式	静态或动态(频率 10 Hz 以内)
激活时间	小于 0.001 s
使用温度	−40～85℃
耐久性	100 万次以上
响应时间	小于 10 ms
电磁干扰 EMI	不产生
静电释放 EDS	不敏感

(2)电压转换模块。

由于压力传感器输出的为模拟信号,因此需要将原来压力传感器的电阻变化信号转换为ARDUINO控制板可识别的模拟电压信号。模拟电压信号经过 A/D 转换器,模拟信号就可以转化为数字信号再传送至上位机,从而实现末端压力的反馈和读取。通常电压转换模块还可以提高测量的精度和对力传感器进行标定。通过调研,选择如图4－3所示的电压转换模块。

该线性电压转换模块的特点:输出线性度高,测量灵敏度高,输出放大倍数可调,适配多型号传感器,可以兼容 5 V、3.3 V 测量系统。该电压转换模块主要有以下两种使用方法及各自的用途。第一种:使用 DO 引脚,适合做是否有压力的应用。可以通过调节 DO_RES 电阻,从而调节 DO 引脚输出的阈值。当压力大于调节的阈值时候,DO 引脚输出高电平,DO_LED 点亮。当压力小于设定的阈值时,DO 引脚输出低电平,DO_LED 熄灭。第二种:使用 AO 引脚,适合测量有无压力、压力趋势变化,或者测量压力值。可以通过控制调节 AO_RES 电阻,从而调节输出的模拟电压值的范围增益灵敏度。可用万用表测量电压,或者单片机连接程序读取数值,调节到自己认为合适或者标定的位置。

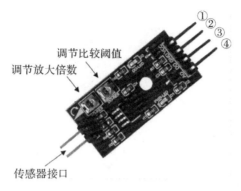

图 4 - 3　线性电压转换模块

(3)数据采集卡。

采用的是 Arduino Uno 控制板用作数据采集卡,可以将电压转换模块的数字信号自动采集并送到上位机中进行分析、处理,其结构图如图 4 - 4 所示。

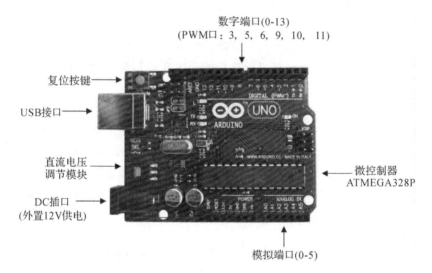

图 4 - 4　ARDUINO Uno 主控板结构图

Arduino Uno 可以通过三种方式提供电源:USB 连接线、电源输入插座、Vin 引脚。由于要通过 USB 进行数据通信和传输,故采取的供电方式是 USB 连接线。通过 USB 连接线为其提供 5 V 的电源,就是透过 Type B USB 连接控制板,而另一头是 Type A USB 连接电脑,提供 5 V、500 mA 的电源给控制板。

由于需要将采集到的数据传送给上位机保存,故需要对其串口通信进行调试,采用串口调试小助手将传输的数据信号输出到计算机上,以便保存。将信号采集模块用 USB 连接线和电脑连接,通过串口调试助手读取数据的调试界面,如图 4 - 5 所示,可以直观地观察到力传感器采集到的力信号。

图 4 - 5 串口读取数据调试界面

4.1.2 交互力信息的处理

考虑到运动过程中传感器的信号会受到随机噪声干扰,导致输出信号不稳定,影响控制系统的准确性和精度。需要对采集系统进行分析处理来有效抑制随机干扰信号,为控制系统提供稳定的采样精度。

传统的信号处理与分析都是在傅里叶变换的基础上进行的,傅里叶变换能将满足一定条件的某个函数表示成三角函数或者它们的积分的线性组合。但是傅里叶分析使用的是一种全局变换,要么完全在时域,要么完全在频域,因此它无法表达信号的时域频域特性。因此,若使用傅里叶分析进行力信号的处理,会影响数据处理效果,失去信号的局部化特性。在对时变信号进行分析和处理时,小波变换则显现出了明显的优势,因为它能够同时在时域和频域进行局部分析,所以本研究采用了小波变换算法对信号进行去噪处理。

(1)小波变换的原理。

小波变换(Wavelet Transform,WT)是一种新的"时间–频率"变换分析方法,其思想是在短时傅里叶变换局部化的基础上,同时又克服了傅里叶变换得窗口大小不随频率变化等缺点,能够提供一个随频率改变的"时间–频率"窗口。它具有多分辨率分析的特点,且在时域和频域都具有表征信号局部特征的能力。因此,它是进行信号时频分析和处理的理想工具。

假设 $y(t) \in L_2(\boldsymbol{R})$,$L_2(\boldsymbol{R})$ 表示二次方可积的实数空间,即能量有限的信号空间,其傅里叶变换为 $Y(\omega)$。当 $Y(\omega)$ 满足允许条件

$$C_{\varphi} = \int_{R} \frac{|\hat{\varphi}(\omega)|}{|\omega|} \mathrm{d}\omega < \infty$$

时,称 $y(t)$ 为一个基本小波或母小波(mother wavelet)。将母函数 $y(t)$ 经伸缩和平移后,就可以得到一个小波序列。

对于连续的情况,小波序列为

$$\varphi_{a,b}(t) = \frac{1}{\sqrt{|a|}}\varphi\left(\frac{t-b}{a}\right), a,b \in R; a \neq 0 \tag{4-1}$$

式中：a 为伸缩因子；b 为平移因子。

对于离散情况，小波序列为

$$\varphi_{j,k}(t) = 2^{\frac{-j}{2}}\varphi(2^{-j}t - k), j,k \in Z \tag{4-2}$$

对于任意函数 $f(t) \in L_2(\boldsymbol{R})$ 的连续小波变换为

$$W_f(a,b) = \langle f, \varphi_{a,b} \rangle = |a|^{\frac{-1}{2}}\int_R f(t)\varphi\overline{\left(\frac{t-b}{a}\right)}\mathrm{d}t \tag{4-3}$$

其逆变换为

$$f(t) = \frac{1}{C_\varphi}\int_{R^+}\int_R \frac{1}{a^2}W_f(a,b)\varphi\left(\frac{t-b}{a}\right)\mathrm{d}a\mathrm{d}b \tag{4-4}$$

小波变换的时频窗口特性和短时傅里叶的时频窗口不一样。其窗口形状为两个矩形 $[b-aD_y, b+aD_y]$，$[(\pm\omega_0-D_y)/a, (\pm\omega_0+D_y)/a]$，窗口中心为 $(b, \pm\omega_0/a)$，时窗和频窗宽度分别为 aD_y 和 D_y/a。其中，b 仅影响窗口在相平面时间轴上的位置，而 a 不仅影响窗口在频率轴上的位置，也影响窗口形状。

这样使得小波变换对不同频率在时域上的取样步长是具有调节性的。在低频时，小波变换的时间分辨率较低，而频率分辨率较高；在高频时，小波变换的时间分辨率较高，而频率分辨率较低。这也正符合低频信号变化缓慢和高频信号变化迅速的特点。

根据小波系数处理方式的不同，常见去噪方法可分为三种：①基于小波变换模极大值去噪；②基于相邻尺度小波系数相关性去噪；③基于小波变换阈值去噪。由于小波阈值去噪是一种简单而实用的方法，应用广泛，因此本研究采用该方法。该算法的主要理论依据是：小波变换具有很强的去数据相关性，它能够使信号的能量在小波域中集中在一些较大的小波系数中；而噪声的能量却分布于整个小波域内。因此，在经过小波分解后，信号的小波系数幅值要大于噪声的系数幅值，即幅值比较大的小波系数一般以信号为主，而幅值比较小的系数在很大程度上是噪声。于是，采用阈值的办法可以把信号系数保留，而使大部分噪声系数减小至零。小波阈值收缩法去噪的具体处理过程为：将含噪信号在各尺度上进行小波分解，设定一个阈值，幅值低于该阈值的小波系数置为 0，高于该阈值的小波系数将完全保留或者做相应的"收缩"处理。最后将处理后获得的小波系数用逆小波变换进行重构，得到去噪后的信号。

（2）小波变换处理过程。

一般利用小波变换进行信号降噪的流程图如图 4-6 所示。

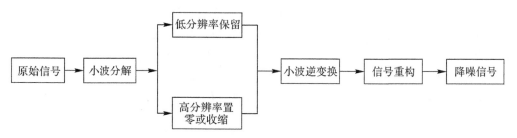

图 4-6　信号降噪算法流程图

首先选择小波并确定分解层次为 N 并进行小波分解，通常噪声部分包含在高频中。其次对小波分解的高频系数进行门限阈值量化处理。最后根据小波分解的第 N 层低频系数和经过量化后的 1~N 层高频系数进行小波重构,达到消除噪声的目的,在实际信号中恢复真实信号。小波变换模块主要包括前向小波变换模块、阈值处理和逆向小波变换模块。前向小波变换模块完成对含噪信号的多层分解,将含噪信号分解为低频分量和高频分量。阈值处理模块去除经过多层小波分解出来的高频噪声。逆向小波变换模块完成信号的多层重构,最后得到去噪后的信号。逆向小波变换模块重构信号的顺序和前向模块刚好相反,是按最后一层到第一层的顺序重构信号,完成 N 层逆向小波变换之后即可得到去噪后的信号。

通过多次测试处理,本研究选用 db3 小波对含噪信号进行小波变换,能够在保证滤波精度的同时具有较快的运算速度。通过计算可以得到与 db3 小波相关的四个滤波器,如图 4-7 所示。

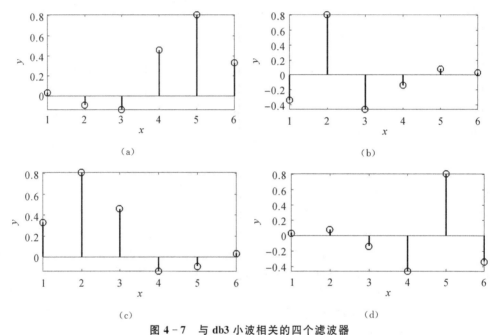

图 4-7 与 db3 小波相关的四个滤波器

(a)分解低通滤波器;(b)分解高通滤波器;(c)重构低通滤波器;(d)重构低通滤波器

为保证较好的滤波效果又不使算法的运算量过大,将小波变换模块的分解、重构层数设为 2 层。将含噪信号分别和上述所得到的高通滤波器和低通滤波器系数相卷积,然后进行下采样,得到信号的细节系数和近似系数,结果如图 4-8 所示。

(3)小波变换处理结果。

对信号分别采用了三种不同的阈值进行处理,最终处理结果如图 4-9 所示。图中第一条为原始信号,若采用强制消噪处理的方法,会把小波分解结构中的高频部分全变成零,即把高频部分全部消除,再对信号进行重构,结果如图中第二条曲线所示,此方法运算简单,消噪后信号也相对较平滑,但易丢失有用信号,从而造成部分信号失真的现象。若采用默认阈值消噪处理的方法,结果如图中第三条曲线所示,该方法处理后的效果明显比强制去噪效果要好很多,基本保留了原始信号的信息,但是在一些局部细节信号的处理上不太妥当,有失信号原始的细节数据,不过总体的处理效果还可以。若采用给定软阈值消噪处理方法,结果如图中第四条曲线所示,可明显看出采用该法进行去噪处理后,信号的信息基本都还原了,对于信号细节的处理效果明显优于前两种。为了更加直观地对比,计算出了三种处理结果的均方根误差(RMS)分别为:$e_1 = 1.853\,5$,$e_2 = 1.718\,1$,$e_3 = 1.650\,8$。因此,第三种的处理结果更具可信度,最终信号处理的效果也更好。

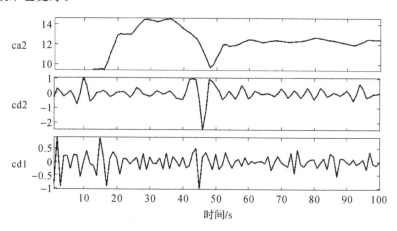

图 4 - 8　小波分解结果

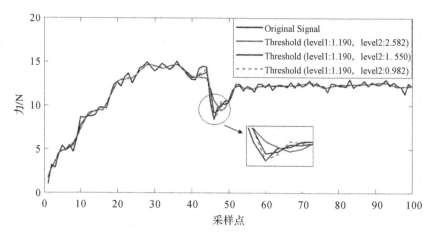

图 4 - 9　含噪信号处理结果

当采用小波变换算法对信号进行去噪处理后,通过调试处理参数,验证了数据采集和处理的可靠性高,通过分析结果表明有效地滤掉了干扰信号,可为后续控制提供稳定可靠的采集数据,且采集精度达到控制要求,可为后期外骨骼机器人柔顺控制研究奠定关键的基础。

4.2　力与角度交互信息预处理方法

4.2.1　限幅滤波

在外骨骼康复机器人系统中,根据不同的训练模式,电机转动时旋转速度与方向是不同的,产生的电磁干扰难免会影响到信号传输,所以采集到的信号为 $X_{(k)}$,包含真实信号 $Y_{(k)}$ 和噪声 $\eta_{(k)}$,即

$$X_{(k)} = Y_{(k)} + \eta_{(k)} \tag{4-5}$$

在本研究中,噪声主要有电磁干扰引起的突变性偶然噪声和杂乱的非平稳小幅度噪声信号。在康复训练中,患者是在穿戴着外骨骼机器人的情况下进行康复训练,由电机驱动机器人进行训练。突变型偶然误差噪声的存在和小幅度的噪声信号会极大影响电机的控制,使电机发生突变和抖动现象,这就会给患者带来二次损伤。因此为了保证康复训练的安全性和稳定性,用于模式识别的信号首先需要经过滤波处理。滤波的本质其实就是从各种混合在一起的信号中提取出最接近于真实信号的有效信号。根据信号特点的不同,可以设计不同的滤波器。针对本研究的两种特点的噪声,采用了两种不同的滤波方式进行处理。

限幅滤波算法的原理为:设定采样电压允许的最大误差值,若当前采样电压值与上一采样值差值超过设定误差值,则判定当前采样值无效,以上一采样值代替当前采样值;反之则判定当前采样值是有效的,保留当前值。但是在当前采样值无效的情况下,只用上一采样值代替会影响整体滤波的平滑度。因此对限幅滤波算法进行修改,修改之后的算法流程如图 4-10 所示。根据经验设定采样电压的误差最大值作为限幅阈值,若当前采样电压值与上一采样值差值未超过设定误差值,则认为该采样信号有效,保留不作处理;反之则再将下一采样值与当前采样值作差,若未超出限幅阈值,辨识出为突变信号;若超出限幅阈值则认为该采样信号为噪声信号,予以舍去,并用两侧采样电压平均值替代以得到平滑的处理结果。

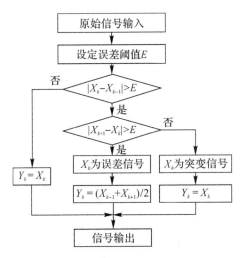

图 4-10　限幅滤波流程图

4.2.2　自适应卡尔曼滤波处理

(1)卡尔曼滤波算法。

虽然经过限幅滤波处理后的信号滤去了粗大误差,但仍然存在一些比较小的误差,呈随机序列分布,导致测量轨迹不平滑。人机交互信号采用的是运动信号而非生理信号,这种物理式人机交互方式原理导致传感器采集出来的运动信号都不可避免地滞后于人体真实的运动意图。因此信号处理不仅要解决噪声的问题同时还需解决运动意图滞后的问题。常规的滤波器如低通滤波、中值滤波等都仅仅只能产生降噪作用,而卡尔曼滤波器则很好地弥补了上述缺陷,解决了运动意图滞后的问题。

在一个系统中,若想得到下一状态的最优值,有两种方式:估计和直接测量。但是估计值必定是不准确的,认为它伴随着噪声(称为过程噪声),同时任何测量值也都伴有噪声(称为测量噪声),将过程噪声和测量噪声统称为误差。那么在这两个值都存在误差的情况下,如何根据估计值和测量值推出该时刻下状态的最优估计值则是卡尔曼滤波的一个重要应用。卡尔曼滤波是一种时域滤波器,能对信号进行自回归式的最优估计,由鲁道夫·卡尔曼在 1960 年发表的论文中首次提出。其方法是在过程噪声和测量噪声已知的前提下,根据当前状态的测量值和误差协方差信息迭代得到下一时刻状态最优估计值,被广泛应用于机器人、飞机导航与控制以及军事方面的雷达探测等领域。它的原理由预测和更新两部分组成:在预测步骤中,通过前一时刻的状态值对当前时刻状态进行估计;在更新步骤中,计算过程误差的协方差值和测量误差的协方差值,根据这两个值来权衡估计值和测量值的可信度,再根据前一时刻的预测值和当前时刻的测量值和误差协方差值进行当前时刻值的最优估计;最后再对下一时刻进行预测,由此形成迭代回路。

假设人机交互系统的状态模型和测量模型为

$$\left.\begin{array}{l}\boldsymbol{Y}_{(k)} = \boldsymbol{F}_{(k,k-1)}\boldsymbol{Y}_{(k-1)} + \boldsymbol{B}_{(k,k-1)}\boldsymbol{W}_{(k-1)}\\ \boldsymbol{Z}_{(k)} = \boldsymbol{H}_{(k)}\boldsymbol{Y}_{(k)} + \boldsymbol{V}_{(k)}\end{array}\right\} \tag{4-6}$$

式中:$\boldsymbol{Y}$、$\boldsymbol{Z}$ 分别为待估计值和经过限幅之后的传感器测量值;$\boldsymbol{F}$、$\boldsymbol{H}$ 分别为过程矩阵和测量矩阵;$\boldsymbol{W}$、$\boldsymbol{V}$ 分别为过程噪声和测量噪声,对应的协方差矩阵由 $\boldsymbol{Q}$ 和 $\boldsymbol{R}$ 表示。

根据卡尔曼滤波可得 k 时刻预测值 $\boldsymbol{Y}_{(k,k-1)}$ 为

$$\boldsymbol{Y}_{(k,k-1)} = \boldsymbol{F}_{(k-1)}\boldsymbol{Y}_{(k-1,k-1)} \tag{4-7}$$

式中,$\boldsymbol{Y}_{(k-1,k-1)}$ 为 $k-1$ 时刻的最优估计值。

同理,依据卡尔曼滤波可得 k 时刻的增益、最优估计和误差协方差等值。则预测均方差值 $\boldsymbol{P}_{(k,k-1)}$ 为

$$\boldsymbol{P}_{(k,k-1)} = \boldsymbol{F}_{(k-1)}\boldsymbol{P}_{(k-1,k-1)}\boldsymbol{F}_{(k-1)}^{\mathrm{T}} + \boldsymbol{Q}_{(k-1)} \tag{4-8}$$

卡尔曼增益值 $\boldsymbol{K}_{(k)}$ 为

$$\boldsymbol{K}_{(k)} = \boldsymbol{P}_{(k,k-1)}\boldsymbol{H}_{(k)}^{\mathrm{T}} \cdot (\boldsymbol{H}_{(k)}\boldsymbol{P}_{(k,k-1)}\boldsymbol{H}_{(k)}^{\mathrm{T}} + \boldsymbol{R}_{(k)})^{-1} \tag{4-9}$$

最优估计值 $\boldsymbol{Y}_{(k,k)}$ 为

$$\begin{aligned}\boldsymbol{Y}_{(k,k)} &= \boldsymbol{Y}_{(k,k-1)} + \boldsymbol{K}_{(k)}(\boldsymbol{Z}_{(k)} - \boldsymbol{H}_{(k)}\boldsymbol{Y}_{(k,k-1)})\\ &= (1 - \boldsymbol{K}_{(k)}\boldsymbol{H}_{(k)})\boldsymbol{Y}_{(k,k-1)} + \boldsymbol{K}_{(k)}\boldsymbol{Z}_{(k)}\end{aligned} \tag{4-10}$$

误差协方差值 $\boldsymbol{P}_{(k,k)}$ 为

$$\boldsymbol{P}_{(k,k)} = (1 - \boldsymbol{K}_{(k)}\boldsymbol{H}_{(k)})\boldsymbol{P}_{(k,k-1)}(1 - \boldsymbol{K}_{(k)}\boldsymbol{H}_{(k)})^{\mathrm{T}} + \boldsymbol{K}_{(k)}\boldsymbol{R}_{(k)}\boldsymbol{K}_{(k)}^{\mathrm{T}} \tag{4-11}$$

(2)suge - husa 自适应滤波。

在外骨骼康复机器人人机交互协同控制的实际过程中,交互协同系统的复杂性,使得过程噪声和测量噪声的协方差值计算变得复杂;且交互过程的多变性,使得噪声误差协方差值会跟随实际情况变化,因此原先设定的噪声协方差值会失去意义,这影响了交互信息获取的可靠性。若让该种不确定噪声进入自适应滤波的迭代循环过程中,则可能会出现滤波发散的情况。而自适应卡尔曼滤波算法能够解决该问题,通过测量和估计噪声值能实时更新该系统的过程噪声和测量噪声的协方差值,实时修整滤波器的参数以达到提升滤波和预测精度的效果。

运用较为广泛的自适应滤波算法是 sage - husa 算法,该算法的原理是在卡尔曼滤波算法的基础上增加了噪声估计算法,利用极大后验估计器计算过程噪声和测量噪声的统计特性值(包括均值和协方差值),故具有良好的通用性。

根据噪声估计算法,可得 k 时刻测量噪声的均值 $r_{(k)}$ 为

$$r_{(k)} = d_{(k-1)}(\mathbf{Z}_{(k)} - \mathbf{H}_{(k)}\,\mathbf{Y}_{(k,k-1)}) + (1 - d_{(k-1)} \cdot r_{(k-1)}) \tag{4-12}$$

k 时刻测量噪声的协方差值 $\mathbf{R}_{(k)}$ 为

$$\mathbf{R}_{(k)} = d_{(k-1)}(\boldsymbol{\zeta}_{(k)}\,\boldsymbol{\zeta}_{(k)}^{\mathrm{T}} - \mathbf{H}_{(k)}\,\mathbf{P}_{(k,k-1)}\,\mathbf{H}_{(k)}^{\mathrm{T}}) + (1 - d_{(k-1)})\,\mathbf{R}_{(k-1)} \tag{4-13}$$

过程噪声的均值 $q_{(k)}$ 为

$$q_{(k)} = (1 - d_{(k-1)}) \cdot q_{(k-1)} + d_{(k-1)}(\mathbf{Y}_{(k,k)} - \mathbf{F}_{(k-1)}\mathbf{Y}_{(k-1,k-1)}) \tag{4-14}$$

过程噪声的协方差值 $\mathbf{Q}_{(k)}$ 为

$$\mathbf{Q}_{(k)} = d_{(k-1)}(\mathbf{K}_{(k)}\,\boldsymbol{\zeta}_{(k)}\,\boldsymbol{\zeta}_{(k)}^{\mathrm{T}}\,\mathbf{K}_{(k)}^{\mathrm{T}} + \mathbf{P}_{(k,k)} - \mathbf{F}_{(k)}\,\mathbf{P}_{(k-1,k-1)}\,\mathbf{F}_{(k)}^{\mathrm{T}}) + (1 - d_{(k-1)})\,\mathbf{Q}_{(k-1)} \tag{4-15}$$

残差值 $\boldsymbol{\zeta}_{(k)}$ 为

$$\boldsymbol{\zeta}_{(k)} = \mathbf{Z}_{(k)} - \mathbf{H}_{(k)}\,\mathbf{Y}_{(k,k-1)} \tag{4-16}$$

加权系数 d 为

$$d_{(k-1)} = \frac{1-b}{1-b^k}, \quad 0 < b < 1 \tag{4-17}$$

式中:b 为遗忘因子;d 的作用是将新的数据与旧的数据分别施以不同的影响因子,提高该数据在计算中的权重值。

从噪声估计算法的公式中可看出,虽然该算法能够计算出过程噪声和测量噪声的统计特性值,但是具有很大的计算量,降低了运行效率和实时性,使得工程中滤波实现变得较为复杂,提升了困难度。已有研究表明,过程噪声和测量噪声只能在已知其中一个的前提下才能实时估算出另一个噪声统计特性值。并且,对过程噪声和测量噪声产生的原理进行分析可知:过程噪声是在确定交互系统方程时固有伴随的,是表明估计的不确定性,但对其补偿后就具有鲁棒性,故影响不大;测量噪声则是在测量过程中产生,由外部环境因素变化而引起的,表明测量的不确定性,这种噪声无法进行补偿,故对系统影响较大。由于过程噪声的获取较为复杂,且其能够进行补偿,故选取测量噪声作为自适应滤波器实时估算的参数,修整模型误差带来的影响。对噪声估计算法进行简化,将式(4-13)、式(4-16)、式(4-17)保留,其余舍弃,并对 $\mathbf{R}_{(k)}$ 的值进行重新整理和计算。

对式(4-13)进行修正,则协方差值 $\mathbf{R}_{(k)}$ 为

$$\begin{aligned}
\mathbf{R}_{(k)} &= \frac{1}{k}\sum_{m=1}^{k}(\mathbf{Z}_{(m)} - \mathbf{H}_{(m)}\,\mathbf{Y}_{(m,k)})(\mathbf{Z}_{(m)} - \mathbf{H}_{(m)}\,\mathbf{Y}_{(m,k)})^{\mathrm{T}} \\
&= \frac{1}{k}\sum_{m=1}^{k}\big[(1 - \mathbf{H}_{(m)}\,\mathbf{K}_{(m)})(\mathbf{Z}_{(m)} - \mathbf{H}_{(m)}\,\mathbf{Y}_{(m,m-1)})(\mathbf{Z}_{(m)} - \mathbf{H}_{(m)}\,\mathbf{Y}_{(m,m-1)})^{\mathrm{T}}(1 - \mathbf{H}_{(m)}\,\mathbf{K}_{(m)})^{\mathrm{T}}\big] \\
&= \frac{1}{k}\sum_{m=1}^{k}\big[(1 - \mathbf{H}_{(m)}\,\mathbf{K}_{(m)})\,\boldsymbol{\zeta}_{(m)}\,\boldsymbol{\zeta}_{(m)}^{\mathrm{T}}\,(1 - \mathbf{H}_{(m)}\,\mathbf{K}_{(m)})^{\mathrm{T}}\big]
\end{aligned}$$

$$\tag{4-18}$$

协方差值 $\mathbf{R}_{(k)}$ 的期望为

$$E(\mathbf{R}_{(k)}) = \mathbf{R}_{(k)} - \frac{1}{k}\sum_{m=1}^{k}\mathbf{H}_{(m)}\,\mathbf{P}_{(m,m)}\,\mathbf{H}_{(m)}^{\mathrm{T}} \tag{4-19}$$

再根据式(4-18)和式(4-19),可将 $\mathbf{R}_{(k)}$ 修改为

$$\mathbf{R}_{(k)} = \frac{1}{k}\sum_{m=1}^{k}\big((1 - \mathbf{H}_{(m)}\,\mathbf{K}_{(m)})\,\boldsymbol{\zeta}_{(m)}\,\boldsymbol{\zeta}_{(m)}^{\mathrm{T}}\,(1 - \mathbf{H}_{(m)}\,\mathbf{K}_{(m)})^{\mathrm{T}} + \mathbf{H}_{(m)}\,\mathbf{P}_{(m,m-1)}\,\mathbf{H}_{(m)}^{\mathrm{T}}\big) \tag{4-20}$$

由式(4-20)进一步得出 $\boldsymbol{R}_{(k)}$ 的递推公式为

$$\boldsymbol{R}_{(k)} = \frac{1}{k}\sum_{m=1}^{k}\left[(1-\boldsymbol{H}_{(m)}\,\boldsymbol{K}_{(m)})\,\boldsymbol{\zeta}_{(m)}\,\boldsymbol{\zeta}_{(m)}^{\mathrm{T}}\,(1-\boldsymbol{H}_{(m)}\,\boldsymbol{K}_{(m)})^{\mathrm{T}} + \boldsymbol{H}_{(m)}\,\boldsymbol{P}_{(m,m)}\,\boldsymbol{H}_{(m)}^{\mathrm{T}}\right] +$$
$$\left(1-\frac{1}{k}\right)\boldsymbol{R}_{(k-1)} \tag{4-21}$$

为了提高新的测量值在滤波中的影响,将加权系数代入式(4-21)中,提高新测量数据在滤波计算中的权重,可得

$$\boldsymbol{R}_{(k)} = (1-d_k)\,\boldsymbol{R}_{(k-1)} + d_{(k)}\,\boldsymbol{H}_{(k)}\,\boldsymbol{P}_{(k,k)}\,\boldsymbol{H}_{(k)}^{\mathrm{T}} +$$
$$d_{(k)}(1-\boldsymbol{H}_{(k)}\,\boldsymbol{K}_{(k)})\,\boldsymbol{\zeta}_{(k)}\,\boldsymbol{\zeta}_{(k)}^{\mathrm{T}}(1-\boldsymbol{H}_{(k)}\,\boldsymbol{K}_{(k)})^{\mathrm{T}} \tag{4-22}$$

由于式(4-9)、式(4-11)和式(4-22)中 k 时刻处 $\boldsymbol{R}_{(k)}$、$\boldsymbol{K}_{(k)}$ 和 $\boldsymbol{P}_{(k,k)}$ 存在循环,无法解锁,因此将式(4-22)中的 $\boldsymbol{K}_{(k)}$ 和 $\boldsymbol{P}_{(k,k)}$ 改为 $\boldsymbol{K}_{(k-1)}$ 和 $\boldsymbol{P}_{(k,k-1)}$,则有测量噪声协方差值 $\boldsymbol{R}_{(k)}$ 为

$$\boldsymbol{R}_{(k)} = (1-d_{(k-1)})\,\boldsymbol{R}_{(k-1)} + d_{(k)}\,\boldsymbol{H}_{(k)}\,\boldsymbol{P}_{(k,k-1)}\,\boldsymbol{H}_{(k)}^{\mathrm{T}} +$$
$$d_{(k)}(1-\boldsymbol{H}_{(k)}\,\boldsymbol{K}_{(k-1)})\,\boldsymbol{\zeta}_{(k)}\,\boldsymbol{\zeta}_{(k)}^{\mathrm{T}}(1-\boldsymbol{H}_{(k)}\,\boldsymbol{K}_{(k-1)})^{\mathrm{T}} \tag{4-23}$$

(3)带修整因子的自适应卡尔曼滤波算法。

经过改进后的 suge-husa 算法能够解决噪声未知情况下滤波发散的问题,但是在信号发生突变的情况下,该算法仍然跟不上信号的变化。当系统状态趋于稳定时,卡尔曼增益值 $\boldsymbol{K}_{(k)}$ 会接近于最小值,卡尔曼增益值减小意味着在估计最优值时预测值占权数较大。根据式(4-10)可知,预测值 $\boldsymbol{Y}_{(k)}$ 的值取决于上一状态量和增益值。若发生突发性状态改变,残差 $\boldsymbol{\zeta}_{(k)}$ 值则发生突变,但是这种突变对于已经处于稳态情况下的卡尔曼增益值的影响并不大,因此预测值 $\boldsymbol{Y}_{(k)}$ 不能及时跟随突变情况发生改变。在人机交互康复训练任务中,具有主动意识的人类康复运动具有不确定性,突发奇想的训练状态也不可避免,但是若不能预测和跟随患者真实意图,则不能提高交互性能。

在突变的过程中测量值的影响较预测值更大,所以应增大卡尔曼增益的权重,减少预测值的权重。为实现该目标,参考强跟踪滤波算法,引入修整因子 λ_k 和 μ_k 自适应改变 $\boldsymbol{K}_{(k)}$ 的值。对式(4-9)进行修改,则有

$$\boldsymbol{K}_{(k)} = \mu_k \cdot \boldsymbol{P}_{(k,k-1)}\,\boldsymbol{H}_{(k)}^{\mathrm{T}} \cdot (\boldsymbol{H}_{(k)}\,\boldsymbol{P}_{(k,k-1)}\,\boldsymbol{H}_{(k)}^{\mathrm{T}} + \boldsymbol{R}_{(k)})^{-1} \tag{4-24}$$

修整因子 μ_k 为

$$\mu_k = \frac{\mathrm{trace}(\lambda_k(\boldsymbol{H}_{(k)}\,\boldsymbol{P}_{(k,k-1)}\,\boldsymbol{H}_{(k)}^{\mathrm{T}} + (\lambda_k-1)\,\boldsymbol{R}_{(k)})}{\mathrm{trace}(\boldsymbol{H}_{(k)}\,\boldsymbol{P}_{(k,k-1)}\,\boldsymbol{H}_{(k)}^{\mathrm{T}})} \tag{4-25}$$

修整因子 λ_k 为

$$\lambda_k = \max\left\{1, \mathrm{e}^{\frac{\mathrm{trace}(\bar{\boldsymbol{V}}_{(k)})}{\mathrm{trace}(\boldsymbol{V}_{(k)})}-1}\right\} \tag{4-26}$$

残差方差实际测量值计算较为烦琐,需要保存 M 个残差值,占用内存较大,为

$$\bar{\boldsymbol{V}}_{(k)} = \boldsymbol{E}(\boldsymbol{\zeta}_{(k)}\,\boldsymbol{\zeta}_{(k)}^{\mathrm{T}}) = \frac{1}{M}\sum_{i=k-M+1}^{k}\boldsymbol{\zeta}_{(k)}\,\boldsymbol{\zeta}_{(k)}^{\mathrm{T}} \tag{4-27}$$

因此,为减少计算量,取残差方差实际值为

$$\bar{\boldsymbol{V}}_{(k)} = \begin{cases} \boldsymbol{\zeta}_1\,\boldsymbol{\zeta}_1^{\mathrm{T}}, & k=1 \\ \dfrac{0.95\,\boldsymbol{V}_{(k-1)} + \boldsymbol{\zeta}_{(k)}\,\boldsymbol{\zeta}_{(k)}^{\mathrm{T}}}{1.95}, & k>1 \end{cases} \tag{4-28}$$

残差方差理论值为

$$\boldsymbol{V}_{(k)} = \boldsymbol{H}_{(k)} \boldsymbol{P}_{(k,k-1)} \boldsymbol{H}_{(k)}^{\mathrm{T}} + \boldsymbol{R}_{(k)} \tag{4-29}$$

当测量数据突变时,理论值暂时还未跟随着改变,但残差方差的实际值会突然变大。修整因子 λ_k 和 μ_k 增大,$\boldsymbol{K}_{(k)}$ 值变大,根据式(4-10)可知,实际测量值 $\boldsymbol{Z}_{(k)}$ 在 k 时刻最优估计值 $\boldsymbol{Y}_{(k)}$ 中的比例加大,能够跟随突变信号。由式(4-26)可知当 $\lambda_k \geqslant 1$,$\lambda_k = 1$ 时则恢复正常卡尔曼增益比重,实现自适应修整滤波算法的目的。

4.2.3 组合滤波处理

针对采集到的交互信号可能存在的两种噪声的情况,联合限幅滤波和带修整因子的自适应卡尔曼滤波算法对其进行处理,组合滤波算法流程如图 4-11 所示。首先将原始信号进行限幅处理,再对限幅后的信号分别作滤波平滑处理和下一状态最优估计,实现运动预测。

对改进的组合滤波算法进行验证,利用姿态传感器测量关节角度。本研究状态转移矩阵 $\boldsymbol{F} = [1 \quad 1 \; ; 0 \quad 1]$,干扰矩阵 $\boldsymbol{B} = [1/2 \times T^2 ; T]$,测量矩阵 $\boldsymbol{H} = [1;0]$,采样时间 $T = 0.1$。在仿真过程中,将随机生成的一组信号作为真实轨迹,加入随机干扰信号作为测量轨迹,完成滤波后截取 120 个采样周期的信号数据进行分析。

将经过限幅和未经限幅处理的信号分别进行自适应滤波处理,如图 4-12 所示。其中图(a)为经过限幅输出的信号,可以看出原始测量轨迹存在粗大误差,经过限幅后可以滤去误差较大的信号。图(b)为未加限幅滤波时,将信号通过自适应滤波得到的轨迹输出图形。图(c)是联合限幅滤波与自适应滤波得到的轨迹输出图形。可以看出,在采样周期为 20 和 40 处存在粗大误差,未经过限幅的滤波轨迹受到噪声影响导致滤波轨迹偏离,而经过限幅后的自适应滤波轨迹较为平滑且更贴合于真实轨迹。

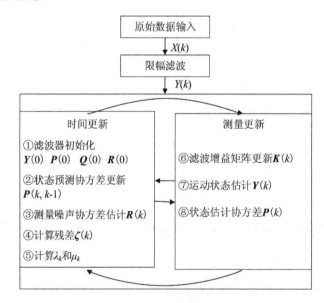

图 4-11 组合滤波原理流程图

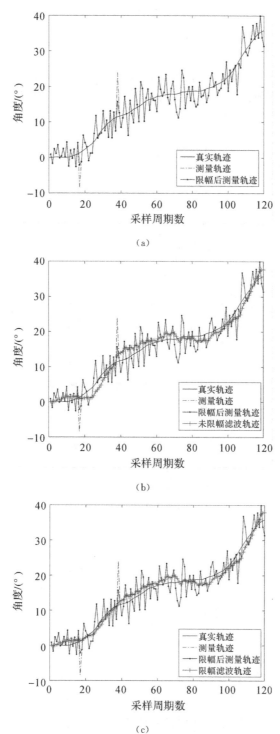

图 4 - 12　限幅滤波与未限幅滤波比较

(a)限幅后测量轨迹；(b)未加限幅时自适应滤波轨迹；(c)限幅后自适应滤波轨迹

信号在时变状态下的滤波轨迹如图 4 - 13 所示,从图(a)中可以看出经过卡尔曼滤波处理后的轨迹在信号时变的状态下不能够保证完全跟随,到采样后期,与原始信号状态延迟较大。

图(b)为经过带修整因子的自适应卡尔曼滤波处理后的轨迹状态,可看出,滤波信号能及时跟随原始信号变化,相较于卡尔曼滤波轨迹误差更小。

在采样周期数为60处,测量轨迹信号发生突变,如图4-14所示。当信号发生突变时,限幅滤波首先识别出该信号是否为误差信号,由于下一信号与突变信号差值未超出限幅阈值,辨识出为突变信号。结果表明,经过卡尔曼滤波处理后的轨迹跟随缓慢,并在后期出现发散现象,但是经过带修整因子的自适应卡尔曼滤波处理的轨迹能够及时跟随突变信号。

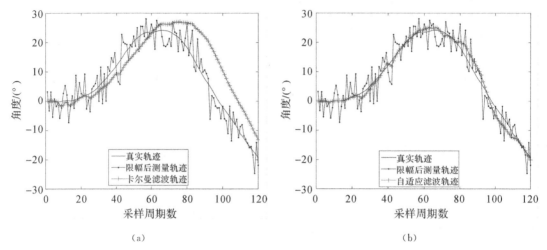

(a)   (b)

图 4-13   时变状态下卡尔曼滤波与自适应滤波比较

(a)卡尔曼滤波轨迹;(b)自适应滤波轨迹

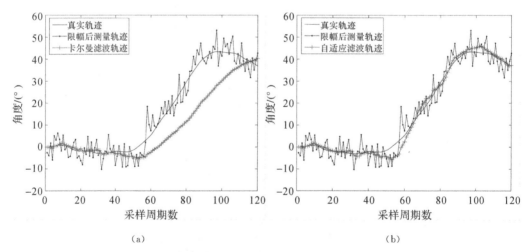

(a)   (b)

图 4-14   突变状态下卡尔曼滤波与自适应滤波比较

(a)卡尔曼滤波轨迹;(b)自适应滤波轨迹

分析以上结果总结,联合限幅与修整的自适应卡尔曼滤波器不仅能够滤除偶然性粗大误差和小幅度噪声误差信号,且信号在静态、时变以及突变状态变化时,都能够及时跟随原始信号变化,满足控制系统对人机交互信息获取时要求的精确性和实时性。

4.3　肌电信号采集

4.3.1　肌电信号的采集

人体动作是一种将脑部抽象的运动意识转换为肢体运动的过程,神经信号将人体意图传送到各个肌肉组织,肌肉组织及时反应从而产生对应活动。神经肌肉控制系统可以通过各种反馈机制完成人体即时运动,它主要由脊髓、大脑的脑干和皮层运动区相互配合来完成作业。肌肉组织一般可分为骨骼肌、心肌和平滑肌三种类型,本研究人机交互系统主要研究骨骼肌。骨骼肌占人体肌肉组织比例最大,一般附着于人体骨骼上,可以受意志支配完成各种肢体动作。

肌细胞有四种不同的生物电位,即静息电位(Resting Potential,RP)、动作电位(Action Potential,AP)、终板电位(End Plate Potential,EPP)和损伤电位(Injury Potential,IP)。静息电位状态相对稳定,电位一般保持在$-90mV$左右。当肌细胞受到兴奋激励时,细胞静息电位将发生一次短暂的电位波动并向周围传播。由于动作电位是瞬时触发信号,有明确清晰的阈值($-65\sim-75$ mV),其变化幅度和时长并不受刺激幅度影响,幅度约为0.1 V的短时电脉冲。动作电位的峰值电位一般为正值,持续时间约为1 ms。在引发一个动作电位后,必须等到该动作电位完成所有序列之后才能引发下一个电位。对于含有多个肌细胞的肌纤维来说,这种动作电位不断传播,在检测位置处形成单纤维动作单位(Single Fiber Action Potential,SFAP)。

皮肤、脂肪和肌肉等组织在生理学中常被视为容积导体,容积导体中每一个肌纤维的动作电位变化都会对运动单元波形产生影响。产生电位的肌纤维和检测电极间的容积导体,其对运动单元动作电位有一定低通滤波效果。肌肉可有单相电位、双相电位以及三相电位三种形态,主要由其容积导体和介质决定。如果外界检测电极在不同的位置进行部署,动作电位波形的相位结构也会相应改变。运动单元的动作电位由其附属的肌纤维进行决定,如图4-15所示。

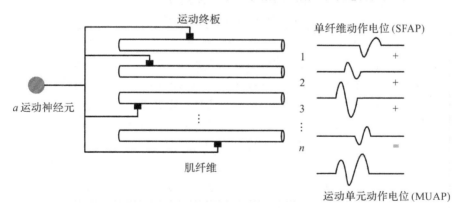

图 4-15　运动单位动作电位形成示意图

一个人体动作能够由脊髓产生多个运动单元,这些运动单元控制下的多个肌纤维电位之和,表现为该动作的生理肌电信号,如图4-16所示。

肌电信号是一种微弱的电信号,插入皮肤的针式电极和紧贴皮肤的表面电极是最常用的传感设备。针式电极检测的动作电位波形规律清晰易辨但阻抗较高,信号中有较多噪声,且电极针易对人体造成创伤。表面电极受其本身特性制约,虽然其采集方式较为无痛简便,但易受到环境影响致使信号中有较多干扰信息。表面肌电电极片以铜作为本体,并在表面镀一层银膜,三个电极的中间电极通常用于噪声消除,上下两个电极用以获得肌电信号。考虑到实验的可持续性以及安全性,选用对人体无任何损害的表面式肌电极。

肌电信号通常采用双极差分的形式放大电势,能够有效减少共模噪声。人体皮肤与电极片结合点的电阻抗视环境不同而变化幅度较大,调大差分放大器的输入阻抗(100 MΩ)可以减小信号衰变以及畸变等情况的发生。经过放大之后的肌电信号具有较多噪声,需要对其进行滤波处理,通常商用电极中均集成有一定滤波电路。

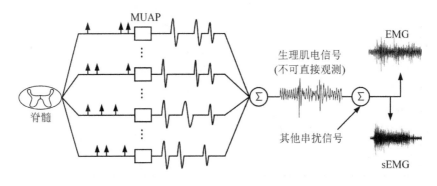

图 4 - 16　EMG 模型

表 4 - 2　人体上肢神经及其支配肌肉

上肢神经	控制肌肉
正中神经	桡侧腕屈肌,拇长屈肌,旋前圆肌,掌长肌,指伸屈肌,旋前方肌,指浅屈肌
尺神经	指深屈肌,尺侧腕屈肌
桡神经	小指固有伸肌,桡侧腕长伸肌,食指固有伸肌,拇短伸肌,拇长伸肌,肱桡肌,桡侧腕短伸肌,指总伸肌,尺侧腕伸肌,拇长展肌,旋后肌

由于肌电信号幅值等状态与电极片位置有很大关系,所以要想获得较为理想的肌电信号需要了解人体功能肌肉位置分布情况。神经生理学认为人体上肢的 19 块肌肉主要由尺神经、正中神经以及桡神经控制,每个神经对应控制的肌肉名称见表 4 - 2。上肢动作主要由肘部、腕部、拇指及其他手指关节活动组合完成,每个动作都由相应的肌肉控制完成,但不是每一个肌肉只控制一个关节活动,人体左上肢部分肌肉分布情况如图 4 - 17 所示。

肘部活动主要由肱桡肌、旋前原肌、指总伸肌、旋后肌等肌肉组织控制;腕部活动主要由桡侧腕屈肌、桡侧腕长伸肌、尺侧腕伸肌、尺侧腕屈肌等肌肉组织控制;拇指活动主要由拇长伸肌、拇长屈肌等肌肉组织控制;其他四指活动主要由指总伸肌、指浅伸肌等肌肉组织控制。

上肢肌肉分布在手臂的正面和反面,肌肉一层层排列,并且相互之间会有交集。小臂的正面肌群主要为屈肌,可以控制双手腕部和肘部的弯曲运动;小臂的反面肌群则为展肌,能够支配手部和肘部的伸展运动。拇指的弯曲与伸展分别由小臂单独肌肉进行支配,其他四指的弯曲和伸展主要依靠指浅屈肌和指总伸肌进行控制。

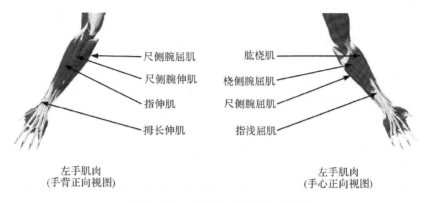

图 4 - 17　人体左上肢部分肌肉分布

上述肌肉基础知识有助于更好地配置表面肌电电极,肌电电极需要沿着肌肉纤维延展方向紧紧贴在肌腹之上。如果将电极放置在肌腱、肌肉边缘等部位,采集到的肌电信号将会较为微弱。受电极片大小的影响,采集区域不止一个目标肌肉组织,也会覆盖其他多个肌肉组织,这些非目标肌肉组织会对信号产生串扰影响。一种有效的解决方式是使用双极性差分放大器放大肌电信号,该方式现已被商业电极广泛采用。

在进行肌电信号采集之前,应先清洁采集区域皮肤,使用医用酒精球是提高信号质量的有效方式,然后正确放置肌电电极(采集上肢肌电信号时将传感器沿着手臂躯干方向),还可使用弹力适中的绑带固定传感器防止其窜动。除表面肌电传感器信号探头外,还需要使用采集卡或单片机等设备来获取传感器信号以便进行进一步处理,表面肌电信号采集方法如图 4 - 18 所示。

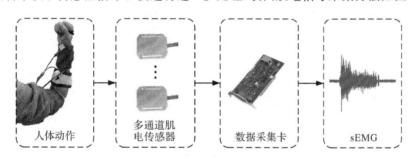

图 4 - 18　表面肌电信号采集方法

4.3.2　肌电信号预处理方法

表面肌电传感器有放大偏置电路,肌电信号被采集后不能直接使用,需要对其进行去偏置处理。根据对肌电信号的详细分析,表面肌电信号是电极所检测肌肉部分的电位总和,电位由肌肉自助收缩产生或受外部刺激产生,采集所获信号中不可避免的具有大量噪声,有以下几种噪声会干扰目标信号。

(1)采集仪器的固有噪声。各类测量仪器元件模块都是影响信号质量的潜在原因,只不过干扰程度表现不同,解决此类问题的办法是尽可能提高采集仪器的精度,但同时也应该保证实验成本。

(2)运动伪迹。表面肌电传感器采集时贴在皮肤表面使皮肤产生一定形变,电极随时有可能会产生位移,这都会使电极与皮肤之间的电阻抗产生改变从而影响信号。对于有线连接的表面肌电传感器,采集过程中的线材移动会使接头接触不良从而改变信号。传感器被固定后(如使用弹性绑带固定肌电传感器),可有效减少运动伪迹信号噪声。另外,使用无线传感器也可以消除线材晃动所致噪声。

(3)工频干扰。肌电采集设备需要连接外界电源使用,50 Hz 交流电信号干扰可能会通过一些方式被引入电路。尽量采用同一种电源供电,最好所有设备均采用直流电源供电。

(4)个人生理因素干扰。传感器本身具有一定尺寸,各肌肉组织大小不一致,采集区域目标肌肉信号受其他肌肉组织影响。MUAP(Motor Unit Action Potenial,运动单位动作电位)传播过程受脂肪、皮肤等影响,造成表面肌电信号的不确定性。

(5)环境噪声。肌电信号本身比较微弱,采集空间环境中的电磁辐射会影响采集电子设备甚至传输线路,故采集设备需要尽量远离电磁辐射源。

由上述内容可知,所采集的表面肌电信号较为复杂,应尽可能减少各种类型噪声。为了提高 EMG 信号的信噪比,将多个电极布置在不同位置采集信号。表面肌电信号幅值较为随机,有效能量主要集中在 20~500 Hz 频段,根据采样定理,一般要求采样频率大于等于 1 000 Hz 才能获得较为理想的信号。采用实验室的采样率可达 10 kHz 的工业级信号采集卡,可完全满足实验要求,某段表面肌电信号去偏置后的时域波形及其单边频谱如图 4-19 所示。

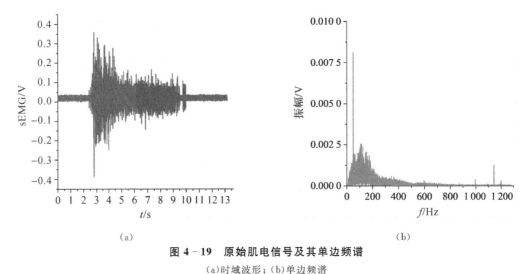

(a)   (b)

图 4-19　原始肌电信号及其单边频谱

(a)时域波形;(b)单边频谱

为了滤去有效能量带以外的噪声信号,需要设计有效的数字滤波器对原始肌电信号进行滤波。IIR 和 FIR 是两种不同类型的滤波器,各自冲激响应的时域表现不同。IIR 相位非线性并且具有反馈环节,FIR 相较之下易于实现。根据肌电信号特点,选用巴特沃斯滤波器,去除肌电有效能量频率带以外信息,即可获得理想的频域响应曲线。该滤波器增益 $G(\omega)$ 应满足

$$G^2(\omega) = |H(j\omega)|^2 = \frac{G_0^2}{1 + \left(\dfrac{\omega}{\omega_c}\right)^{2n}} \tag{4-30}$$

式中:n 为滤波器的阶数;G_0 为直流增益(此时频率为 0);ω_c 为截止频率(功率下降为负 3 分贝时的频率)。

可见,增益和 n 值直接相关,n 值无限小的话,增益是一个矩形函数,信号以频率 ω_c 作为截止线,截止线以下的肌电信号会以增益 G_0 通过。n 值越小,截止越不尖锐。

本研究滤波器参数设计如下：通带的上截止频率为 500 Hz，下截止频率为 20 Hz，上阻带截止频率为 550 Hz，下阻带截止频率为 5 Hz，通带最大衰减为 20 dB，阻带最大衰减为 30 dB。滤波后表面肌电信号时域波形和单边频谱，如图 4-20 所示。可以观察到滤波后的信号毛刺更少，信号能量集中在 500 Hz 以内，高频信号和低频信号干扰已被去除。肌电信号中依然有 50 Hz 工频干扰存在，解决此类问题的方式有很多，但为保障信号信息，对该工频干扰不做处理。

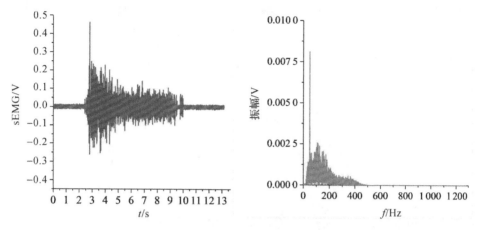

图 4-20 滤波后肌电信号和单边频谱
(a)时域波形；(b)单边频谱

基于表面肌电信号的手势动作意图识别需要检测出肌电信号的活动段，即信号从一个手势动作开始直至该动作结束的活动过程，动作结束时肌肉恢复至完全放松状态。肌电信号三个阶段(静息—活动—静息)中的活动段作为动作模式识别的基本单元，对活动段的准确检测是进行信号特征提取的先决条件。目前，应用较多的活动段提取算法主要有傅里叶法、神经网络法、移动平均法以及信息熵等，本研究基于移动平均法检测信号活动段。

分布式多通道肌电信号的活动端检测算法流程如下。

(1)对各组原始肌电序列先进行差分，后将多个序列的平方和求取平均值，可得信号瞬时平均能量序列为

$$E(i) = \frac{1}{K} \sum_{k=1}^{K} \left[S_k(i+1) - S_k(i) \right]^2 \qquad (4-31)$$

式中：E 为信号瞬时能量序列；i 为某一时刻；K 为总肌电传感器通道数，取 $K=3$；S 为表面肌电信号序列。

(2)使用移动平均法对信号瞬时能量序列进行平滑处理，则有

$$E_{\text{ma}}(i) = \frac{1}{N} \sum_{j=i}^{i+N-1} E(j) \qquad (4-32)$$

式中：E_{ma} 为瞬时平均能量序列；N 为移动窗大小，即窗口内样本点数，取 $N=327$，在 2 560 Hz 采样率下相当于 128 ms 信号长度。

(3)设置动作判断阈值。当瞬时能量大于阈值 th 时，便以此刻为动作起始点，阈值以下则认为肌肉活动为静息状态，将瞬时能量值置于 0。即有

$$E_{\text{rma}}(i) = \begin{cases} E_{\text{ma}}(i), & E_{\text{ma}}(i) > \text{th} \\ 0, & E_{\text{ma}}(i) \leqslant \text{th} \end{cases} \qquad (4-33)$$

为满足系统实时性（移动窗小于 300 ms）以及识别率的平衡要求，选择瞬时能量移动窗为 128 ms。阈值选择有两种方式：根据信号的绝对幅值或根据用户的能量最大峰值。选择用户能量最大峰值的 3% 作为阈值（th），可获得较为明显的活动段分割效果。使用瞬时能量平均法获得的三通道肌电信号活动段检测结果如图 4-21 所示，可观察到该方法能有效判断动作的发起与结束，以实现信号活动段的有效分割。图(a)、(b)和(c)分别表示 3 通道表面肌电信号，图(d)表示肌电信号总能量。肌电信号图中的起伏段表示此时肌肉处于活动状态，平稳段表示肌肉处于平静无活动状态。肌电信号有 9 个活动段，而肌电能量图有 9 个对应的波峰，可表明该活动段检测方法切实有效。

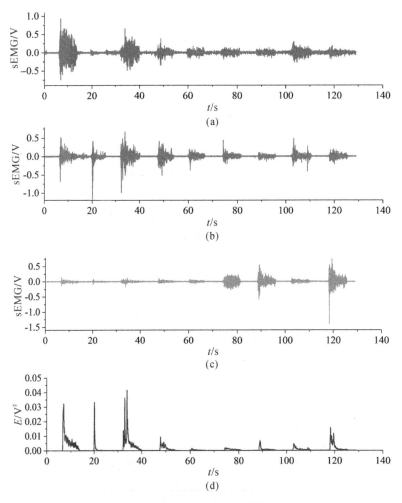

图 4-21　三通道肌电信号活动段检测

(a)通道 1 肌电信号；(b)通道 2 肌电信号；(c)通道 3 肌电信号；(d)肌电信号能量

为满足基于意图识别的外骨骼控制的低延迟要求，选用计算快速的能量移动平均法作为活动段检测算法。表面肌电信号能量通常为瞬时幅值的二次方值，还可通过对信号每一时刻幅值与前一时刻幅值做差分二次方得到，后者可对信号起到一定滤波作用。移动平均法，顾名思义是将时间序列信号做窗口移动并计算窗口内平均值，该方法可看作一种简单的有限冲激响应滤波器，能够对信号起到平滑作用。表面肌电信号是一种快速变化的非平稳随机信号，移动平均法是平滑信号瞬时变化的一种有效手段,可降低某突变信号对长期运动趋势的破坏性影响。

经过活动段检测之后分割的表面肌电信号,可以准确识别每一个动作的起始点以及终止点,为后续肌电信号特征提取以及人体行为模式识别奠定基础。

表面肌电信号是非平稳信号,在判定完动作信号的起始点与结束点后,不能直接将这一段时域幅值信号直接送入分类器进行预测。一个动作信号发起时,可认为初始时刻的肌电信号处于瞬态,瞬态过程结束后肌电信号处于稳态。利用瞬态信号或者稳态信号进行动作识别均可实现,一个动作中的瞬态信号时间跨度较短,且其瞬态范围不好定义,肌电信号整体利用率较低。在做动作识别之前,不论瞬态信号还是稳态信号,都是将整个过程的信号做处理后送入识别模型。但直接将滤波后幅值信号送入分类器,不能充分展现信号其他维度的信息,且会影响计算效率继而影响系统总体实时性。因此,在将信号送入识别模型前,需要进行分帧处理(类似于语音识别过程)中提取每帧信号特征值后再进行模型训练与识别。

从肌肉兴奋直到控制设备响应延迟时间不能超过 300 ms,否则操控将会有较为明显的滞后感。本研究将信号窗口(视为 1 帧信号)设计为 128 ms,步进时间为 64 ms,如图 4-22 所示。肌电信号分帧之后,可对每帧内容进行相应特征提取。

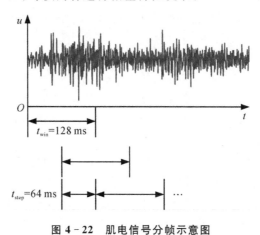

图 4-22　肌电信号分帧示意图

4.3.3　肌电信号特征提取方法

经预处理后的肌电数据仍属于原始电压信号,该信号为一连串含大量样本点的时间序列,如果将其直接送入模型分类器,计算过程将较为复杂且分类效果较差。样本序列需要被进一步处理,可使用特征提取法从不同的维度去重构样本序列。样本重构序列利用学习模型进行分类,分类效果才能较为理想。因此,基于预处理后的肌电时间序列,构建不同维度的多类特征值作为模型的输入值,以提高分类准确率。

时域特征值提取过程相对简单快捷,是最常用的信号特征提取方法。常用的时域特征值有绝对均值、均方根、过零点数、波形长度等,本研究选用均值、均方根、波形长度三种时域特征值。

(1)绝对均值(MAV)。

绝对均值特征反映信号的强度大小变化情况,窗口内表面肌电信号绝对值和的平均值为

$$\text{MAV} = \frac{1}{N}\sum_{i=1}^{N}|x(i)| \tag{4-34}$$

式中:$x(i)$为表面肌电信号电压幅值;N为窗口采样点数。

(2)均方根(RMS)

均方根特征反映信号的有效性,窗口内表面肌电信号平方和均值的二次方根为

$$\text{RMS} = \sqrt{\frac{1}{N}\sum_{i=1}^{N}x^2(i)} \qquad (4-35)$$

式中:$x(i)$为表面肌电信号电压幅值;N为窗口采样点数。

(3)波形长度(WL)。

某信号在一个时间段内的累计变化程度可以使用波形长度特征来进行刻画,信号若在某时间窗口内的波动较为剧烈,波形长度就会越大,反之波形长度越短。波形长度为

$$\text{WL} = \sum_{i=1}^{N-1}|x(i+1)-x(i)| \qquad (4-36)$$

式中:$x(i)$为表面肌电信号电压幅值;N为窗口采样点数。

表面肌电信号可看作短时平稳信号,已有多项研究表明提取参数模型特征能够有效提升模式识别的准确率。常见的参数模型有自回归模型(AR)、滑动平均模型(MA)、混合模型(ARMA),这些模型都旨在解释事件序列内在的自相关性从而预测未来事件。本研究选用3阶 AR 模型提取模型参数特征,AR 模型为

$$x(n) = u(n) - \sum_{i=1}^{p}a_k(n-k) \qquad (4-37)$$

式中:$u(n)$为输入时间序列;$x(n)$为输出序列;p 为 AR 模型阶数。

利用 Yule-Walker 估计可以得到该方程 $p+1$ 个参数的解 $a_1, a_2, \cdots, a_p, u(n)$,其中 a_1,a_2, a_3 即为本研究中需提取的 AR 模型特征参数。

有研究者提出时域特征主要依赖于幅值和能量,模型难以维持、稳定性较差。如果肌电信号仅提取时域特征值,则表征的信息维度将较为单一。肌电信号频域特征值能够反应时域特征以外的信息,频域特征值是另一个维度对肌电信息的解码,本研究考虑到计算速度,利用快速傅里叶变换来高效获取频域特征值。利用维纳-辛钦定理可以推导信号功率谱计算方法,某组表面肌电信号功率谱如图 4-23 所示。

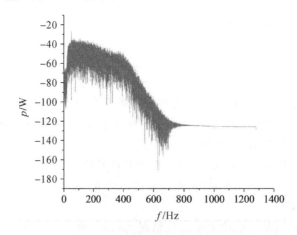

图 4-23　某组肌电信号功率谱

常用频域特征值有平均功率、均值频率和中值频率等,频域特征值均与功率谱有关,其具

体计算方法如下。

（1）平均功率（P_{SD}）为

$$P_{SD} = \frac{1}{M} \sum_{j=1}^{M} p(j) \qquad (4-38)$$

式中：M 为采样率的一半，本研究采样率为 2 560 Hz，$M=1\ 280$；$p(j)$ 为单边功率谱估计值。

（2）均值频率（f_{MN}）为

$$f_{MN} = \frac{\sum\limits_{j=1}^{M} f(j)p(j)}{\sum\limits_{j=1}^{M} p(j)} \qquad (4-39)$$

式中：$p(j)$ 为单边功率谱估计值；$f(j)$ 为信号频率，$0 \leqslant j \leqslant 128$。

（3）中值频率（f_{MD}）为

$$\sum_{j=1}^{f_{MD}} p(j) = \sum_{j=f_{MD}}^{M} p(j) = \frac{1}{2} \sum_{j=1}^{M} p(j) \qquad (4-40)$$

式中：f_{MD} 为中值频率；$p(j)$ 为单边功率谱估计值。

4.4　心电信号的采集与处理

4.4.1　心电周期活动模型

ECG（Electrocardiogram），即心电信号（又称心电图），来自于心肌细胞膜的电兴奋，该兴奋传到体表形成电位差，由心电传感器采集得到。一个正常的心电图由 P 波、PR 间期、QRS 复合波、ST 间期、T 波等特征段组成，每个波形都对应着特定的心脏活动以及由其引起的电生理阶段，其周期活动模型如图 4 - 24 所示。

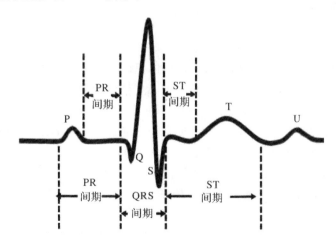

图 4 - 24　用 P 波、QRS 复合波、T 波、U 波等特征段分割的心电周期活动模型

P 波：反映了心房肌的除极过程，是心电信号的起始波。P 波的持续时间不多于 120 ms，其幅值不高于 0.25 mV,虽然 P 波对于心律失常的诊断具有重要的意义,但在具有低信噪比的心电信号中分析 P 波是非常困难的。

QRS 复合波:反映心室去极化的全过程(心室收缩),自 Q 波的起始至 S 波的结束。QRS 波形较 P 波陡峭,频率更高,主要在 10~40 Hz 之间,波群的持续范围通常介于 80~120 ms,其最大的电压偏置约 10~20 mV,但这个值的大小可能会随年龄和性别而变化。

T 波:代表心室再极化的过程(心室舒张)。T 波心室肌的复极过程,它的频率与 P 波相似,主要在 10~15 Hz 之间,其持续时间比较长,波形较平缓,其电压幅值通常在 0.1~0.3 mV 之间。

ECG 是一种广泛应用的通过跟踪心脏电活动来测量心脏状况的无创医学检测方法。ECG 包含了大量直接反映心脏生理的信息,有经验的心脏病专家可以通过直观地参考 ECG 波形图来区分不同类型的心脏异常,而机器学习方法可以提高诊断效率,使长期的院外监护成为可能。因此,人们提出了许多方法来自动检测各种类型的心电图异常。

4.4.2　心率信号特征值

可穿戴心率采集设备通过降噪等预处理,获得的心率信号采样点数过多,直接进行分类将会导致维数灾难,因而不能直接作为输入层导入深度神经网络。与肌电信号和脑电信号类似,从所采集的信号中使用高效的方法提取出有用的信号是处理意图感知问题的关键。心率信号的特征值是从原始心率信号中提取出来能够表征心率特征的一类值,而生理信号的信息主要集中在时域和频域方面。本研究提取以下几个时域和频域特征值作为后续深度学习模型的输入层。

(1)时域标准差

$$SD = \sqrt{\frac{\sum_{i=1}^{N} |x_i - \mu|^2}{N}} \qquad (4-41)$$

式中:x_i 为对应心率信号对应时间序列的信号值;N 为该时间序列的总采样点数目;μ 为该段时间对应信号值的平均值。

(2)近似熵。

近似熵是用于量化时间序列波动的规律性和不可预测性的非线性的动力学参数,具体表达为使用一个非负数来表达出时间序列的复杂性,反映了时间序列中新信息发生的可能性,近似熵的值越大,说明该时间序列越复杂。在处理心率信号时,经常采用近似熵作为时域特征值来反应心率信号的波动复杂程度。

对于心率信号这样的一维时间序列,主要构想是通过重构向量并计算向量距离,再统计符合相容度的数目,并以此非负数的形式表达。本研究采用重构向量维度 $m=3$,表示"相似度"的参数度量值 $r=0.2 \times SD$。近似熵的具体算法如下。

设等时间间隔采样获得的一维心率离散信号 $a(1), a(2), \cdots, a(N)$,重构成 3 维向量 $\boldsymbol{A}(1)$,$\boldsymbol{A}(2), \cdots, \boldsymbol{A}(N-m+1)$,即 $\boldsymbol{A}(i) = [a(i), a(i+1), \cdots, a(i+m-1)]$,统计当 $1 \leqslant i \leqslant N-m+1$ 时,满足以下条件的重构向量个数:

$$C_i^m(r) = (\text{number of } \boldsymbol{A}(j) \text{ such that } d[\boldsymbol{A}(i), \boldsymbol{A}(j)] \leqslant r)/(N-m+1) \qquad (4-42)$$

式中:$d[\boldsymbol{A}(i), \boldsymbol{A}(j)]$ 为向量距离,定义为两个重构向量中各维度绝对差值最大的一项数值;

j 的取值范围为 $[1, N-m+1]$，包括 $j=i$。

当前重构维度的无序状态变量为

$$\varphi_r^m(r) = (N-m+1)^{-1} \sum_{i=1}^{N-m+1} \lg(C_i^m(r)) \qquad (4-43)$$

式中，φ 为 m 维度下的无序状态变量。

由较高与较低重构维度的无序状态变量的差值，可得近似熵为

$$ApEn = \varphi^m(r) - \varphi^{m+1}(r) \qquad (4-44)$$

（3）频域特征值。

心率信号的主要特点是周期性很强，因而其在频域的各项特征值对分类操作也极其重要。本研究考虑控制精度的实时性，采用快速傅里叶变换获取频域信号，在频域特征值中主要采用均方根频率，频率标准差，这两个参数可以较好的体现出运动相关方面的特征。具体算法是通过快速傅里叶变换和取模操作，即可获得初始 FFT 幅值；去除高频信号部分，根据采样率和点数修正频域幅值，利用离散积分获得均方根频率和频率标准差。平均频率方差为

$$\mathrm{RMSF} = \sqrt{\frac{\int_0^{+\infty} f^2 S(f)\,\mathrm{d}f}{\int_0^{+\infty} S(f)\,\mathrm{d}f}} \qquad (4-45)$$

式中：f 为心率信号采样频率；S 为 f 对应幅值；RMSF 为平均频率方差。

重心频率为

$$\mathrm{FC} = \frac{\int_0^{+\infty} f S(f)\,\mathrm{d}f}{\int_0^{+\infty} S(f)\,\mathrm{d}f} \qquad (4-46)$$

式中，FC 为重心频率。

频率方差为

$$\mathrm{RVF} = \sqrt{\frac{\int_0^{+\infty} (f-FC)^2 S(f)\,\mathrm{d}f}{\int_0^{+\infty} S(f)\,\mathrm{d}f}} \qquad (4-47)$$

式中，RVF 为频率方差。

4.4.3　基于无偏 FIR 的 ECG 去噪方法

1. 噪声来源

BMD101 传感器不仅能提取所需要的心电信号，而且还能提取肌肉收缩、运动伪影和接触噪声。这些噪声使 ECG 基线在不同电压水平之间产生漂移。去噪指的是从带噪声的原始 ECG 信号中分离出一个无噪声且纯净的 ECG 信号。由于心电信号是一种非平稳信号，去除噪声是一件非常烦琐又不可忽视的环节，其信号预处理的好坏直接影响后期分类的识别精度和效果。

心电信号在 0.05～100 Hz 范围内传播，大量的能量集中在 0.5～45 Hz 区域。P 波为 0.67

～5 Hz,QRS 波为 10～50 Hz,T 波为 1～7 Hz。心电图中的某些噪声恰好也落在与波段重合的频率范围,噪声来源于各个方面。

(1)基线漂移——由于皮肤阻抗或者呼吸作用而产生的噪声(0.12～0.5 Hz)。

基线漂移是信号的基轴(x 轴)出现"漂移"或上下移动而不是直线的效果,这导致整个信号偏离其正常的基础。在心电图信号中,基线漂移是由于电极(电极-皮肤阻抗)、患者的运动或呼吸不当引起的。如图 4-25 所示,在时域观察中,原始信号中其基线在 -0.1 到 0.04 间浮动,所以要解决这个问题。

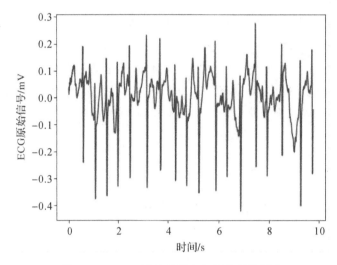

图 4-25 ECG 原始信号中所带的基线漂移

在去除基线漂移的方法中,高通滤波是从心电信号中去除低频信号最简单的方法,但是由于基线漂移频谱与心电信号频谱融合在一起,使得基线漂移与心电信号的分离效果不佳。三次样条逼近和自适应滤波是去除基线漂移噪声的较好方法。但是,随着滤波器阶数的增加,由于阻带中滤波器特性的滚降,它会在高于所需截止频率的频率上提供噪声去除,从而导致其行为异常。

一种简单的滤波方法是选择理想的高通滤波器作为起点:

$$H(\mathrm{e}^{\mathrm{j}\omega}) = \begin{cases} 0, & 0 < |\omega| < \omega_c \\ 1, & \omega_c < |\omega| < \pi \end{cases}$$
$$f_n = \frac{f}{f_s} \tag{4-48}$$

式中:ω_c 为截止频率;如果采样频率 f_s 为 512 Hz,截断频率 f 为 0.5 Hz,则对应的归一化截断频率 f_n 为 0.000 2 Hz。

(2)外部电噪声(50 Hz 或 60 Hz)。

电噪声频率大于 10 Hz(由于肌肉刺激器,强磁场和起搏器),由电力线引起的电磁场以及从体表面记录的任何其他生物电信号是心电图中常见的噪声源。这种噪声的特征是 50 Hz 或 60 Hz 的正弦干扰,可能伴随着一些谐波。这种窄带噪声使对心电图的分析和解释变得更加困难,因为对低幅度波形的描述变得不可靠,而且可能会引入伪波形。有必要消除心电信号中的电力线干扰,因为它与 P 波和 T 波等低频心电信波完全叠加。如图 4-26 所示为一个受到电力线干扰(工频 50 Hz 干扰)影响的原始心电信号。

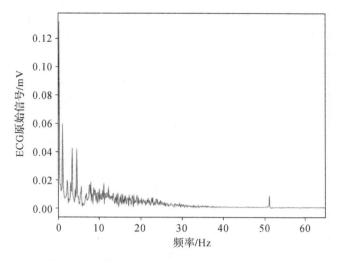

图 4-26　受到工频 50 Hz 干扰的原始 ECG 信号

(3)肌肉运动干扰(噪声区间为 5～50 Hz)。

肌肉噪声的存在是许多心电图应用中的一个主要问题,特别是在对运动过程的记录中,因为低振幅波形可能会变得完全模糊。与基线漂移和 50/60Hz 干扰相比,肌肉噪声没有通过窄带滤波去除,但提出了一个更困难的滤波问题,因为肌肉活动的频谱含量与 PQRST 复合波近似重叠。由于 ECG 是一个重复的信号,技术可以以一种类似于处理诱发电位的方式来降低肌肉噪声。然而,通过集成平均成功的降噪仅限于一次一个特定的 QRS 波形,并且需要有几个节拍可用。因此,仍然需要开发能够减少肌肉噪声的影响的信号处理技术。

(4)电极运动伪影(噪声区间为 1～10Hz)。

电极运动伪影主要是由皮肤拉伸引起的,它改变了电极周围皮肤的阻抗。运动伪影类似于基线漂移的信号特征,但更成问题,因为它们的光谱内容与 PQRST 复合体重叠严重。它们主要发生在 1 到 10Hz 的范围内。在心电图中,这些伪影表现为大振幅波形,有时被误认为是 QRS 波,电极运动伪影在动态心电图监测的背景下尤其麻烦,因为它们构成了错误检测到的心跳的主要来源。受电极运动伪影影响的典型心电信号在图时域信号中也有所表现。

2.去噪方法

(1)基于快速傅里叶变换的功率幅度估计。

心电信号可以视为定义在时间 t 上的函数,把这个函数进行傅里叶级数展开,可以将其表达成不同频率/周期的正弦函数的总和。而这些正弦项的系数,则表明了该种频率的正弦项在信号构成中的重要程度。所谓的频谱分析,就是把时间 t 上的函数,转换成频率 f 上的函数,即把信号从时域转换到频域。这种转换可以通过傅里叶变换实现。在离散的计算机世界里,对应的算法工具称为快速傅里叶变换(Fast Fourier Transform,FFT)。

$$\left.\begin{array}{l} f_n = n\dfrac{f_s}{N} \\[2mm] A_n = \displaystyle\sum_{k=0}^{N-1} x_k \mathrm{e}^{\frac{2\pi fkn}{N}} \end{array}\right\} \qquad (4-49)$$

式中:N 为频率指数;F_s 为采样频率;n 为采样数;A_n 为在频率 f_n 下的峰值幅度值。$f_1 = F_s/N$ 称为频率分辨率或频率步长,其定义了傅里叶变换的精确度,值越低,分辨率越高。

常用的滤波器有卡尔曼滤波器和巴特沃斯滤波器。卡尔曼滤波算法是一种广泛应用于时序系统信号的滤波算法,对线性系统和非线性系统均具有良好的去噪效果。该算法在时域内设计滤波器,不需要对信号进行傅里叶变换及功率谱分解等复杂操作,避免高计算量的运算,使得滤波器简单易行。卡尔曼滤波在求解状态向量估值时需要根据系统状态制定,结合观测序列及动力学模型进行解算。系统的一些必要参数可以构成状态向量,该向量能够对动态系统以往信息进行浓缩表示,且可用以预测系统未来的状态。根据系统上一时刻信息预测下一时刻系统状态,估计状态向量 $\boldsymbol{X}_k$ 和估计状态协方差矩阵 $\boldsymbol{P}_k$ 满足

$$\begin{cases} \boldsymbol{X}_k = \boldsymbol{\Phi}_{k,k-1} \boldsymbol{X}_{k-1} + \boldsymbol{\Gamma}_{k,k-1} \boldsymbol{u}_{k-1} \\ \boldsymbol{P}_k = \boldsymbol{\Phi}_{k,k-1} \boldsymbol{P}_{k-1} \boldsymbol{\Phi}_{k,k-1}^{\mathrm{T}} + \boldsymbol{\Sigma}_{W_k} \end{cases} \tag{4-50}$$

式中:$\boldsymbol{\Phi}_{k,k-1}$ 为系统状态转移矩阵;$\boldsymbol{\Gamma}_{k,k-1}$ 为灵敏系数矩阵;$\boldsymbol{u}_{k-1}$ 为 r 维系统输入向量;$\boldsymbol{\Sigma}_{W_k}$ 为 t_k 时刻状态模型输入噪声向量协方差矩阵;$\boldsymbol{K}_k$ 为卡尔曼增益矩阵。

巴特沃斯滤波器可用如下振幅的二次方对频率的公式表示

$$|H(\omega)|^2 = \cfrac{1}{1 + \left(\cfrac{\omega}{\omega_c}\right)^{2n}} = \cfrac{1}{1 + \varepsilon \left(\cfrac{\omega}{\omega_p}\right)^{2n}} \tag{4-51}$$

式中:n 为滤波器的阶数;ω_c 为截止频率,即振幅下降为 -3 dB 时的频率;ω_p 为通频带边缘频率。

巴特沃斯滤波器的特点是通频带内的频率响应曲线为所有滤波器中最大限度平坦的曲线,并且在阻频带则逐渐下降为零。在振幅的对数对角频率的波特图上,从某一边界角频率开始,振幅随着角频率的增加而逐步减少,趋向负无穷大。无论在通带内还是阻带内,巴特沃斯滤波器的频率特性曲线都是关于频率的单调函数。因此,当通带的边界处满足指标要求时,通带内肯定会有裕量。基于这些特征,更有效的设计方法是将精确度均匀的分布在整个通带或阻带内,或者同时分布在两者之内,这样就可用较低阶数的过滤器满足要求。

在验证滤波器有效性时,选用同一段 $0 \sim 8$ s 的原始数据做过滤效果对比实验。同时观察分别使用卡尔曼滤波器和巴特沃斯滤波器的效果,随着数据的处理进程增加,发现在滤波效果相同的情况下,卡尔曼滤波器会更加稳定,但是其处理速度远远低于巴特沃斯滤波器;而巴特沃斯滤波器处理数据更为简洁、快速。因此,在对信号进行快速傅里叶变换以后,采用巴特沃斯高通滤波器来消除基线漂移($0 \sim 0.5$ Hz),并且同时采用 50 Hz 陷波器消除工频干扰。如图 4-27 所示,在时域空间中观察,其基线漂移已被完全消除,基点从 $-0.2 \sim 0.2$ mV 的区域范围内漂移转换到 0 基线处。如图 4-28 所示,在频域空间中观察,50 Hz 的工频干扰以及基线漂移段频率已被消除并且保留了 $0 \sim 5$ Hz 频段的心电信号有效信息。

(2)p-shift UFIR 滤波器用于信号平滑处理。

提取心电信号特征时,不同的伪影和测量噪声往往妨碍准确的特征提取。心电信号开发的标准技术之一就是线性预测,平滑处理可以提高心电信号的预测效率。在本节中,使用 p 位移有限长单位冲激响应滤波器(p-shift Unbiased Finite Impulse Response,p-shift UFIR)。

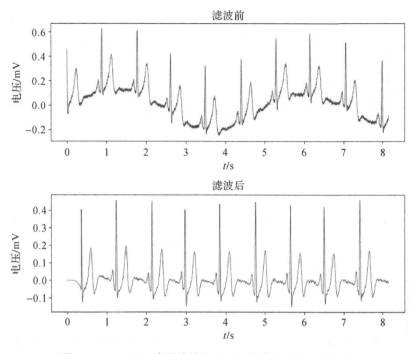

图 4 - 27　0.5 Hz 高通滤波加 50 Hz 陷波后 ECG 时域序列

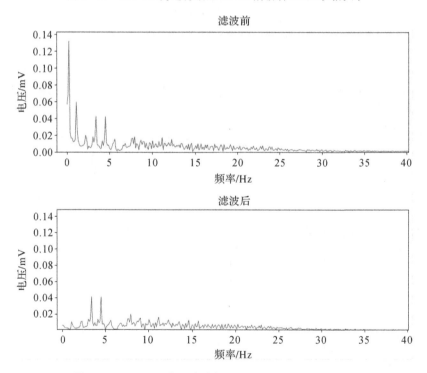

图 4 - 28　0.5 Hz 高通滤波加 50 Hz 陷波后 ECG 频谱图

假设是心电信号 x_n 加入均值为 0 的未知的随机噪声 v_n。接着测量值 s_n 可以在两者的离散时间序列下求和

$$s_n = x_n + v_n \tag{4-52}$$

鉴于随机噪声 v_n 中可能不是白高斯分布,其统计数据通常不为人所知,避免大估计误差的最好方法是使用不需要对于噪声信息有强依赖的滤波器。鉴于上述滤波器的优势,使用 p-shift UFIR 滤波器可以完全忽略噪声和初始条件。

在有限序列 $[m-p, n-p]$ 中,被 p-shift UFIR 去除噪声后 ECG 信号可以用多项式表示,p-shift UFIR 来去除噪声。根据 UFIR 滤波器估计的 $x_{n \mid n-p}$ 值取自 s_n,可以在基于卷积的形式中得到

$$\hat{x}_{n \mid n-p} = \sum_{i=p}^{N-1+p} h_{li}(p) s_{n-i} = \\ \boldsymbol{w}_l^{\mathrm{T}}(p) \boldsymbol{s}_n(p) \tag{4-53}$$

式中:$h_{ln}(p) = h_{ln}(n, p)$ 为 $\{n, p\}$ 序列的 UFIR 变脉冲响应;扩展测量向量 $\boldsymbol{s}_n$ 为

$$\boldsymbol{s}_n(p) = [s_{n-p}, s_{n-p} \cdots s_{m-p}]^{\mathrm{T}} \tag{4-54}$$

滤波器增益矩阵由下式给出

$$\boldsymbol{w}_l^{\mathrm{T}}(p) = [h_{lp}(p) \ h_{l(1+p)}(p) \ \cdots \ h_{l(N-1+p)}(p)] \tag{4-55}$$

满足无偏条件

$$E\{\hat{x}_{n \mid n-p}\} = E\{x_n\} \tag{4-56}$$

式中:$E\{z\}$ 为 z 的平均值;$h_{ln}(p)$ 为

$$h_{li}(p) = \sum_{j=0}^{l} a_{jl}(p) i^j \tag{4-57}$$

其中:$i \in [p, N-1+p]$;$a_{jl}(p)$ 为

$$a_{jl}(p) = (-1)^j \frac{M_{(j+1)l}(p)}{|\boldsymbol{D}(p)|} \tag{4-58}$$

式中,$|\boldsymbol{D}(p)|$ 为矩阵 $\boldsymbol{D}(p) = \boldsymbol{V}^{\mathrm{T}}(p) \boldsymbol{V}(p)$ 的行列式;$\boldsymbol{V}(p)$ 为 $N \times (l+1)$ 阶范德蒙矩阵,其范德蒙矩阵表示为

$$\boldsymbol{V}(p) = \begin{bmatrix} 1 & p & p^2 & \cdots & p^l \\ 1 & 1+p & (1+p)^l & \cdots & (1+p)^l \\ 1 & 2+p & (2+p)^l & \cdots & (2+p)^l \\ \vdots & \vdots & \vdots & & \vdots \\ 1 & N-1+p & (N-1+p)^l & \cdots & (N-1+p)^l \end{bmatrix} \tag{4-59}$$

$M_{(j+1)l}(p)$ 为 $|\boldsymbol{D}(p)|$ 的子行列式,函数 $h_{li}(N, p)$ 具有以下基本性质

$$\left. \begin{array}{l} h_{li}(N, p) = \begin{cases} 非平凡值, & p \leqslant i \leqslant N-1+p \\ 0, & 其他 \end{cases} \\ \sum_{i=p}^{N-1+p} h_{li}(N, p) = 1 \\ \sum_{i=p}^{N-1+p} h_{li}(N, p) i^u = 0, \ 1 \leqslant u \leqslant l \end{array} \right\} \tag{4-60}$$

对于低阶数 $h_{li}(N, p)$ 函数,当 $l=1, 2$ 有较为简单的定式。对于 l 的更高阶数,可以使用 Gamboa-Rosales 研究中的递推关系计算 $h_{li}(N, 0)$,继而 $h_{li}(N, p)$ 是通过其投影获得的。基本 UFIR 平滑算法用下述伪代码计算(见表 4-3),算法所需的输入 S_N, l, N 根据上文描述的公式计算出滤波器的 ECG 信号估计值 $\hat{x}_{n \mid n-p}$。

表 4 - 3　基本 UFIR 的信号平滑处理算法

算法:基本 UFIR 的信号平滑处理算法

输入: S_N, l, N　输出: $\hat{x}_{n\,|\,n-p}$

1. $\boldsymbol{G} = \text{Calculate}G(l)$

2. $p = -\dfrac{N-2}{2}$

3. $\boldsymbol{V} = \text{Calculate}\boldsymbol{V}(p, l, N)$

4. $\boldsymbol{B} = (\boldsymbol{V}\boldsymbol{V}^{\mathrm{T}})\boldsymbol{G}$

5. $\boldsymbol{W}_l(p) = \boldsymbol{V}^{\mathrm{T}}\boldsymbol{B}$

6. $\hat{x}_{n\,|\,n-p} = \boldsymbol{W}_l(p)\,\boldsymbol{S}_l(p)$

4.4.4　去噪效果评估

1. 信噪比提升

信噪比提升值的定义为去噪后信号的信噪比与去噪前信号的信噪比之差,表明去噪方法的去噪能力和去噪效果。设 SNR_{imp}、SNR_d、SNR_n 分别为信噪比提升值、去噪后信噪比和去噪前信噪比

$$\left.\begin{aligned}
\text{SNR}_n &= 10\lg \frac{\displaystyle\sum_{n-1}^{N} s^2(n)}{\displaystyle\sum_{n-1}^{N}(s_n(n) - s(n))^2} \\[4mm]
\text{SNR}_d &= 10\lg \frac{\displaystyle\sum_{n-1}^{N} s^2(n)}{\displaystyle\sum_{n-1}^{N}(s_d(n) - s(n))^2} \\[4mm]
\text{SNR}_{\text{imp}} &= \text{SNR}_d - \text{SNR}_n
\end{aligned}\right\} \tag{4-61}$$

式中: $s(n)$ 为不含噪声的源信号; $s_n(n)$ 为含噪声的测量信号; $s_d(n)$ 为去噪后的信号。

2. 能量比

相关系数的大小只能反映去噪信号和原始信号之间在波形上的相似度。而心电信号的 P 波、T 波、QRS 波的大小和位置(间期)则是心脏病理判断的重要指标。为此,用去噪信号与源信号的平均能量之比,作为去噪后心电信号幅值变化的评价指标,用 ER 表示。当 ER 等于 1 时,表明去噪信号的幅值与源信号一致;ER 大于 1 时,说明去噪信号中还有残留噪声;ER 小于 1 时,说明去噪后信号出现了有用信息的损失。能量比 ER 的计算公式为

$$\text{ER} = \frac{\dfrac{1}{N}\displaystyle\sum_{n-1}^{N} s_d^{\,2}(n)}{\dfrac{1}{N}\displaystyle\sum_{n-1}^{N} s^2(n)} \tag{4-62}$$

真实心电信号来源于 MIT - BIH 心电数据库的记录,随机选择分别属于 10 个受试者的 10 个记录。由于这些临床数据已完成去噪处理,去噪和修正后的真实心电信号可以作为干净

信号作仿真信号叠加。以 10 个受试者的 10 个记录作为无噪真实心电信号,叠加基线漂移、肌电噪声、白噪声和运动伪影建立含噪信号。

表 4 - 4   叠加混合噪声的去噪信号指标变化表

原始信号区间 dB	去噪信号 SNR$_{imp}$ 平均值	干净信号 SNR$_{imp}$ 平均值	相似率/(%)	ER 平均值
0~5	10.309	10.817	95.3	0.902
5~10	9.380	9.551	98.2	0.932
10~15	8.223	8.289	99.2	0.958
15~20	5.532	5.538	99.9	0.985

叠加混合噪声的去噪信号指标变化如表 4 - 4 所示,在信噪比 0~20 dB 范围内,真实信号与仿真信号去噪结果一致。真实心电信号去噪结果中,基线漂移去噪效果最好,信噪比提升大于 10 dB,相关系数大于 0.99,表明去噪信号与源信号的相似度达到 99%,能量比大于 1 表明去噪信号的能量大于源信号,去噪信号未丢失有用信息。能量比小于 1.017 表明去噪信号中残留的噪声成分不大于 1.7%。肌电噪声去噪效果相对差一些,信噪比提升相对较少,相关系数大于 0.89,能量比大于 0.93。白噪声去噪结果在信噪比提升和相关系数上优于肌电噪声。相比干净信号,其平均相似率为 98.15%,平均能量比为 0.944。

将上节滤波后信号进行 UFIR 平滑处理后放大视野观察,图 4 - 29 给出了 3 个信号的噪声滤除前后的波形和滤除的噪声曲线,并且去噪信号能够反映真实的心电特性,时域序列中随机噪声基本被消除,取而代之的是平滑处理后的 ECG 信号。

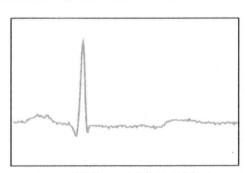

平滑处理前单QRS波段信号时域序列

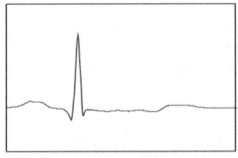

平滑处理后单QRS波段信号时域序列

图 4 - 29   UFIR 去噪效果展示

4.5　基于力与角度的运动意图分类方法

人机交互信号经过预处理和组合滤波处理后能够得到较为平滑的交互信号。若要实现人机协同控制,则需进一步对交互信号进行分类,判断人体运动意图。本研究选取支持向量机(Support Vector Machine,SVM)方法作为基础,根据实际需要对该方法作进一步设计实现运动意图分类。

4.5.1　支持向量机原理

支持向量机属于传统机器学习,是一种基于统计学理论的监督式学习模型,依赖大量数据作为模式样本进行学习以便得到有效训练模型,再根据训练模型推导其他模式。支持向量机的应用场合一般为数据分类、识别和回归分析等。

支持向量机主要处理线性可分的两类分类,其思想是通过建立一个超平面作为决策面,将给定的两类数据样本进行隔离边缘的最大化处理,得到最佳的两个分类,如图 4 - 30 所示。平面 A 和 B 为隔离边缘的最大间隔平面,平面 H 则为最优决策面。分布在平面 A 和 B 上的点为决策出该间隔平面的支持向量,这也是支持向量机命名的由来。

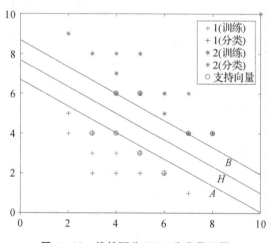

图 4 - 30　线性可分 SVM 分类原理图

本研究的任务是采用大量的数据对模型进行训练,去寻找一个最优的超平面把两类数据样本的间隔值最大的分开,然后通过该训练之后的模型即可对不同模式进行分类。但是当类之间的边界难以进行线性定义时,普通的分类函数无法进行分类。此时可以利用某种非线性 $\varphi(x)$,将低维输入空间映射到高维特征空间。特征空间的维数可能非常高,如果支持向量机的求解值用到内积运算,可以用核函数将低维的内积转换为高维对应的内积来简化计算。常用的核函数有:多项式核函数、径向基核函数、Sigmoid 核函数、线性核函数等。SVM 对线性不可分的数据进行分类时,采用径向基核函数作为核函数的分类结果如图 4 - 31 所示。

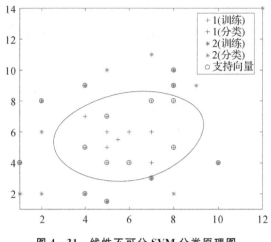

图 4 - 31　线性不可分 SVM 分类原理图

4.5.2　多分类方法

标准的 SVM 是处理二分类的方法,但是本研究中的意图有多种模式,包含多种运动强度和运动意图,因此采用 SVM 多分类的方法解决该问题。多分类方法的主要思想是将多分类问题拆分为多个二分类问题。此处重点介绍本研究所考虑的三种多分类的方法,其余方法不再多述。

(1)一对多分类。

该方法最为简单,又叫作赢家通吃法。假设有 N 类数据,将第一类分为一类,其余剩下的 $N-1$ 类分为一类,剩下的 $N-1$ 类再以该种方式进行分类,直至 N 类全部分完。这种方法的优点是,分类器的数量取决于用户决定分多少类。缺点是两类的数据不平衡,影响分类效果,且当样本数据较大时,分类困难。

(2)一对一分类。

该方法解决了分类数据不平衡的缺点,假设有 N 类数据,一对一分类方法需要对任意两个不同的数据进行分类,也就是说需要构造出 $N(N-1)/2$ 个分类器,但当样本类 N 过大时,分类器数量明显增大,导致训练时间增长,训练速度呈指数降低。

(3)有无环向图分类。

该方法是采用一对一的方式进行训练,也需构造 $N(N-1)/2$ 个分类器,不同的是该方法中所有的分类器组成一个树形结构,所有的子分类器均为该有无环向图上的节点。分类从根节点开始,因此只需 $N-1$ 步即可判定所有分类。这种方法的好处是规避了前两种方法不可分类的问题,且规避了一对一分类方法中重复性分类的问题,使训练速度得以提高。缺点是分类错误会累积误差,导致正确率降低。

4.5.3　基于分层多分类的支持向量机分类方法

通过对多分类的方法进行比较,本研究选定一对一方法进行分类。由于运动意图模式和强度具有一定的关联性,因此为了避免重复性判别分类,采用基于分层的多分类 SVM 方法。

首先,第一层根据样本的角度数据,将所有意图行为分为 3 类:肘关节运动、腕关节运动和肘腕双关节联合运动。根据第一层的三种分类结果,再将每一类的方法分为快、中、慢三种运动强度,最终输出具有 9 种运动意图的分类结果,如图 4 - 32 所示。

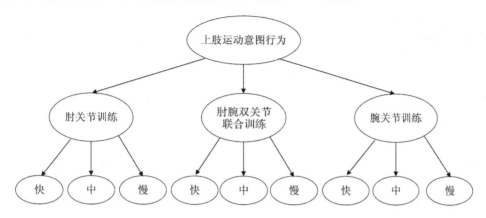

图 4 - 32　运动意图分类

本研究邀请了志愿者进行试验。志愿者穿上外骨骼机器人,并戴好信号检测装置分别进行 3 种运动模式和 3 种运动强度的训练。采用基于分层的多分类支持向量机方法进行分类之前需要进行特征值提取和核函数选择。特征值提取的作用是将输入信号转化为方便提取分类特征的信息,核函数选择的作用是选择合适的核函数将低维空间不可分转化为高维空间可分。

(1)特征值提取。

选用力信号、角度信号、角速度信号和角加速度信号来反映用户的运动意图,特征值提取则是从这些信号中将能够正确分类运动意图的信息提取出来。特征值提取方法有很多,种类有简有繁,特征值的选取不仅要尽可能优化分类结果,且需满足实时控制对于计算效率的要求。运动意图包括运动模式和运动强度,运动模式分类采用角速度均值、角加速均值、角度方差和角度均方差作为特征;运动强度分类采用角速度均值、角加速度均值和力度均值作为特征。均值、方差和均方差能体现出该段信号的变化程度,且都易于计算。

(2)核函数选取。

通过核函数能够将低维空间不可分的样本映射到高维空间进行分类,但在现实情况中很难确定具体应该向哪种高维空间映射,即如何选取合适的核函数,而支持向量机的整体性能对核函数的选取有着至关重要的影响。目前还没有比较明确的方法,大多是通过实验去比较不同核函数下支持向量机算法的准确性和效率。当然核函数的选取也具有一定的规律性,比如当特征数超过样本数时且样本明显线性可分时可以选取线性核;当特征维数较小且样本数量中等时可以选取径向基核,采用径向基核的算法运算复杂度不高且准确率高于线性核;当特征维数非常小且样本数量很大时可以选取神经网络核,但是这种情况下支持向量机的性能不如非监督式机器学习算法,运算复杂度比较高且分类速度较慢。

经过特征值和核函数的选取后,就可以采用基于分层的多分类支持向量机方法对运动意图进行分类,具体实验操作步骤如下:

(1)将 stm32 采集肘关节、肩关节、肩肘关节联动各三种不同运动强度的实验数据利用串口输出给 MATLAB,每种运动各采集 30 次,每次运动采集时间为 3.5 s。

（2）每次的运动意图均采集120个数据点，并转换为可用于分类的运动模式和运动强度的特征值。将该特征值作为训练数据，贴上模式的标签后，输入SVM进行学习，采用不同的核函数选取样本数据循环训练效果最好的一组模型作为本设计的识别模型。最终选用以立方插值函数（Cubic）为核函数的SVM模型作为意图识别模型。

（3）将提取的特征向量映射到高维特征空间，采用一对一分类方法，将输入的任意两类意图进行分类，最终将三种运动模式分类。

（4）针对每种运动模式，重复步骤（2）（3）将快、中、慢三种运动强度进行分类。

（5）将运动模式和运动强度进行组合作为最终的分类结果输出。

对采集到的各模态角度信号提取特征值后，可以获得特征值的多维向量，将其中两个维度在平面直角坐标系上进行展示，得到意图和强度分类结果，如图4-33和图4-34所示。图中可以看出各点离散分布，但同一形状表示的同一模态特征值都聚集在同一区域，且各区域分化明显，易于实现SVM分类的"越远越安全"的思想，也说明对于特征值的提取符合预期。

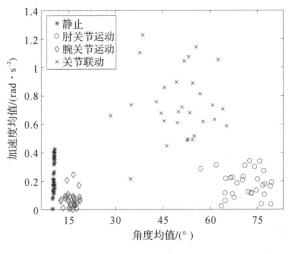

图4-33　意图分类

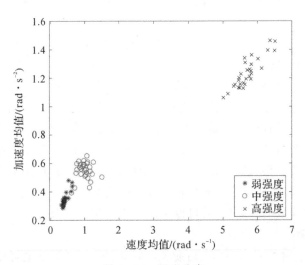

图4-34　强度分类

4.6　本章小结

　　本章主要介绍了人机交互信号的采集、预处理以及运动意图分类方法,具体包括交互力、肌电信号、心电信号等的采集,处理方法包括限幅滤波、卡尔曼滤波以及组合滤波等。完成了生物电信号和物理信号的采集,对上述信号进行滤波、去噪、运动激活分段等预处理,分析三种肌电信号特征值提取方法。对卡尔曼滤波进行适当改进,采用组合限幅滤波和带调整因子的自适应卡尔曼滤波对交互信号进行预处理,解决了信号干扰和信号延迟的问题。介绍了支持向量机原理,采用基于分层的多分类支持向量机对运动意图进行了识别并验证。

第5章　上肢康复外骨骼人机交互感知方法

为进一步提高人机交互的多样性和连续性,有必要研究手部离散动作和连续动作的识别方法。手部离散动作包括腕部屈伸动作以及各手指的屈伸动作,该部分行为模式属于精细动作;连续动作主要是指肢体的连续运动或者动态运动模式。研究多模信息融合方法,将不同模态的信号通过融合进行判断决策,有助于提高动作识别精度与可靠性。采用外骨骼进行康复训练,感知康复训练过程中穿戴者的运动强度,对提高康复训练效果、保证安全性有重要意义。因此,本章将对离散动作、连续动作以及运动强度的识别方法进行研究,建立其识别模型并进行实验分析,设计上肢康复外骨骼的人机交互感知系统。

5.1　基于迁移学习的离散动作识别方法

5.1.1　域间融合的迁移学习方法

肌电信号具有随机性和平稳性差的特点,受影响因素较多,识别模型效果较差。加大训练量是一种通用解决手段,该方法将各种训练场景下的大量数据取并集,再进行模型训练,以获得一个较为理想的结果。但多用户大量训练在外骨骼人机交互过程中耗时过长,本研究引入迁移学习方法解决这一弊端。

迁移学习,其目标是将某个任务或者领域中学到的知识应用于其他领域。迁移学习试图模仿人类的类比学习能力,比如,有书法经验的人更容易学会国画。迁移学习是将源领域的知识经验进行提炼升华,基于该部分经验直接应用于新领域或者新问题,避免大量学习带来的时间冗余问题。

常见迁移学习的方式有以下几种。

(1)基于实例的迁移通过权重对源领域和目标领域的样例进行迁移。迁移时直接对不同的数据样本赋予不同权重,源领域中与目标领域相似的样本给予高权重,差异较大的样本则降低其权重。

(2)基于特征的迁移通过变换源领域和目标领域的特征进行迁移。假设源领域和目标领域的特征原来不在一个空间或者在同一个空间中却不相似,迁移时将它们统一转换到另一个空间,使二者在该空间中相似,在此空间中再进行后续运算。

(3)基于模型的迁移通过构建参数共享的模型进行迁移。该方法在源领域中训练基础模型,根据目标领域和源领域间的关系微调基础模型参数,例如神经网络 finetune 调参。

（4）基于关系的迁移学习假定目标领域中的样本数据和源领域中的样本数据存在一定的联系，挖掘和利用二者之间的联系进行类比迁移。

本研究将已有标签的表面肌电信号训练数据称为源领域，没有标签待分类的测试数据称为目标领域，利用源领域去训练可用于目标领域的模型。为训练出一个能满足源领域和目标领域的双域分类模型，引入迁移学习策略进行意图识别建模，迁移学习过程如图 5-1 所示。源领域数据与目标领域数据共享知识结构，二者经过迁移学习变换后再利用机器学习方法建模。特征迁移的关键是两种领域的数据特征分布差异，双方数据通过投影矩阵映射到一个距离相近的高维空间。选用基于特征迁移的学习方法构建一个离散手势泛化学习模型，并对传统的迁移成分分析方法进行优化，提高该模型的识别准确率。此外，对不同的源领域进行特征迁移融合，能够进一步提高模型在目标领域的识别效果。

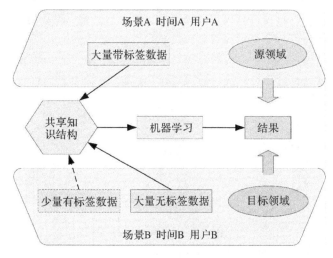

图 5-1　迁移学习过程

5.1.2　离散动作的肌电信号采集与特征提取

离散动作实验时两静态动作之间有一段无肌肉活动状态，上肢在某一个姿势位置保持一定时间后，回复到初始状态（肌肉放松状态）保持一定时间，再进行下一个姿势动作。根据前文所述上肢肌肉分布特性，将三块片状表面肌电传感器放置如图 5-2 所示位置。

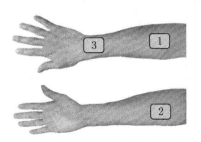

图 5-2　肌电传感器位置布置

针对肌电信号在复杂场景下的动作识别泛化问题,设计 9 种常用手势动作,如图 5-3 所示。

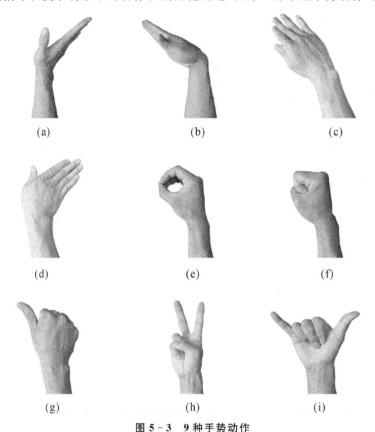

(a)　　　　　　　　　(b)　　　　　　　　　(c)

(d)　　　　　　　　　(e)　　　　　　　　　(f)

(g)　　　　　　　　　(h)　　　　　　　　　(i)

图 5-3　9 种手势动作

(a)腕外展(WA);(b)腕内收(WR);(c)屈腕(WF);(d)伸腕(WS);(e)空心握拳(HF);
(f)实握拳(HS);(g)伸大拇指(TS);(h)V 型手势(VG);(i)6 形手势(SG)

传统时域或频域分析只能从一个维度来分析表面肌电信号,所能描述的信息较为有限,时频域分析可结合二者优势得到更深层次的信息。频域分析能获得信号在整个时间段的全局特征,不能描述信号在不同时段的特征分布。仿真模拟信号 x_1 和 x_2 分别为

$$x_1(t) = \begin{cases} \sin(40\pi t), & 0 \leqslant t \leqslant 1 \\ 0.5\sin(20\pi t), & 1 < t \leqslant 2 \\ \sin(10\pi t), & 2 < t \leqslant 3 \\ 0.5\sin(30\pi t), & 3 < t \leqslant 4 \end{cases} \tag{5-1}$$

$$x_2(t) = \begin{cases} 0.5\sin(20\pi t), & 0 \leqslant t \leqslant 1 \\ \sin(40\pi t), & 1 < t \leqslant 2 \\ 0.5\sin(30\pi t), & 2 < t \leqslant 3 \\ \sin(10\pi t), & 3 < t \leqslant 4 \end{cases} \tag{5-2}$$

仿真模拟信号 x_1 和 x_2 如图 5-4(a)和(b)所示,两信号的频谱如图 5-4(c)和(d)所示,其波形相差较大频谱却完全一致。x_1 和 x_2 信号经傅里叶变换后,频域中不能表现出时域信息,相关时域特点被消去,频谱缺乏时间分辨率,不足以反映原始信号数据的完整信息形态。

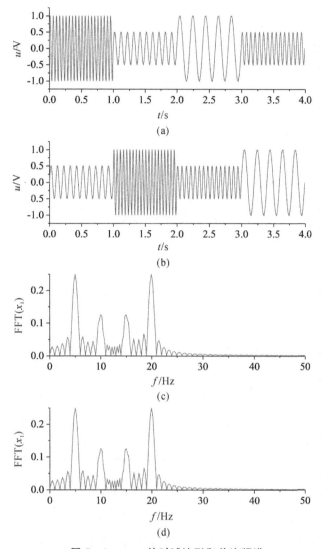

图 5 - 4　x_1、x_2 的时域波形和单边频谱

(a)x_1 时域波形；(b)x_2 时域波形；(c)x_1 单边频谱；(d)x_2 单边频谱

仿真信号 x_1 和 x_2 的小波变换时频谱图如图 5 - 5 所示，时频分析法可反应信号在两域下的联系。小波包变换是较为快速便捷的时频分析法，选用小波包变换后的各频段能量作为时频域特征值。

基于小波分析方法，原始信号可变换为低频成分（平均）和高频成分（变化）两部分。小波分析在每一次分解时更偏向于低频成分，对高频成分不再进一步分解。小波包分析优化了小波分析的不足，不仅高频分辨率比二进小波要高，且能根据信号自主选择最佳基函数。小波分析和小波包分析常应用于信号的分解、编码、消噪、压缩等方面。

三层小波包分解树如图 5 - 6 所示，j 为尺度，L 为低频，H 为高频，V 为各层空间。

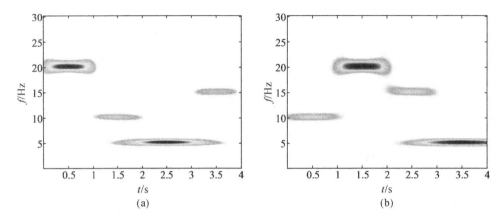

图 5 - 5 x_1、x_2 小波变换时频谱图

（a）x_1 小波变换时频谱图；（b）x_2 小波变换时频谱图

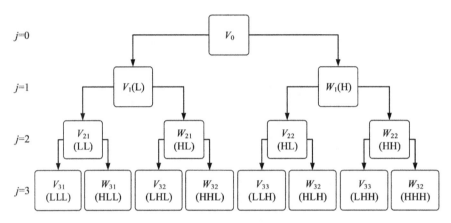

图 5 - 6 三层小波包分解树

为了后续讨论方便，将子空间重新标记为 $U_j^0, U_j^1, \cdots, U_j^{2^j-1}$，则 $j=3$ 时图 5 - 6 中从左到右子空间依次为 $U_3^0, U_3^1, \cdots, U_3^{2^j-1}$。则 U_j^{2n} 代表低频空间，W_j^{2n+1} 代表高频空间（$n = 0, 1, \cdots,$ $2^{j-1}-1$）。定义子空间 U_j^n 是函数 $U_n(t)$ 的闭包空间（小波子空间），而 $U_n(t)$ 是函数 $U_{2n}(t)$ 的闭包空间，令 $U_n(t)$ 满足双尺度方程

$$u_{2n}(t) = \sqrt{2} \sum_{k \in Z} h(k) u_n(2t - k) \tag{5-3}$$

$$u_{2n+1}(t) = \sqrt{2} \sum_{k \in Z} g(k) u_n(2t - k) \tag{5-4}$$

式中，$g(k) = (-1)^k h(1-k)$，即两系数保持正交关系。当 $n=0$ 时，双尺度方程为

$$\left. \begin{array}{l} u_0(t) = \sum_{k \in Z} h_k u_n(2t - k) \\ u_1(t) = \sum_{k \in Z} g_k u_n(2t - k) \end{array} \right\} \tag{5-5}$$

式（5-5）可以等价表示为 $U_{j+1}^0 = U_j^0 \oplus U_j^1 (j \in \mathbf{Z})$，而式（5-3）和式（5-4）可等价为

$$U_{j+1}^n = U_j^n \oplus U_j^{2n+1} \quad j \in \mathbf{Z}, n \in \mathbf{Z}_+ \tag{5-6}$$

式中，$\mathbf{Z}$ 为整数集合；$\mathbf{Z}_+$ 为正整数集合。

由式(5-6)构造的序列 $\{u_n(t)\}$（其中 $n \in \mathbf{Z}_+$ ）称为由基函数 $u_0(t) = \varphi(t)$ 确定的正交小波包，又称 $\{u_n(t)\}$（其中 $n \in \mathbf{Z}$ ）为关于序列 $\{h_k\}$ 的正交小波包。如果尺度 j 增大，相应正交小波基函数的空间分辨率也会越来越大，而其频率分辨率降低。小波包分解时，结点 $(j+1, n)$ 处的小波包系数为

$$
\left.
\begin{aligned}
d_k^{j+1, 2n} &= \sum_l h_{0(2l-k)} d_l^{j \cdot n} \\
d_k^{j+1, 2n+1} &= \sum_l h_{1(2l-k)} d_l^{j \cdot n}
\end{aligned}
\right\}
\tag{5-7}
$$

将结点 (j, n) 处的小波包系数重建，可得

$$
d_l^{j \cdot n} = \sum_k g_0(l-2k) d_k^{j+1, 2n} + \sum_k g_1(l-2k) d_k^{j+1, 2n+1}
\tag{5-8}
$$

针对实验采集的单通道肌电信号，使用 3 层小波包进行分解，将会获得 8 个频段能量特征，某次实验动作 1 和动作 6 的能量如图 5-7 所示。

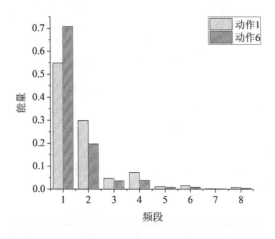

图 5-7　某次实验动作 1 和 6 不同频段能量

5.1.3　多源域迁移学习模型

(1)单一域边缘匹配。

域匹配是一种基于特征的迁移学习算法，将两个不相似空间的源领域数据和目标领域数据进行关系迁移，使二者迁移到一个相似空间，再利用传统的机器学习算法进行预测分类。通过域匹配算法能得到两个不同但具有共性知识的数据集，共性知识结构是模型在新领域获得高识别准确率的关键。域匹配算法的主要目标是缩小两域的数据分布差异，可以使用两者概率分布差异(如边缘概率分布和条件分布概率等)描述其数据分布差异，所以问题可转化为缩小两域的概率分布距离。采用香港科技大学杨强教授团队提出的迁移成分分析（Transfer Component Analysis，TCA）方法减小两域之间的分布距离，完成迁移学习。TCA 假设两个域的边缘分布相似，那么它们的条件分布将不会有较大差异。两组数据经过距离最小化处理后，能够使其边缘分布相近，整体算法过程如图 5-8 所示。

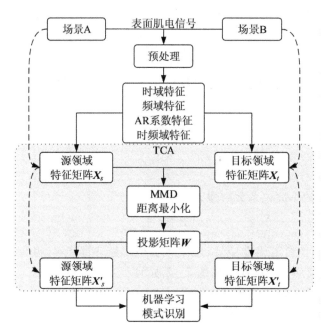

图 5 – 8　单一域 TCA 算法流程

将不同用户和不同电极片位置(或不同时间)的不同数据组视为不同领域的数据集,源领域数据集为 $X_s \in R^{n_s \times m}$,目标领域数据集为 $X_t \in R^{n_t \times m}$,其中 n_s 为源领域数据集样本数,n_t 为目标领域数据集样本数,m 为样本特征数。领域间的数据分布距离计算方法较多,常用的概率分布距离度量函数有相对熵、布雷格曼散度和最大均值差异(Maximum Mean Discrepancy,MMD)等。MMD 计算简单、效率高,使用较为广泛,选用 MMD 度量源领域和目标领域之间的距离。

一个随机变量的矩反映其分布信息,如一阶中心矩均值和二阶中心矩方差,但低阶的中心矩并不能完全反映分布,此时需要更多高阶的矩去刻画该分布。MMD 的基本思想为:若两个随机变量的任意阶都相同,那么二者分布就会一致,如果分布不同,差异最大的矩应被用作度量两个分布差异的标准。源领域和目标领域的最大均值差异为

$$\mathrm{MMD}(X_s, X_t) = \left\| \frac{1}{n_s} \sum_{i=1}^{n_s} \varphi(X_{s_i}) - \frac{1}{n_t} \sum_{j=1}^{n_t} \varphi(X_{t_j}) \right\|_H \qquad (5-9)$$

式中:X_s 为源领域样本数据集;X_t 为目标领域样本数据集;n_s 为源领域样本数;n_t 为目标领域样本数;φ 为输入空间(欧式空间 R^n)到一个特征空间(希尔伯特空间 $\mathcal{H}$)的非线性特征映射。

映射函数 φ 不能直接求出,核技巧是有效解决该问题的方法。核技巧是计算矩阵映射到高维空间之后内积的一种高效方法,可不需要显示映射函数表达两个向量的内积。对 MMD 利用核技巧进行平方后展开,可得

$$\mathrm{MMD}^2(X_s, X_t) =$$

$$\left\| \frac{1}{n_s} \sum_{i=1}^{n_s} \varphi(X_{s_i}) - \frac{1}{n_t} \sum_{j=1}^{n_t} \varphi(X_{t_j}) \right\|_{\mathcal{H}}^2 =$$

$$\left\| \frac{1}{n_s^2} \sum_{i=1}^{n_s} \varphi(X_{s_i}) \sum_{i=1}^{n_s} \varphi(X_{s_i}) - \frac{2}{n_s n_t} \sum_{i=1}^{n_s} \varphi(X_{s_i}) \sum_{j=1}^{n_t} \varphi(X_{t_j}) - \frac{1}{n_t^2} \sum_{j=1}^{n_t} \varphi(X_{t_j}) \sum_{j'=1}^{n_t} \varphi(X_{t_{j'}}) \right\| =$$

$$\left\| \frac{1}{n_s^2} \sum_{i=1}^{n_s} \sum_{i'=1}^{n_s} k(X_{s_i}, X_{s_{i'}}) - \frac{2}{n_s n_t} \sum_{i=1}^{n_s} \sum_{j=1}^{n_t} k(X_{s_i}, X_{t_j}) - \frac{1}{n_t^2} \sum_{j=1}^{n_t} \sum_{j'=1}^{n_t} k(X_{t_j}, X_{t_{j'}}) \right\| =$$

$$\mathrm{tr}\left(\begin{bmatrix} \boldsymbol{K}_{s,s} & \boldsymbol{K}_{s,t} \\ \boldsymbol{K}_{t,s} & \boldsymbol{K}_{t,t} \end{bmatrix} \boldsymbol{L} \right) = \mathrm{tr}(\boldsymbol{KL}) \tag{5-10}$$

式中,$k(\cdot, \cdot)$ 为映射函数 φ 的核函数;$\boldsymbol{K}$ 为核矩阵;$\mathrm{tr}(\cdot)$ 为矩阵的迹。

其中,式(5-10)中 $\boldsymbol{L}$ 满足

$$\boldsymbol{L}_{ij} = \begin{cases} 1/n_s^2, & x_i, x_j \in \boldsymbol{X}_s \\ 1/n_t^2, & x_i, x_j \in \boldsymbol{X}_t \\ -1/n_s n_t, & \text{其他} \end{cases}$$

求解目标是缩小源领域与目标领域的数据距离,即有

$$\min[\mathrm{tr}(\boldsymbol{KL}) - \lambda \mathrm{tr}(\boldsymbol{K})] \tag{5-11}$$

式中,$\lambda \mathrm{tr}(\boldsymbol{KL})$ 为一个正则项,用于优化核矩阵 $\boldsymbol{K}$ 的复杂度。

式(5-10)是一个半定规划问题,直接计算会消耗大量时间与资源,将核矩阵 $\boldsymbol{K}$ 计算进行优化,可得

$$\tilde{\boldsymbol{K}} = (\boldsymbol{K}\boldsymbol{K}^{-1/2}\tilde{\boldsymbol{W}})(\tilde{\boldsymbol{W}}^{\mathrm{T}}\boldsymbol{K}^{-1/2}\boldsymbol{K}) = \boldsymbol{K}\boldsymbol{W}\boldsymbol{W}^{\mathrm{T}}\boldsymbol{K} \tag{5-12}$$

式中,定义矩阵 $\tilde{\boldsymbol{W}} \in \mathbf{R}^{(n_s+n_t) \times n}$,使核矩阵映射到 n 维空间上($n \leqslant n_s + n_t$);$\boldsymbol{W}$ 相当于一个降维矩阵,$\boldsymbol{W} = \boldsymbol{K}^{-1/2}\tilde{\boldsymbol{W}}$,式(5-9)可转化为

$$\mathrm{dist}(\boldsymbol{X}_s, \boldsymbol{X}_t) = \mathrm{tr}(\tilde{\boldsymbol{K}}\boldsymbol{L}) = \mathrm{tr}[(\boldsymbol{K}\boldsymbol{W}\boldsymbol{W}^{\mathrm{T}}\boldsymbol{K})\boldsymbol{L}] = \mathrm{tr}(\boldsymbol{W}^{\mathrm{T}}\boldsymbol{K}\boldsymbol{L}\boldsymbol{K}\boldsymbol{W}) \tag{5-13}$$

由式(5-11)可得到映射后数据矩阵为 $\boldsymbol{W}^{\mathrm{T}}\boldsymbol{K}$,其中第 i 列是对样本空间 x_i 的坐标转换向量。映射后样本协方差矩阵(散布矩阵)为 $\boldsymbol{W}^{\mathrm{T}}\boldsymbol{K}\boldsymbol{H}\boldsymbol{K}\boldsymbol{W}$,$\boldsymbol{H}$ 为中心矩阵,满足

$$\boldsymbol{H} = \boldsymbol{I}_{n_s+n_t} - (1/n_s + n_t)\mathbf{1} \cdot \mathbf{1}^{\mathrm{T}} \tag{5-14}$$

式中:$\boldsymbol{I}_{n_s+n_t}$ 为单位矩阵,$\boldsymbol{I}_{n_s+n_t} \in \mathbf{R}^{(n_s+n_t) \times (n_s+n_t)}$;$\mathbf{1}$ 为单位列向量,$\mathbf{1} \in \mathbf{R}^{n_s+n_t}$。

综上,对式(5-10)进行优化,目标函数转化为

$$\min_{\boldsymbol{W}}[\mathrm{tr}(\boldsymbol{W}^{\mathrm{T}}\boldsymbol{K}\boldsymbol{L}\boldsymbol{K}\boldsymbol{W}) + \mu\mathrm{tr}(\boldsymbol{W}^{\mathrm{T}}\boldsymbol{W})], \boldsymbol{W}^{\mathrm{T}}\boldsymbol{K}\boldsymbol{H}\boldsymbol{K}\boldsymbol{W} = \boldsymbol{I}_n \tag{5-15}$$

式中:μ 为正则化参数;$\boldsymbol{I}_n$ 为单位矩阵,$\boldsymbol{I}_n \in \mathbf{R}^{n \times n}$。

对于式(5-13),min 函数的第一项用来最小化源领域和目标领域之间距离,加上约束 $\boldsymbol{W}$ 可控制计算复杂度。利用拉格朗日对偶求解式(5-13)可得到 $\boldsymbol{W}$ 的解就是其前 n 个特征向量($n \leqslant n_s + n_t$)。

(2)辅助域条件匹配。

以边缘分布自适应为主的迁移成分分析方法在一定环境下能够提高模型识别效果,但该算法学习的是双域全局特征变换,没有描述出类内数据的相似性,对于类间数据迁移尚有局限性。本研究提出一种利用小型辅助集生成伪标签进行类间数据迁移的方法,算法流程如图5-9所示。首先对无标签数据进行标定生成伪标签,在每个类间进行数据迁移;其次,整合不同类别的投影矩阵和迁移数据;最后,将数据送入分类器中进行训练,得到一个精度更高的模型。

小型辅助集来源于测试集,占比不超过 1%。即在得到大量 A 场景下的训练集数据之后,取少量 B 场景的测试集数据,对该部分少量数据进行真实标定,以此少量数据进行辅助类间迁移。

对小型辅助集进行机器学习建模,利用该模型对没有标签的测试集数据进行伪标签标定。为加强辅助集模型的泛化能力,辅助集采样时使用自助采样法。自助采样法通过对初始数据集进行有放回地抽样,使得该样本在下次采样中依然有机会被选中,该方法适用于小样本数据集。

从一个原始数据集 X 中进行数据采样(假设该数据集有 n 个原始样本),生成新子数据集 X' 的过程如下。第一步,从原始数据集中随机挑选一个样本,复制后放入子数据集中,再将其放回原始数据集,使得此样本在接下来的挑选中仍有被选中的可能;第二步,重复第一步 n 次,便可得到一个与原数据集大小相当的子数据集。使用该方法进行数据采样后,原始样本集中会有一部分数据不会被采集到,经过测算约占比 36%。因此,该方法在保证数据集可靠性的同时,又能增加数据集多样性。数据采样后分配训练集和测试集,通过多次自助采样法,可得到多个不同辅助集的训练集和测试集,能够极大优化小样本的泛化能力。

(3)多领域融合模型优化。

不同场景得到的数据差异互不相同,差异较大的两组数据迁移学习效果可能较为不理想。为提高迁移学习后模式识别准确率、稳定性及其鲁棒性,对不同源领域到目标领域的识别结果进行决策级融合,融合原理如图 5-10 所示。

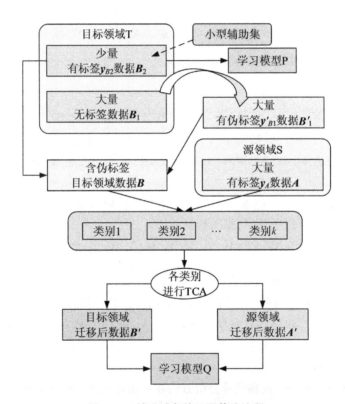

图 5-9 辅助域条件匹配算法流程

采用加权投票法作为离散手势行为模式识别的决策级融合识别方法。假设不同源领域下的判别结果为 $y_1,y_2,y_3,\cdots,y_k$,每个判决结果的加权权重为 $w_1,w_2,w_3,\cdots,w_k$,则最终决策融合结果 y 为

$$y = \sum_{i=1}^{k} y_i \times w_i \tag{5-16}$$

式中，w_i满足

$$\sum_{i=1}^{k} w_i = 1 \tag{5-17}$$

权重系数 w_i 的大小主要和源领域与目标领域之间的数据相似度有关，相似度越大，权重系数则较大，反之权重系数较小。选用最大均值差异作为衡量源领域和目标领域之间的相似度，即两域数据在经过迁移成分分析后的 MMD。则有

$$y = \sum_{i=1}^{k} \frac{\mathrm{dist}(X'_s, X'_t)}{\sum_{i=1}^{k} \mathrm{dist}(X'_s, X'_t)} \times y_i \tag{5-18}$$

式中：k 为源领域个数；X'_s、X'_t 分别为迁移学习之后的源领域和目标领域样本；y_i 为第 i 个判决模型结果。

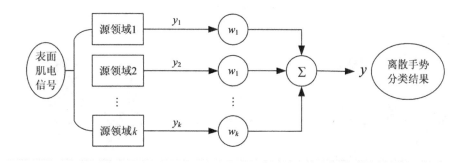

图 5 - 10　多领域模型融合原理图

5.2　上肢连续动作预测方法

5.2.1　基于肌电与加速度的连续动作预测方法

离散动作识别均属于静止状态下的行为模式识别，本章进一步研究动态模式的连续行为模式识别。前臂和手部是完成人体上肢大部分动作的主要躯干，将研究对象设定为人体上肢前臂与手部，不考虑其他部分。将肘关节平放于桌面，以肘关节中心为原点建立空间坐标系，沿着前臂方向定义为 x 轴，平行于胸脯的方向定义为 y 轴，垂直于桌面的方向定义为 z 轴，前臂和手部的动作空间如图 5 - 11 所示。上肢在 xOy 平面的运动角度约为 $-60°\sim90°$，在 xOz 平面的运动角度约为 $0°\sim120°$，在 xOz 平面的运动角度约为 $0°\sim150°$。

上肢连续运动的准确识别是提高人机交互体验的关键，常见上肢连续组合动作有"举手""挥拳""喝水"等，对这些连续动作进行合理拆解将有利于识别模型的构建。以"举手示意OK"动作为例，整个运动过程可视为握拳—手臂上抬—"OK"手势的有序组合。对上肢运动过程进行简化，将上肢连续运动模式定义为两种类型动作元素的组合，其一是离散静态手势动作元素，其二是前臂动作元素（上抬、下放、左收、右展）。两个离散手势动作元素加上前臂动作元

素可组合为一次连续运动,如图 5 - 12 所示。手势动作变换时间及位置可以随实验者自由控制,为规范实验,去除其他因素影响,将前臂运动范围控制在三个运动平面的 0°~90°内。

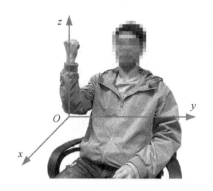

图 5 - 11　上肢连续动作运动空间

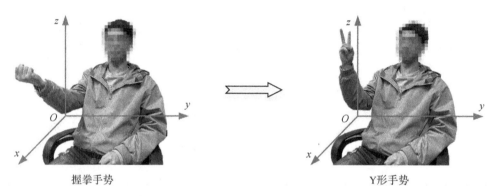

握拳手势　　　　　　　　　　　　　　　　　　Y形手势

图 5 - 12　连续动作示意图

　　基于肌电信息的意图识别模型在连续运动模式下具有局限性,如在模型中添加姿态信息作为辅助,则能增加识别模型的准确率和可靠性。实验时除选用第 3 章中已说明的 ZTEMG - 1000 型表面肌电传感器和 PCI - 1716 信号采集卡外,另增选一个深圳维特智能公司的 WT931 型九轴加速度传感器,并对 4 个传感器位置进行合理部署(见图 5 - 13)。手部加速度传感器主要用于判断手部动作切换起始点,且其姿态信息可与肌电传信息进行融合,对上肢连续动作进行识别。

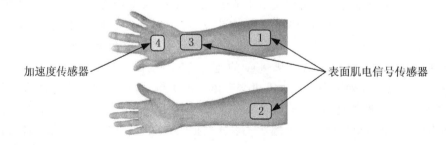

加速度传感器　　　　　　　　　　　　　　　　　　表面肌电信号传感器

图 5 - 13　传感器摆放位置

前文所述离散实验的每个静态手势之间均有一段无动作肌肉状态,该行为模式的动作起始点可利用肌电信号能量法进行检测,对本节连续行为模式不再适用。静态动作和动态动作的肌电信号表现不同,相对孤立状态的静态动作如图 5-14 所示,自然连续状态的行为动作如图 5-15 所示。动作间的衔接起始点检测困难的原因主要有两个:当执行一组连续动作时,动作过渡时肌肉依旧处于紧张状态,且转换过程较为迅速,使得活动段肌肉信号受到了干扰;某些手势动作在执行时,其相应肌肉变化幅并度不大,难以检测出该肌肉在静息和活动状态下的差异。为解决此问题,采用加速度传感器采集手部姿态信号,通过卡尔曼滤波算法对信号进行去噪,并引入语音信号突变点检测的 TKE(Teager - Kaiser Energy)算法,对动作起始点进行检测优化。

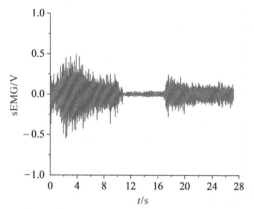

图 5-14　静态手势(两动作间有无肌肉活动状态)

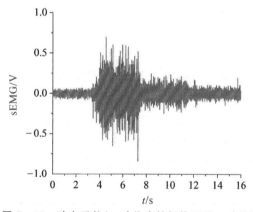

图 5-15　动态手势(一动作直接切换至另一动作)

TKE 算子最早由美国著名学者 H. Teager 提出,并应用于语音信号的非线性能量跟踪,也有研究人员检测肌电信号的动作起始点。由于 TKE 算子满足非线性,利用该特点可以描述肌电信号在不同域内的变化情况。对于给定离散信号 $x(n)$,TKE 算子为

$$\Psi[x(n)] = x^2(n) - x(n+1)x(n-1) \tag{5-19}$$

假设 $x(n)$ 为零均值基波时序序列信号,即 $x(n) = A\cos(\omega_0 n + \theta)$,式(5-19)简化为

$$\Psi[x(n)] \approx A^2 \sin^2(\omega_0) \tag{5-20}$$

由式(5-20)可知,$x(n)$ 的瞬态幅值及频率能够影响 TKE 算子,且输出与输入参数满足正相关,将其应用于频率变化大的表面肌电信号和加速度信号较为合理。基于 TKE 算子的动作起始点检测算法可描述为

$$\tilde{x}(n) = x(n) - \frac{1}{N}\sum_{i=1}^{N}x(i) \left.\vphantom{\begin{array}{c}\\\\\end{array}}\right\}$$

$$\psi(n) = \tilde{x}^2(n) - \tilde{x}(n+1)\tilde{x}(n-1) \qquad n = 1,2,\ldots,M,\ldots,N$$
（5-21）

式中：$\tilde{x}(n)$ 为加速度的去均值信号；N 为信号样本点数；$\psi(n)$ 为序列 $\tilde{x}(n)$ 的 TKE 算子信号。

动作起始点的判别阈值 Th 为

$$Th = \mu_0 + j \cdot \delta_0 \tag{5-22}$$

式中：μ_0 为加速度均值；δ_0 为加速度标准差；j 为阈值乘子，用于确定阈值 Th 的大小。

当 TKE 算子 $\psi(n)$ 大于阈值 Th 时，该时刻即被视为某一动作的起始点，基于加速度 TKE 算子的动作起始点检测如图 5-16 所示。

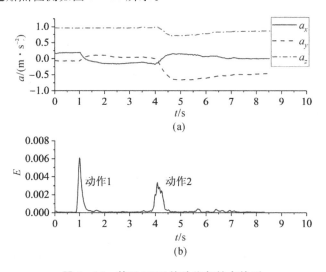

图 5-16　基于 TKE 的动作起始点检测
(a)三轴加速度；(b)加速度 TKE 能量算子

本章 HMM 观测序列 $\boldsymbol{O}=\{o_1,o_2,\cdots,o_T\}$ 代表肌电信号特征向量或者加速度信号特征向量，由于各动作起始点已利用加速度信号确定，故不需要解决 HMM 的解码问题。有研究表明 5 状态的单向向右模型能够兼顾识别准确率与识别速度，5 状态单向向右 HMM 模型如图 5-17 所示，图中首尾两个状态无实际意义。如在语音识别单词"apple"时，可将中间 3 个状态表示为因素(æ, p, l)。针对每个动作建立一个相应的 HMM 模型，且模型具体状态意义不能如上述单词示例一样被详细描述。

状态序列　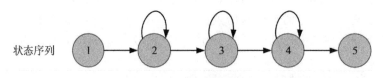

图 5-17　HMM 模型示意图

融合肌电和姿态信息的上肢连续动作识别过程如图 5-18 所示。上肢连续动作有两个数据流：加速度数据流和表面肌电数据流，其识别内容包括上肢运动平面判别、动态过程中的手势动作识别。加速度信号可提供上肢运动过程在空间中的姿态信息，故可作为运动平面的唯一判别依据。在识别上肢连续动作时,利用加速度信号判断手势动作起始点,再将加速度数据流和表面肌电数据流输入多流 HMM 模型中判断手势动作。

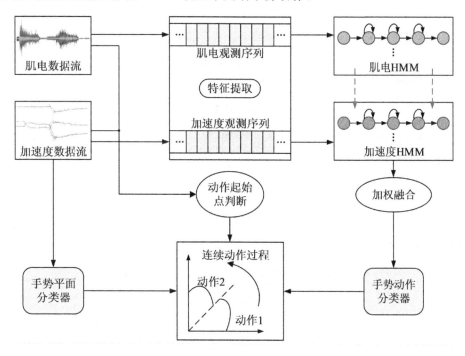

图 5 – 18 融合肌电和姿态信息的上肢连续运动识别

一个手势表征动作包含两个数据流:加速度特征数据流 $O^{(Acc)}$ 和表面肌电特征数据流 $O^{(sEMG)}$,每个数据流建立的对应子模型由 $\lambda^{(Acc)}$ 和 $\lambda^{(sEMG)}$ 分别表示。加速度信号刻画的是轨迹姿态空间,肌电信号刻画的则是手指和腕部手型空间,二者所代表的特征空间不相关。假设两种数据流所包含信息相互独立,则单个手势动作模型概率为

$$P(O \mid \lambda) = \omega P(O^{(Acc)} \mid \lambda^{(Acc)}) + (1 - \omega) P(O^{(sEMG)} \mid \lambda^{(sEMG)}) \tag{5 – 23}$$

式中,ω 为加速度子模型和肌电子模型融合时的权重,$0 \leqslant \omega \leqslant 1$。

模型训练时,将每个动作的两数据流送入对应的子模型,分别使用 Baum – Welch 算法进行参数求解,每个数据流可得到 9 个动作 HMM 子模型。利用已构建的模型组对新观测序列进行评估时,两个数据流子模型组的输出加权融合,所得最大值即为当前上肢动作,则有

$$\begin{aligned} c^* &= \arg \max_{1 \leqslant c \leqslant C} (P(O \mid \lambda_c)) \\ &= \arg \max_{1 \leqslant c \leqslant C} (\omega_c P(O^{(sEMG)} \mid \lambda_c^{(Acc)}) + (1 - \omega_c) P(O^{(sEMG)} \mid \lambda_c^{(sEMG)})) \end{aligned} \tag{5 – 24}$$

式中:C 为总手势个数;c 为手势序号。

5.2.2 基于 LSSVM 模型的关节角度预测方法

由于计算人体生物力学激活模型时需要大量的未知参数且精度较低,因此提出采用机器学习的方式构建映射模型完成连续运动回归估计。最小二乘支持向量机(Least Squares Support-port Vector Machine,LSSVM)代替传统的支持向量机,将原数据映射到高维特征空间下实现

线性回归。LSSVM 极易实现且与运动控制算法结合，并且在小样本量下产生时滞较小。

将数据集通过非线性函数 $\varphi(x)$ 由当前空间转换到高维度特征空间中，即有

$$\varphi(x_i) = (\varphi(x_1), \varphi(x_2), \cdots, \varphi(x_n)) \tag{5-25}$$

式中：$\varphi(x_i)$ 为输入关节角度预测模型的第 i 组特征值；$\varphi(x_1), \varphi(x_2), \cdots, \varphi(x_n)$ 为构成输入的 n 个元素。

最优问题的损失函数（结构风险计算式）为

$$\min J(\boldsymbol{U}, e) = \min\left(\frac{1}{2}\boldsymbol{U}^{\mathrm{T}}\boldsymbol{U} + C\sum_{i=1}^{n}{e_i}^2\right) \tag{5-26}$$

式中：$\boldsymbol{U}$ 为支持向量机权值空间；e_i 为预测值与实际值之间的允许误差；C 为惩罚项系数（正规化参数），用于调整模型结构。

利用最优问题的损失函数构造最小二乘法的回归模型为

$$y_i = \boldsymbol{U}^{\mathrm{T}}\varphi(x_i) + b + e_i, \quad i = 1, 2, \cdots, n \tag{5-27}$$

式中，y_i 为第 i 组特征值对应的输出标签；b 为截距项系数。

采用拉格朗日乘子法将式 5-24 和式 5-25 转化为

$$L(\boldsymbol{U}, b, e_i, \alpha) = J(\boldsymbol{U}, e) - \sum_{i=1}^{n}\alpha_i(\boldsymbol{U}^{\mathrm{T}}\varphi(x_i) + b - y_i) \tag{5-28}$$

式中，$\alpha = [\alpha_1, \alpha_2, \cdots, \alpha_n]$ 为拉格朗日乘子系数。

由 KKT(Karush Kuhn Tucker) 条件对 $\boldsymbol{U}$、φ、e_i、b 求偏导。即有

$$\begin{cases} \dfrac{\delta L}{\delta U} = 0 \\[2mm] \dfrac{\delta L}{\delta b} = 0 \\[2mm] \dfrac{\delta L}{\delta \alpha} = 0 \\[2mm] \dfrac{\delta L}{\delta e_i} = 0 \end{cases}$$

可得

$$\left. \begin{aligned} U &= \sum_{i=1}^{n}\alpha_i\varphi(x) \\ \sum_{i=1}^{n}\alpha_i &= 0 \\ y_i &= \boldsymbol{U}^{\mathrm{T}}\varphi(x_i) + b + e_i \\ \alpha_i &= Ce_i \end{aligned} \right\} \tag{5-29}$$

利用矩阵将式(5-29)转为线性方程组，即可求得模型参数。线性方程组为

$$\begin{bmatrix} 0 & 1 & 1 & 1 & 1 \\ 1 & K(x_1,x_1) + \dfrac{1}{2C} & K(x_1,x_2) & \cdots & K(x_1,x_n) \\ 1 & K(x_2,x_1) & K(x_2,x_1) + \dfrac{1}{2C} & \cdots & K(x_2,x_n) \\ \vdots & \vdots & \vdots & & \vdots \\ 1 & K(x_n,x_1) & K(x_n,x_2) & \cdots & K(x_n,x_n) + \dfrac{1}{2C} \end{bmatrix} \begin{bmatrix} b \\ \alpha_1 \\ \alpha_2 \\ \vdots \\ \alpha_n \end{bmatrix} = \begin{bmatrix} 0 \\ y_1 \\ y_2 \\ \vdots \\ y_n \end{bmatrix} \tag{5-30}$$

式(5-30)可化简为

$$\boldsymbol{\delta}_N = \begin{bmatrix} 0 & \boldsymbol{H}^{\mathrm{T}} \\ \boldsymbol{H} & \boldsymbol{\Omega} + C^{-1}\boldsymbol{I} \end{bmatrix} \boldsymbol{Y}_N \tag{5-31}$$

式中：$\boldsymbol{\delta}_N = [b, \alpha_1, \ldots, \alpha_N]^{\mathrm{T}}$ 为所求参数；$\boldsymbol{H} = [1, 1, \ldots, 1]^{\mathrm{T}}$；$\boldsymbol{Y}_N = [0, y_1, y_2, \ldots, y_n]^{\mathrm{T}}$。

LSSVM 算法的核函数满足的 Mercer 条件，即有

$$\Omega_{i,j} = \varphi(x_i)\varphi(x_j) = K(x_i, x_j), \quad i, j = 1, 2, \cdots, N \tag{5-32}$$

式中：K 为核函数，表示高维特征空间下各个元素之间的内积。

本研究采用的高斯核函数为

$$K(x, x_i) = \exp\left(\frac{-\parallel x - x_i \parallel^2}{2\sigma^2}\right) \tag{5-33}$$

因此预测角度 y 的估计值为

$$\hat{y} = \sum_{i=1}^{N} \alpha_i K(x, x_i) + b \tag{5-34}$$

征集 5 名 24~36 周岁的健康男性作为志愿者，记为 A、B、C、D 和 E。每一名志愿者做 8 次实验，实验前告知其实验操作规范、步骤及注意事项并签约伦理声明，相关具体步骤如下。

(1)研究肘关节康复训练动作，其关联动作主要由肱二头肌、肱三头和肱桡肌协同产生。EMG 传感器与姿态传感器的绑缚位置如图 5-19 所示。为防止运动过程电极移位，采用医用胶带及护腕对传感器进行固定。

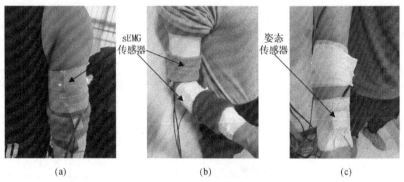

图 5-19 不同传感器摆放位置

(a)肱三头肌；(b)肱二头肌和肱桡肌；(c)姿态信号

(2)实验过程中腕关节与小臂保持在一条直线上，大臂紧贴后墙体保证整个实验过程只有小臂摆动，同时参与者尽量放松，防止肌肉紧张导致肌肉收缩从而出现轨迹的抖动。规定水平面的关节角度为零度，肘关节上摆动角度设定为正方向，摆动幅度大约 100°，在完全恢复至伸展状态标志一个周期运动，设定志愿者的摆臂速率在 15°/s ~50°/s 左右。

考虑肱桡肌作用相对较弱，为了减轻计算复杂度，在建立预测模型时忽略肱桡肌，只考虑肱二头肌和肱三头肌。

由于模型预测后结果仍为[-1, 1]的数量级信息，因此需要对输出层数据进行反归一化处理，反归一化公式为

$$y_i' = y_{\min} + \frac{(y_{\max} - y_{\min})(y_i + 1)}{2} \tag{5-35}$$

式中：y_i 为预测模型的输出结果序列，y_i' 为反归一化后输出的数据序列；$y_{\min}$ 为导入测试结果的最小值；$y_{\max}$ 为导入测试结果的最大值。

基于上述采集实验模块,制作数据集为

$$\boldsymbol{X} = [x_1, x_2, \ldots, x_n] \tag{5-36}$$

式中:x_i 为 $[x_{\mathrm{WL}i}, x_{\mathrm{RMS}i}, x_{\mathrm{AR}i}, x_{\mathrm{ZC}i}, x_{\mathrm{a}i}]$,表示第 i 组所有特征值的组合序列;n 为标签的个数。

$$\boldsymbol{Y} = [y_1, y_2, \ldots, y_n] \tag{5-37}$$

式中,y_i 为对应离散采样点的关节动作的角度,进而构建训练样本集 (x_i, y_i),其中 $i = 1, 2, \cdots, n$。

选取相关系数(CC)和均方根差(RMSE)作为评估人体肘关节关节角度回归预测的效果,CC 为

$$\mathrm{CC} = \frac{\mathrm{Cov}(\theta_e, \theta_a)}{\sqrt{D(\theta_e) D(\theta_a)}} \tag{5-38}$$

式中:θ_e 为预测的角度;θ_a 为实际角度;Cov 为协方差;D 为方差。结果越接近 1 则表示估计效果越好。RMSE 值越大则估计的效果越差,RMSE 为

$$\mathrm{RMSE} = \sqrt{\frac{\sum\limits_{i=1}^{N} (\theta_e - \theta_a)^2}{N}} \tag{5-39}$$

式中,N 为预测的点的个数。

最终完成的上肢关节角度预测实验流程,如图 5-20 所示。

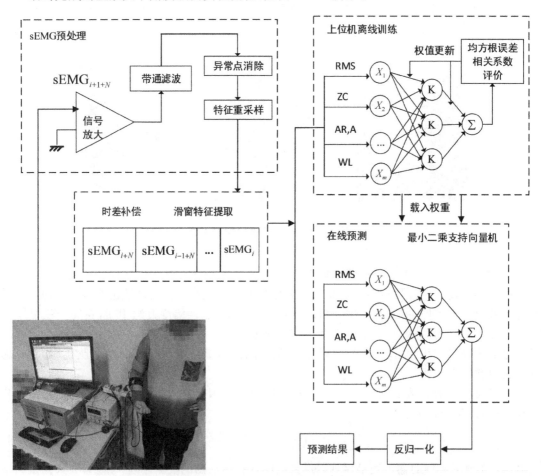

图 5-20 关节角度预测实验方案

为直观对比时差补偿对预测性能的影响,计算预测过程中的平均绝对误差(MAE)、均方根误差(RMSE)、均方误差(MSE)以及最大绝对误差(MAXE),结果如表 5-1 所示。对比发现评价参数 RMSE 通过时差补偿降低约 26.7%,最大绝对误差减低约 31.3%,从数据中可直观发现时差补偿可有效降低关节角度预测模型的误差。

表 5-1　时差补偿前后相关评价分析

评价指标	MAE	RMSE	MSE	e_{max}
时差补偿前	10.066 6	12.283 8	150.892	40.983 8
时差补偿后	7.770 1	9.695 4	94.000 5	31.299 9

采用 BP 神经网络和 LSSVM 算法进行对比,设定 BP 神经网络隐藏层节点数为 5,设定迭代次数为 1 000,设定网络学习率和最终目标误差为 0.01 和 0.000 01,选择隐藏层和输出层间的传递函数分别为 sigmoid 函数和线性传递函数。

为直观对比时差补偿后的 LSSVM 算法与 BP 神经网络算法的对连续运动估计的性能,采用 Etime( ) 函数对模型训练时间和执行时间进行计算,数据集一共 2 400 个样本点,按照 70% 作为训练集,30% 作为验证集,各项结论如表 5-2 所示。对比可直观发现训练时间减少大约 85%,执行时间缩短大约 80.2%,LSSVM 算法相比 BP 神经网络训练时间均有不同程度的减少,满足外骨骼机械臂针对实时性主动训练的速度要求;RMSE 减小较多,大约减少 55.7%,表明 LSSVM 算法用于肘关节运动角度时有较高的准确性并且满足对控制系统鲁棒性的要求,虽然误差仍然存在,在执行器中设置步进最大距离和最大速度等参数对离散轨迹点进行拟合可以有效防止控制过程中出现异常位置偏移的情况;平均 CC 方面表明 LSSVM 算法相关程度较高于 BP 算法,即 LSSVM 算法的全局估计效果好于 BP 神经网络算法。综上所述,研究所采用的 LSSVM 具有一定优越性和可行性。

表 5-2　不同算法预测性能指标对比

评价指标	CC	RMSE	MAE	训练时间	执行时间
LSSVM	0.973 6	9.695 4	7.770 1	0.185	0.028
BP	0.954 2	15.095 1	11.513 3	1.224	0.131

5.3　基于深度学习的运动强度识别方法

5.3.1　基于心率与运动信息的运动强度感知方法

在医理的定义上,运动强度指的是人体在执行动作时用力的程度和身体的紧张程度,而运动强度直接影响到当前运动对人体的刺激效果。适度的运动强度能有效促进身体机能的提高与恢复,但如果运动强度过大,长时间超过人体能承受的极限,反而会使人体机能衰退。而在康复运动医疗领域来看,在患者执行康复运动的过程中,始终保持适度的人体运动强度可以改善运动对人体的刺激,也可防止在运动中出现二次伤害,提高了康复运动的安全性。

当前,在康复医疗领域,多数对人机交互过程的研究都是采用患者生理信号或运动姿态信号。生理信号用于预测运动意图和评价康复效果,具有较高的辨识率。姿态信号用于感知运动状态和检测运动轨迹的偏差,实现轨迹跟踪。然而,采用生理信号会存在个体差异较大,不易于广泛运用,以及类似于姿态位姿的运动学信号存在滞后性的难题。因而,可以构建由生理信号特征值及运动信号特征值组成的多模向量,将二者相结合,可以实现优势互补,并且可以减轻负面影响。同时考虑构建模型时,如果对每个运动关节进行单独判定不仅会影响控制的实时性,还会影响康复动作的完成度,因此所构建的模型针对康复运动的整体运动强度。整体运动强度主要由实时运动姿态及患者恢复程度及运动疲劳程度决定。

本研究提出的多模融合向量设计方案如图 5-21 所示,从心率信号及编码器反馈的运动学信号经过不同的特征提取方法后,由数据标准化处理后得到多模融合向量,该向量作为输入层导入运动强度感知进行回归,最终获取实时的运动强度。

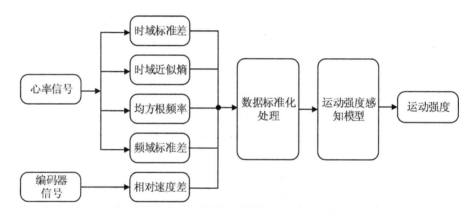

图 5-21 多模向量构建示意图

心电仪的采集电极需要放置在心脏附近的皮肤表面,由于本研究需要在康复运动进行中实时采集信号,手臂的运动会影响心电仪的采集,同时处理大量的信号也会导致运动控制的实时性降低。已有的穿戴式心电采集设备的技术已经较为成熟,可以实现在人体运动、睡眠等状态下,对心率实时、高效、准确的检测。从可穿戴式心电采集设备的穿戴类型上来看,市面上的可穿戴式心率采集设备主要分为两大类:指夹式和腕带式。而作为设备核心的心率计的工作原理主要有两种:一种是谐振式检测,另一种是光电式。谐振式检测是感应表面压力的变化从而测量脉搏,光电式检测则是利用了在不同脉搏跳动下血液对近红外光线吸收的特性。

使用 Heat Rate Clamp 传感器模块采集心电信号,此模块以指夹式穿戴在人指尖处,具体形状如图 5-22 所示,主要工作原理为使用高穿透率的 IR 红外发射管发射不可见光,照射指尖,红外发射管对面是对应的红外接收管。基于不同心跳状态下,指尖的毛细血管的血量是不一样的,发射管的红外光透过手指,红外接收管接收到经过信号放大从而根据透过手指的红外光判断心率。后续通过滤波电路模块、放大电路模块及 A/D 转换模块转换为数字信号通过串口传输到 PC 终端进行处理。通过 Heat Rate Clamp 模块采集到的心率信号相比穿戴于手腕的光电反射式信号更加稳定,抗干扰能力也更强,测量得到的心率信号较稳定,波形也较好。经过调试后,在 1 000 的采样率下实时采集到的心率波形数据如图 5 - 23 所示。

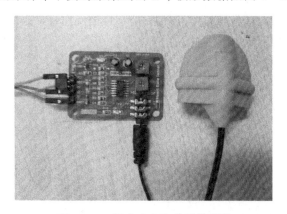

图 5 - 22　指夹式心率信号传感器

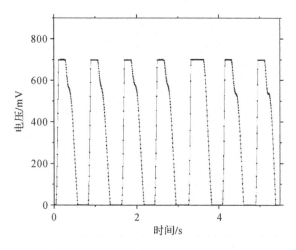

图 5 - 23　1 000 采样率的心率信号示意图

可穿戴心率采集设备通过降噪等预处理,获得的心率信号采样点数过多,直接进行分类将会导致维数灾难,因而不能直接作为输入层导入深度神经网络。与肌电信号和脑电信号类似,从所采集的信号中使用高效的方法提取出有用的信号是处理意图感知问题的关键。心率信号的特征值是从原始心率信号中提取出来能够表征心率特征的一类值,而生理信号的信息主要集中在时域和频域方面。本研究提取以下几个时域和频域特征值作为后续深度学习模型的输入层。

本研究构建的运动强度感知模型是针对心率信号及运动学信号的多模信号融合模型,因此在提取完心率信号的特征值后,需要补充运动信号特征值。提取运动学特征值主要来源于盘式执行器集成的编码器和配置在步进电机后侧的编码器得到电机轴转动角度信号,以及通过各个关节转动角度信号可以进一步的计算转动角速度信号。由于针对不同的患者,所需要选取的康复运动的动作也不同。而在不同康复运动的动作下,每个关节角速度之间的区别也很大。因此单纯求解采样点间的角加速度信号难以作为判断实时运动强度的特征值。此外，在一致的运动强度下，各个关节电机反馈的数据也呈现不同的波动状态，尤其是肩关节内旋/外旋自由度和肩关节外展/内收自由度。究其原因，主要是常见的康复运动中并不会过多地涉及这两个关节自由度的运动，尤其肩关节内旋/外旋自由度在日常生活运动中也涉及较少。综合上述因素，直接提取各关节的角加速度信号作为运动学特征值会导致样本数据波动偏大，最终导致感知模型的误差不收敛。

考虑后续的算法验证和实际使用频率因素，建立的运动强度感知模型采集的运动学信号主要针对肘关节自由度和肩关节前伸/后屈自由度。为解决上述已知的各关节反馈的样本数据问题，运动学特征值的具体提取方法为，针对肘关节，每次提取的数据为该时间点前 3 s 内的所有角度信号数据，计算该时间段内采集到的角度信号数据与预期运动轨迹角度信号数据的差值，并求取其均值作为肘关节的运动学特征值；针对肩关节的前伸/后屈自由度同理，后续进一步验证肩关节其他自由度可以考虑向量合成的方案。使用这种方法提取计算得到的运动学特征值称为轨迹相对速度差。将得到的对应肘关节和肩关节两维相对速度差向量与前文心率信号的四位向量进行合并操作，可以得到初步特征向量。

采集和提取后的初步特征向量对应不同的运动强度，将运动强度分为强、中和弱三类。在构建模型前的准备阶段，对初步采集的特征向量添加上述运动强度分类的标签作为参考依据。

前文所构建的特征向量是由心率信号特征值组成和运动学特征值部分组成的，由于数据来源不同，各数据间数值差距也较大。而后续的模型优化迭代需要用到梯度下降的方法，各个维度差距较大的数据导入分类模型会导致梯度数据不稳定，极大地影响模型的收敛速度。因而初步的特征向量需要通过向量数据预处理后才能作为模型的输入层。此外，使用向量数据预处理可以有效地将采集的数据无量纲化。

5.3.2　基于深度学习的运动强度感知模型设计

随着机器学习理论不断发展，以及 GPU、CPU 等半导体芯片设备不断更新极大地提升了算力，深度学习在人工智能、模式识别等领域都取得了重大突破。深度学习的主要作用是依靠更深层次的模型结构来实现分类与回归，进而完成对外界的感知与表达。深度学习算法因具有很强的泛化能力和表征能力而备受机器人领域相关学者的关注，包含深度神经网络、卷积神经网络和深度置信网络等实现方法，其中深度置信网络是一个概率生成模型，相比传统的判别模型会更多地去评估分类概率，而不单纯是分类结果。对于深度神经网络和卷积神经网络，深度神经网络的输入层是向量形式，没有考虑到向量的平面顺序结构信息，即对输入向量的每一维度都分配相同权重。而卷积神经网络的输入则是张量，并后续通过卷积层、池化层操作来实现对不同维度信息的提取。本研究运动强度感知模型的输入是多模融合向量，输出是具体的分类结果，因而，采用深度神经网络(DNN)的方法来具体实现模型。

DNN 模型是基于感知机模型扩展而来的。感知机模型结构简单，就是一个由多输入和单输出构成的类神经元模型，具体结构示意图如图 5 - 24 所示。其输入端后续是一个简单的线性关系，加权求和后通过神经元激活函数限制输出范围和类型后得到整体的输出。该模型功能单一,DNN 则是对该模型做了扩展而来,扩展的示意图如图 5 - 25 所示,主要的扩展方向有以下三点。

(1)增加隐藏层。DNN 的隐藏层可以是一层也可以是多层,通过多层传递的方式来提高整体模型的表达能力和识别能力,但这一操作同时也极大地提高了算法复杂度。

(2)增加单元输出。对感知机来说,输出层的输出只能有一个,而在 DNN 中,可以不止一个输出,可以具备多个输出成为下一层的输入。这样操作后的模型在搭建中可以获得更高的灵活性,面对不同类型的问题可以进行针对性的建模。

(3)扩展激活函数类型。感知机的激活函数是 sign(z),只能简单地判断加权求和结果的正负,但面对多分类及回归问题时,需要使用其他类型的激活函数来扩展各个单元的功能。在 DNN 中常见的激活函数类型有 sigmoid、tanx、Softmax、ReLu 等。综合使用不同类型的激活函数能使 DNN 具有更强的表达能力。

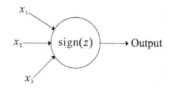

图 5 - 24　感知机模型结构示意图

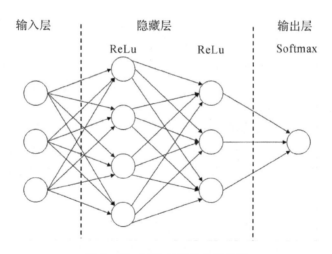

图 5 - 25　DNN 扩展结构示意图

综合上述扩展特性来看,DNN 由多个类感知机模型的神经元组成。DNN 依照不同位置来划分不同层,主要分为三类:输入层、隐藏层及输出层。各层之间为全连接的,即前置层的任一神经元必定与后置层的任一神经元相连。而如果各神经元的激活函数都为线性函数,从 DNN 的局部模型来看,各神经元间依旧是线性关系。应用于本研究的模型构建来说,输入层维度为 6,期望输出层维度为 1,因而采用三隐藏层的网络结构。依据建模经验,三层隐藏层的神经元数目分别为 10、8、4。对应前两层网络的激活函数使用线性激活函数 ReLu,最后一层使用 Softmax 激活函数。

前向传播算法主要是用于解决由上一层网络的输出来求解下一层的输出,对于图 5 - 26

所示的 DNN 模型,从输入层的数值按照连接规则和激活函数就可以计算得到第三层的输出值。

输入层　　　　　　隐藏层　　　　　　输出层

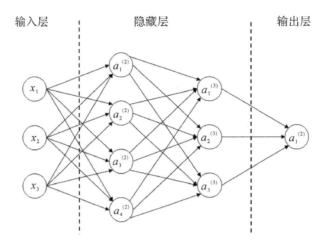

图 5 - 26　深度神经网络局部示意图

在具体算法实现中,对于第二层的神经元来看,存在

$$a_1^{(2)} = \sigma(z_1^{(2)}) = \sigma(\omega_{11}^{(2)} x_1 + \omega_{12}^{(2)} x_2 + \omega_{13}^{(2)} x_3 + b_1^{(2)}) \tag{5-40}$$

$$a_2^{(2)} = \sigma(z_2^{(2)}) = \sigma(\omega_{21}^{(2)} x_1 + \omega_{22}^{(2)} x_2 + \omega_{23}^{(2)} x_3 + b_2^{(2)}) \tag{5-41}$$

$$a_3^{(2)} = \sigma(z_3^{(2)}) = \sigma(\omega_{31}^{(2)} x_1 + \omega_{32}^{(2)} x_2 + \omega_{33}^{(2)} x_3 + b_3^{(2)}) \tag{5-42}$$

式中:a 为第二层神经元的输出,上标为所在神经网络的层数索引,下标为所在神经网络层的神经元索引;z 为神经元线性运算后得到的数据结果,上标及下标的含义与参数 a 一致;b 为线性运算后的偏移系数,上标及下标的含义与参数 a 一致;ω 为神经元的线性运算系数,上标代表神经网络层索引,下标的第一个数字代表神经元索引,第二个数字代表所在神经元中的运算系数索引;σ 为神经元激活函数。

与此类似推导,对于第三层的输出存在:

$$a_1^{(3)} = \sigma(z_1^{(3)}) = \sigma(\omega_{11}^{(3)} a_1^{(2)} + \omega_{12}^{(3)} a_2^{(2)} + \omega_{13}^{(3)} a_3^{(2)} + b_1^{(3)}) \tag{5-43}$$

而如果将得到的前向关系式一般化,那么如果第 $i-1$ 层的 j 个神经元,对于第 i 层的第 k 个神经元输出 $a_k^{(i)}$ 存在:

$$a_k^{(i)} = \sigma(z_k^{(i)}) = \sigma(\sum_{l=1}^{j} \omega_{kl}^{(i)} a_l^{(i-1)} + b_k^{(i)}) \tag{5-44}$$

式中,k 为对应神经元中的线性系数索引。当 $i=2$ 时,将上层输入 a 作为输入层的 x 参数。

从上文的推导可以看出计算前向传播数据时对每个参数直接进行代数运算较为烦琐,对应地对每层神经网络使用矩阵运算整体关系会比较简洁。结合上述条件,假设第 $i-1$ 层有 j 个神经元,第 i 层有 k 个神经元,对第 $i-1$ 层的输出可以组成一个维度为 $j \times 1$ 的向量 $\boldsymbol{a}_{i-1}$,同样地,第 i 层的输出可以组成一个维度为 $k \times 1$ 的向量 $\boldsymbol{a}_i$。第 i 层的线性系数可以组成维度为 $j \times k$ 的运算矩阵 $\boldsymbol{W}_i$。而第 i 层的偏移系数 b 可以组成维度为 $k \times 1$ 的运算向量 $\boldsymbol{b}_i$。第 i 层的未激活运算结果组成维度为 $k \times 1$ 的向量 $\boldsymbol{z}_i$。结合上文关系推导可以得到如下前向传播矩阵运算关系式

$$\boldsymbol{a}^i = \sigma(\boldsymbol{z}^i) = \sigma(\boldsymbol{W}^i \boldsymbol{a}^{i-1} + \boldsymbol{b}^i) \tag{5-45}$$

在前向传播关系式建立后,完成 DNN 的部署工作,部署过程中对神经网络中的未知参数

采用随机初值的方式设定。但每层神经网络中都存在大量随机参数,使得神经网络不具有统一特性。为了优化这些网络层参数来实现所需的功能,需要大量的样本数据来迭代神经网络层参数。对于运动强度感知模型,需要采集大量的实测数据来生成多组多模融合向量,并且依据不同的运动强度定义对融合向量添加标签维度。用这些向量按照一定的顺序批次进行初始部署后深度神经网络的矩阵计算,依据得到的输出层数据与预定的标签对比,按特定方式即损失函数计算两者的偏差量。最后利用偏差量来优化各层神经网络的参数,这个过程即为神经网络的反向传播过程。而在 DNN 中,常使用梯度下降的方式来求解损失函数的极值。

运动强度感知模型主要功能是分类,为使分类标签更加明显,采用独热编码来取代不同运动强度标签,故优化过程中使用交叉熵作为损失函数。

独热编码的方法是使用多个状态寄存器来对多个状态进行编码,最终使得每个状态都对应独立的寄存器位。交叉熵是信号学中用来衡量两个概率模型分布差异程度的量,即表示模型输出的结果的概率分布与实际标签概率分布的差异程度。相比于常用的标准差,在作为损失函数时,交叉熵对偏差进行对数运算,这样在边界迭代时,损失函数始终处于高梯度状态不会影响梯度下降速率。交叉熵型损失函数的具体计算式为

$$L(y, p) = -\sum_{c=1}^{n} y_c \cdot \ln y_c = -\frac{1}{n} \sum_{c=1}^{n} \left[y_c \cdot \ln(p_c) + (1 - y_c) \cdot \ln(1 - p_c) \right] \tag{5-46}$$

式中:n 为分类类别的数量;y_c 为分类指示变量,即分类结果一致为 1,否则为 0;c 为当前类别;p_c 为当前模型对类别 c 的预测概率。

确定模型的损失函数类型后,设定累积计算 20 组多模融合样本向量后的损失函数后,对感知模型进行一次梯度下降来迭代优化模型参数。计算损失函数梯度即为求解该函数的梯度向量,而损失函数是关于预测概率 p 的函数,可以直接对预测概率 p 求解梯度。由于分类指示变量 y_c 只能为 1 或 0,且各分类标签下的 p 相互独立,因而梯度向量可以进一步简化,具体损失函数对于 p 的梯度的计算公式为

$$\nabla L(p) = \left(\frac{\partial L}{\partial p_1}, \frac{\partial L}{\partial p_2}, \frac{\partial L}{\partial p_3}, \cdots, \frac{\partial L}{\partial p_n} \right) = \left(-\frac{y_1}{p_1}, -\frac{y_2}{p_2}, -\frac{y_3}{p_3}, \ldots, -\frac{y_n}{p_n} \right) \tag{5-47}$$

在实际中,需要优化的对象是神经网络各层的神经元参数 ω 和 b,但损失函数是关于分类指示变量 y 和预测概率 p 的函数,与各神经网络层的神经元参数没有直接关系,故不能求导运算得到梯度,需要链式求导的方法来计算,即

$$\frac{\partial L}{\partial \omega_i} = \frac{\partial L}{\partial p_i} \cdot \frac{\partial p_i}{\partial z_i} \cdot \frac{\partial z_i}{\partial \omega_i} \tag{5-48}$$

式中,z 为单个神经元的线性运算结果。

计算得到各层梯度后,按照超参数学习率 α 来对各层参数进行优化直到各参数迭代值较小或者达到一定迭代次数为止。梯度下降本身是各参数减去经学习率调整后的梯度数值,但由于深度神经网络的梯度波动较大,在恒定的学习率设置下,前期的梯度下降速度很慢,很多新的算法被提出来加速这个过程。

Momentum 优化算法是针对梯度下降时出现的反复波动问题,即考虑之前多次梯度下降的惯性从而实现加速迭代。而另外的 RMSprop(Root Mean Square prop)算法则注意到各层梯度误差来源较为复杂,因而会实时更新各梯度下降的权重,也能起到减少梯度下降的摆动来加速梯度下降。上述两种算法在多个模型训练中都起到了很好的效果,适用于不同的深度学

习结构。Adam 优化算法(Adaptive Moment Estimation)则是对这两者的结合,Adam 算法中保留了两者算法中新的超参数,并新增了中间过程的调节。

　　基于 DNN 对运动强度感知模型进行构建,因其网络模型结构复杂,且前向传播与反向传播需求的算力极大,故通过计算机相关软件完成对模型的构建工作。实现运动强度感知所构建的 DNN 具体结构如图 5 - 27 所示。

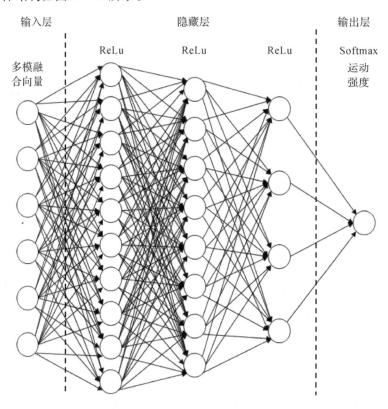

图 5 - 27　运动强度感知模型网络结构

　　具体编程采用的是 tenorflow 框架和 Keras 库,并在 Python 环境下训练模型,使用 Nvidia 公司的 CUDA 并行运算架构进行硬件加速,在控制软件中使用 C++语言的 API 接口对接执行器的控制程序。构建的基础网络模型需要大量的样本数据来对各网络层参数进行迭代优化,也称训练样本集。

　　本研究将运动强度分为对应强、中、弱 3 类。依据运动强度的概念,其主要由被测运动时的发力程度及被测运动时的疲劳程度决定。而由于深度学习模型的庞大参数量,因而需要大量的附加独热编码标签维度对深度学习模型进行迭代,优化每层神经网络的参数,所以在初步部署模型后,后续要采集大量的样本数据。

　　针对三位被测者选取每种运动强度下各 300 组带有分类标签的多模向量数据(即训练数据),用于深度学习模型训练。另取每种运动强度下 300 组多模向量(即测试数据)用于模型测试,用于 DNN 的参数训练,总计 1 800 组多模向量用于模型构建。感知模型在训练数据集的平均辨识准确率能达到 99.0%,在测试数据集下的平均辨识准确率能达到 95.3%。

　　通过横向对比不同算法模型和不同类型的融合向量来进行衡量。使用 MATLAB 的工具箱 Classification Learner 中集成的多种分类算法,包含邻近算法和支持向量机算法模型,使用这个工具对相同的原始数据组进行分类实验测试。同时,为横向对比多模向量的构建效果,将六维向量分为三组,前两维的心电信号时域标准差及近似熵为时域特征值(Time Domain Eigenvalue,TDE),中间两维的频域均值及频域标准差为频域特征值(Frequency Domain Eigenvalue,FDE),最后的表现关节速度差的两维运动为执行器角速度偏差(Angular Velocity Deviation,AVD),并在导入模型前对其重新进行标准化操作,以排除数据偏差。使用工具箱设定相关参数后,具体的测试数据辨识准确率分布雷达图如图 5-28 所示。

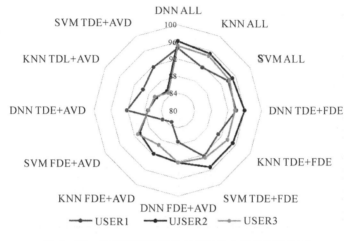

图 5-28　多组模型及多组向量组合分类效果雷达图

辨识准确率数据在表 5-3 中展示。首先,直观对比不同数学模型,从中可以看出深度神经网络模型的分类精度要高于 KNN 及 SVM,这主要是由于模型的复杂度不同,深度神经网络的算法复杂度要远高于其他两者,但同时深度神经网络模型的训练时间及分类测试耗时也高于其他两者。其次,分析不同向量的组合方式,使用多模向量融合的辨识准确率,要明显地高于其他任意两种特征信号的组合。对于两种特征值的组合来看,采用心率信号的全部特征值组合获得的辨识准确率也要高于其他组合,这间接表明心率信号与所定义的运动强度的相关性更高。此外,添加运动学信号提供的额外信息也不会拖低整体辨识正确率,而运动学信号特征值主要是针对生理信号中普存的个体差异性问题。所以综合来看,深度神经网络模型及采用全部维度的多模融合向量组合可以获得最高的辨识准确率。

表 5-3　多组模型及多组向量组合辨识率

	ALL	TDE+FDE	FDE+AVD	TDE+AVD
DNN	95.7%	93.7%	92.2%	87.1%
KNN	94.7%	93.7%	89.3%	86.4%
SVM	94.3%	92.8%	91.1%	84.7%

对不同分类模型进行横向对比后,尝试对单个分类模型的不同分类标签进行分析对比。对上述模型中分类精度最高的深度神经网络模型加全部维度的多模融合向量绘制混淆矩阵。混淆矩阵也被称为误差矩阵,主要用于评价分类模型的精度,使用等行列的矩阵来直观展示分类模型对不同标签数据的分类精度。本研究主要观察感知模型对运动强度的各个标签下的辨

识准确率的表现,如图 5 - 29 所示。其中横坐标表示感知模型预测的运动强度标签,纵坐标表示多模向量的实际标签。纵向和横向相交的方框中的百分比数值表示符合当前位置下的预测与实际条件的向量占比,右侧是横向统计模型对该类的辨识准确率与误差率。观察混淆矩阵可以发现,感知模型对弱运动强度标签的识别度很高,而辨识误差主要来源于对强运动强度与中等运动强度的识别偏差,但误差在可接受范围内。究其原因,应该是样本数据采集时,强运动强度和中等运动强度对人体发力状态的区分过于模糊。综合上述对感知模型分类精度的分析可知,该感知模型可以适配定义的运动强度分类需求。

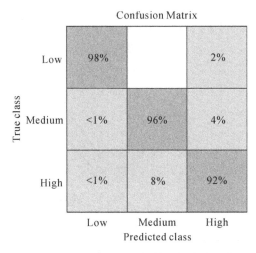

图 5 - 29　深度神经网络模型的混淆矩阵

5.3.3　个体差异性分析

从上述环节的模型构建的结果来看,针对单一被测量时感知模型表现较好。但是在肌电、脑电等生理信号感知领域中,较为麻烦的问题是个体差异性,即对单一被测有效的模型很难应用到其他被测,都需要重新采集样本数据,再对感知模型重新进行参数迭代。即使多个采集数据同时进行特征提取,此时数据组的整体标签分类偏差依然很大,导致模型的损失函数会不收敛。

通过可穿戴设备采集的心率信号对于大部分人群的运动强度区分度较高,并且在多模融合向量中引入了运动学相关的特征值,也尽可能地减少了个体差异性带来的重复建模需求。在补充实验中,采集了三位模拟患者在相同的运动强度设置下的心率信号和预设康复运动下的关节运动信号数据。通过离线处理得到每位被测每种运动强度各 300 组的多模融合向量。使用多位被测的混合数据来训练感知模型。随机选取对应每位被测每种运动强度标签各 100 组,合计 900 组向量作为训练样本数据。测试数据集则从原始数据集中余下的部分再随机选取相同类型的合计 900 组向量。感知模型对该数据集的辨识准确率依然可以达到 81.6%,该数值偏低,未来的工作可以通过改进模型结构及调整超参数来提高准确率。同时,如果只选用心率的时域和频域特征值作为输入层导入模型,对相同的数据集感知模型的辨识准确率降低至 72.3%,发现添加运动学特征值可以在一定程度上提高针对多被测时分类模型的辨识准确率。

仅从感知模型的分类精度来分析个体差异性的问题不够全面,尝试使用数据可视化的方法来观察从多位被测采集并生成的多模融合向量。从每位被测的每种运动强度标签下各随机抽取 100 组，采用 t-分布式随机邻域嵌入（t-distributed stochastic neighbor embedding，t-SNE）方法对数据分别进行降维可视化处理。t-SNE 是将高维度的数据转换为低维度（主要是二维）数据的方法，主要遵循的原则是优先保证高维度数据间的相对概率分布和低维度数据间的相对概率分布近似。在向量处理中 t-SNE 主要起到降维可视化作用，且处理的向量数量也偏少，故不能直接视为分类结果，主要用于观察高维度数据的分布状态。对选取的多模融合向量进行 t-SNE 方法降维至二维后，绘制二维的分布图，如图 5-30 所示。该图中的不同颜色的 W(Weak)、M(Medium)、S(Strong)分别代表弱运动强度、中等运动强度及强运动强度的多模向量，字母的位置由原本的多模融合向量数据通过降维得到的无量纲数值决定。除右下角以外的三张图分别单独表示一位被测的实验数据，而右下的则是将三位模拟患者的数据汇总后，再按强度分类绘制。对图中分布的降维后多模向量数据位置进行分析，单独观察单一被测的多模融合向量分布区分度均较高，相同的字母聚集成团，而不同的字母相距较远，预期之后降维进行分类的结果也较好。同时，前两幅图中，字母 S 和字母 M 的分类相较来看交叉偏多，也能佐证上文混淆矩阵中强运动强度和中等运动强度的偏差来源。观察最后的汇总分布图，相较前三者，其字母分布较为零散，相同字母标识的也会聚成团，更多地会聚成多块小团而不连贯。整体来看多位被测的融合向量依然有一定区分度。结合上文针对多位被测的感知模型分类精度，可以验证添加运动学的特征值设计多模融合向量的方法可以一定程度上减轻由生理信号中个体差异性的负面影响。

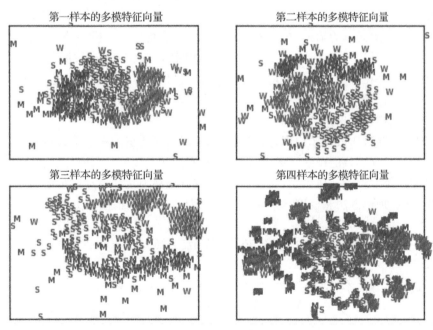

图 5-30　不同被测的样本数据 t-SNE 可视化图形

5.4　多模信息融合感知交互系统

所设计的感知系统用于实验室 6 自由度上肢外骨骼，目的是为了能够更好地检测穿戴外骨骼后人机交互过程中的各种信息,以提高外骨骼控制系统的稳定性与安全性。经感知系统采集,可获得各个传感器的单项信息,从各个维度记录了人体穿戴外骨骼后运动的状态。如果将采集到的传感器数据分开处理,不仅会增加信息处理的工作量,而且会阻碍传感器信息之间的内在联系。为解决上述问题,采取多模信息融合的策略提升感知精度与稳定性。

5.4.1　多模信息融合介绍

信息融合技术是近年来的研究热点,其可将分布在不同位置的多个传感器提供的局部和不完整的数据进行集成处理。信息融合的一般定义如下:多传感器信息融合是基于计算机技术的信息处理过程,可自动分析和优化从所有传感器获得的观测信息,使之符合一定的准则,以完成所需的决策和估计任务[59]。信息融合依赖于各种传感器,多源信息是信息融合的对象,信息融合的核心是协调、优化和综合处理[60]。

多传感器与单一传感器比较,多传感器信息融合可以提高测量的维数和可信度,提高测量精度容错性和系统的鲁棒性。多传感器信息融合的定义因不同的科学领域而异,从工程应用角度,对不同来源、不同模式的信息的综合描述,媒体和时间按照一定的标准完成估计任务,获得对感知对象更准确的描述。

常用的多模态融合方法主要有四种,分别是单一模态切换、单分类融合、多模态切换和混合融合。单一模态切换是指用于工作模式或不同传感器融合算法之间的转换,其中每种传感器算法只用第二种模式作为输入;单分类融合模式是综合提取各个模态的特征,然后将各个特征输入至一个融合算法模型中;多模态切换同样是指用于工作模式或不同传感器融合算法之间的切换,不同之处在于每个传感器均使用多模态信息作为算法输入;混合融合模式是多个传感器融合算法并行运转,每个算法中包含一个或多个模态的信息,而算法的输入则被混合叠加在一起,最终得到模型输出。

在5.1节中,针对离散动作识别,为提高迁移学习后模式识别准确率、稳定性及其鲁棒性,对不同源领域到目标领域的识别结果进行决策级融合;在5.2节中,基于肌电与加速度信息通过信息融合实现关节连续动作识别;在5.3节中,基于心率与运动信息通过信息融合完成运动强度的识别,相关理论方法和模型已经在相应小节中进行详细描述,此处不再赘述。

5.4.2　多模信息层级融合决策策略

人体上肢由肩、臂、手和手指组成,是人体功能极其丰富的组成部分。人体上肢与身体其他部位的连接轻巧,具有更大的灵活性和可操作性。上肢运动的多样性赋予了它极大的应用潜力。对于中风偏瘫患者,上肢肌体力量薄弱,但仍能产生自主的运动意图。针对此类病患状况,可通过感知人体运动意图与强度,根据人体运动状态综合预测其运动轨迹,为外骨骼控制系统提供输入信息。

要实现对外骨骼高精度的控制,必要先感知人体运动状态。所设计感知系统,采集人体上肢四种传感信息,通过特征级融合和信号级融合两个层级综合制定多模信息融合策略。为全面分析人体上肢运动状态,采用混合融合模式,设计层级决策策略,如图5-31所示。

采用姿态信息和心率信息预估人体运动状态,薄膜压力传感器作为感知人机交互过程的主要手段,将两者通过决策级融合实现外骨骼控制过程的智能感知决策,最终记录使用过程中的各项数据,对使用者肌体状态进行评估。具体融合决策过程如下。

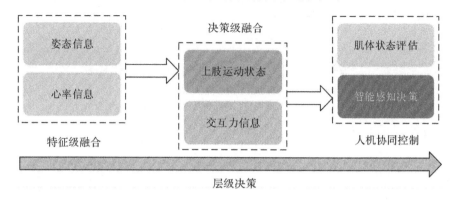

图 5‑31　多模信息层级融合决策策略示意图

(1)感知系统采集到的姿态信息与心率信息,去除高频噪声后分别提取姿态信息与心率信息的特征值,并将其进行特征层级的融合,得到一组多模态特征向量,将其输入感知模型中,预测得到人体上肢关节轨迹。

(2)在得到预测轨迹后,控制系统进行下一步响应,驱动盘式电机转动并通过谐波减速器带动上肢外骨骼进行运动。上肢外骨骼带动人体手臂运动,在此过程中薄膜压力传感器会采集手臂与外骨骼接触部分的人机交互力,控制系统接收交互力信息与电机编码盘回传位置、速度信息,通过导纳控制与 PI 控制完成电机的闭环反馈控制。通过导纳控制的方式,对感知模型预测得到的轨迹进行进一步修正,从而保证患者在穿戴外骨骼训练或运动的过程中不会产生过大的人机交互力。通过人体上肢运动状态与人机交互力信息进行决策级融合,防止协同运动过程中出现过大的人机交互力,从而提高外骨骼的安全性与柔顺性,降低安全隐患,达到智能感知决策的效果。

(3)每次使用外骨骼期间的心率信息、肌电信息、姿态信息与交互力信息均会以 txt 文件的形式保存下来,并绘制出曲线图,便于医师进行专业的医学评估。

通过层级决策的策略,结合各自传感器自身优势,定位其具体应用方式,使整个感知系统采集到的信息能够有机融合起来,为外骨骼的实时控制提供了全面、稳定的支撑。

5.4.3　上肢康复外骨骼人机交互感知系统

感知系统是上肢外骨骼控制系统中的重要组成部分,其承担着标准信息采集、实时信息显示、事后数据存储等工作。如果说外骨骼的控制系统是外骨骼设备的大脑,那么整个感知系统就是外骨骼的眼睛。因此,感知系统不仅要求有较高的实时性和准确性,同时作为产品,还必须有良好的人机交互体验。对于开发人员来说使用控制台程序方便调试,而对于使用外骨骼的医护人员及患者来说,控制台程序的黑框形式是极其不友好的。为使上肢外骨骼控制系统的人机交互体验更加友好,采用 C++的 Qt 框架(应用程序开发框架)为感知与控制系统设计了一套上位机软件系统。

应用程序集成了感知与控制系统的全部功能,其中感知系统部分占据四个 tab 页面,分别对应四种信息,交互界面如图 5 - 32 所示。波形显示部分通过 QSerialPort 使用串口实时读取传感数据,通过 Qt 中的 QChart 模块进行动态曲线绘制。采集到的传感信息通过 txt 文件保存,程序运行结束后,可将对应文档单独调出,便于分析整个使用过程的信息变化。

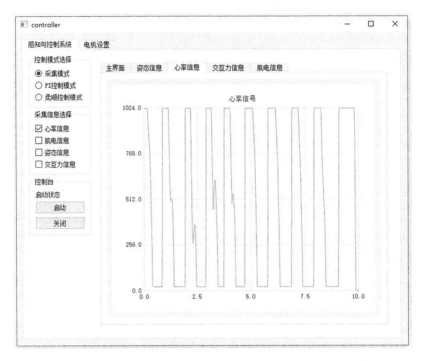

图 5 - 32   上肢外骨骼多模信息融合感知交互系统

5.5 本 章 小 结

本章针对静态手部离散动作的意图识别,提出了一种基于迁移学习的手势识别建模方法。通过迁移成分分析方法减小两个数据集(即源领域和目标领域)之间的距离,使二者的边缘分布趋近于相似。针对上肢外骨骼人机交互中的连续行为模式,对上肢连续运动时的状态进行建模识别,包括两个不同的连续动作识预测方法,即基于肌电与加速度信号的连续动作识别与基于 LSSVM 的关节角度预测方法。采用两种机器学习模型,实现上肢运动过程中肌电信息与姿态信息的对应关系,完成离线训练与在线预测,作为后续主动康复训练控制方法研究的基础,通过对比发现最小二乘支持向量机方法在预测精度和速度上均有优异的效果,表明了该算法非常适合用于上肢运动辨识研究。采集心率和编码器信息模拟患者的多种康复运动反馈信号,使用标准化生成多模融合向量,并作为输入层构建基于深度学习的运动强度感知模型。针对生理信号分类中的个体差异性问题,进行多模向量融合的方案进行了讨论,验证了所提出的运动强度识别方法在上肢康服外骨骼人机交互中的可行性。在连续动作识别、运动强度分类方法中介绍了相关的多模信息融合方法和理论,结合本研究对象,搭建了上肢外骨骼多模信息融合的人机交互感知系统。

第6章　上肢康复外骨骼轨迹预测与控制方法

基于感知模型得到的运动强度直接改变轨迹速率的优化策略在面对连续平稳动作轨迹时表现较好,可以明显地调节实际运动轨迹速率,使之与运动强度相符。然而,该策略在应对一些抖动较大,位置突变较多的运动轨迹时,会出现运动动作不完整或轨迹变形的问题。本章提出两种轨迹预测与控制方法,即基于深度强化学习与基于运动模式的轨迹预测控制方法,采用深度网络模型来拟合复杂策略。深度强化学习既具有深度学习的感知预测能力,也具备强化学习的决策回归能力,将其应用于运动轨迹优化,可以解决复杂的控制规划问题。在基于运动识别模型和运动轨迹预测方法的基础上,搭建实验平台完成多关节协同控制系统设计与实验分析。

6.1　基于深度强化学习的轨迹控制方法

6.1.1　轨迹优化策略与深度强化学习算法基本理论

运动轨迹的修正策略的主要目的是优化控制器对各个驱动器单位时间内输出的运动步长,来适应感知到的运动强度和当前关节电机的所在位置。前文提出的简易轨迹优化方案在面对一些动作变化幅度较大的情况,会造成步进电机失步或运动轨迹的变形,具体表现为当前电机的位置控制目标还没有到达,而此时电机又接收到了一个相反方向的新位置控制目标,上一未完成的位置控制目标将会被新的目标覆盖,导致生成的运动轨迹变形。深入研究这个问题发现其根本原因是,过于简易的轨迹优化方案把原本较为合理的轨迹速率直接加速而导致,因而需要设计一种新的轨迹优化方案来避免此类问题。

对运动轨迹的优化的主要目的是使当前运动下,人体的运动强度保持稳定且轨迹尽可能地与输入轨迹相似。具体而言,即针对每一步的轨迹优化环节的特定状态,控制器所采取的策略都是对预期目标轨迹各个位置进行调整,优化的目标都是下一时间片由反馈信号得到的运动强度为中等强度,且检测得到的轨迹与预期目标轨迹的误差尽可能小。因而,将运动轨迹优化的过程建模为一个马尔可夫决策过程,求解的策略即为马尔可夫决策过程中动作与状态的映射集合。

强化学习相关的理论知识可以追溯到 20 世纪 80 年代,并在后续几十年内不断进步。而近年来深度学习相关理论的成熟化和 GPU、CPU 等硬件设备的高度集成化而带来的更高算力,强化学习也取得了突破性进展。尤其是 DeepMind 团队研发的基于强化学习的机器于 2013 年 12 月在雅达利游戏中战胜了人类玩家,并且后续研发的 AlphaGo 程序再次使用强化学习理论战胜了世界级围棋高手李世石,由此强化学习理论受到了广泛关注。

强化学习的主要工作原理是训练一个智能体,该智能体会依据当前所处的环境来自主选取当前最佳动作来获得更好的回报,同时所执行动作的回报会直接与环境交互,从而智能体面临新的环境并继续以动作的形式交互。在此过程中,强化学习利用交互过程中的数据不断修改智能体的策略选取参数来优化,经过数次的迭代后,智能体能够学到适应当前任务的最优策略。

区别于深度学习针对静态数据,强化学习所面临的环境数据是在交互中不断变更的。如深度学习擅长的领域图像识别,只需要给定数量的静态图片数据等差异性样本,经过层层处理进入模型训练,再依据损失函数进行梯度下降即可。而强化学习的训练过程是一个动态过程,是智能体和环境不断交互的过程。因此强化学习需要更多地涉及动作、环境、状态、回报函数等对象。一如远古时期的人类,深度学习的方法就是让人类学会观察生存的环境,而强化学习则是让人类学会走动,学会使用工具去和环境进行交互。而在当代人工智能一直是研究的热点,人工智能的最终目标是通过感知进行智能决策。近年来,将深度学习算法与强化学习算法相结合来解决实际工程问题的案例越来越多,这种方法也被称为深度强化学习算法,这也是达成人工智能目标的有效途径。

强化学习的具体实施需要对优化问题建模,首先定义环境状态,也就是马尔可夫性,即在系统中的下一状态 S_{t+1} 仅和当前的状态 S_t 相关,而与其他前序状态无关,使用条件概率来描述为

$$P\left[S_{t+1} \mid S_t\right] = P\left[S_{t+1} \mid S_1, S_2, \cdots\cdots, S_t\right] \tag{6-1}$$

条件概率表示为无论 S_t 前的状态是怎样演变,当前系统转变到下一状态条件概率都是相同的。由此性质而推演的一系列状态转换问题即马尔可夫过程,详细定义为针对一个二元组 (S, P),其中 S 是有限的环境状态集合,而 P 是对应环境状态的转移概率,通常用一个方阵来表示,如

$$\boldsymbol{P} = \begin{bmatrix} P_{11} & \cdots & P_{1n} \\ \vdots & \vdots & \vdots \\ P_{n1} & \cdots & P_{nn} \end{bmatrix} \tag{6-2}$$

式(6-2)方阵中每一个数值指代为对应坐标的两种状态的转变概率。而实际处理此类问题时当给定的系统环境发生变化时,后续的系统状态都会发生一系列可能的变化,这种依据转变概率而进行的状态序列被称为马尔可夫链。但仅考虑马尔可夫链的话是不足以描述智能体与系统环境的交互过程的,因而进一步衍生出马尔可夫决策过程。

描述马尔科夫决策过程一般使用多元组 (S, A, P, R, γ),其中 S 是有限状态集合,A 为智能体可进行的动作集合,P 为有限状态转移条件概率,R 为赏罚函数,γ 为赏罚的折扣因子,用于区分长期赏罚和当前赏罚。与马尔可夫过程不同的是,在决策过程中系统环境状态的转变不仅和当前环境状态有关,还和智能体的在当前环境下执行的动作相关,条件概率公式为

$$P_{ss'}^a = P\left[S_{t+1} = s' \mid S_t = s, A_t = a\right] \tag{6-3}$$

此时,要完成的工作是面对不同的环境选取最优的动作来获取更高的回报值。而所谓智

能体面对不同环境的动作选择也就是策略,它是一个状态到动作的映射,使用 π 符号来表示。其具体含义为在给定了当前状态为 s 的情况下,智能体选取不同动作的条件概率,概率公式表示为

$$\pi(a \mid s) = P\left[A_t = a \mid S_t = s\right] \qquad (6-4)$$

π 的定义是条件概率分布的形式,表示为同一状态下选择对应动作的概率,而后续优化对象就是这个概率分布,让这个概率分布更加适合我们的建模环境。对于本研究的运动轨迹优化问题,系统环境主要指由关节电机的编码器回传的位置信号与输出的预期位置的差值、感知模型得到的运动强度信号,而智能体能做出的动作即为对下个位置的轨迹进行优化的数值。由于位置数值及轨迹优化数值都是连续量,而马尔可夫模型要求的是有限的状态集合,因此对外骨骼机械臂的状态进行区间划分以达到有限状态集合,同时运动强度也是参与实际轨迹优化的一部分,环境状态需要考虑实时运动强度。

完成上述的环境状态及智能体动作的细化,新的问题会出现:怎样衡量轨迹控制策略是否适应系统建模环境? 使用回报函数来衡量。回报函数只是针对当前状态,并没有考虑后续马尔科夫链上其他未来可能的环境影响。如果智能体只考虑下一步的回报而不去考虑长期回报,那得到的结果会过于片面短视。因而针对不同策略 π,需要计算累积回报 G,同时为了防止未来回报过多地影响当前动作决策,还需要添加折扣因子来平衡,具体的公式表达为

$$G_t = R_{t+1} + \gamma R_{t+2} + \cdots = \sum_{k=0}^{\infty} \gamma^k R_{t+k+1} \qquad (6-5)$$

由于上述智能体选取动作策略都是通过概率分布描述,因此需要计算具体值时都是概率随机值。对每个状态和固定的策略而言,需要一个确定值来描述状态价值,引入累积赏罚的期望值作为当前策略下的状态值函数,即

$$v_\pi(s) = E_\pi\Big[\sum_{k=0}^{\infty} \gamma^k R_{t+k+1} \mid S_t = s\Big] \qquad (6-6)$$

状态值函数是确定了智能体的策略后才能成立的对状态的函数,存在了状态值,通过动作实现不同状态值的状态进行转换,使得动作也有了不同的动作价值。在确定智能体策略、当前状态和当前执行动作时,可以列出状态-动作值函数,具体表示为

$$q_\pi(s,a) = E_\pi\Big[\sum_{k=0}^{\infty} \gamma^k R_{t+k+1} \mid S_t = s, A_t = a\Big] \qquad (6-7)$$

给定的状态值函数和状态-动作值函数在对应不同状态下都是独立的,这里可以使用动态规划领域的贝尔曼方程来建立不同状态值函数件的关系式,图 6-1 表示状态值函数的具体推算过程,其中空心圆代表状态 ,实心圆代表状态-动作配对。

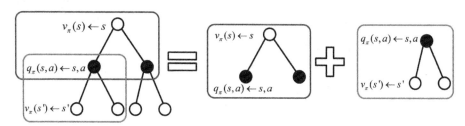

图 6-1　状态值函数推演示意图

从图中的分析得到具体推演表达式为

$$v(s) = E[G_t \mid S_t = s] = E\left[\sum_{k=0}^{\infty} \gamma^k R_{t+k+1} \mid S_t = s\right] =$$

$$E[R_{t+1} + \gamma R_{t+2} + \cdots \mid S_t = s] =$$

$$E[R_{t+1} + \gamma(R_{t+2} + \gamma R_{t+3} + \cdots) \mid S_t = s] =$$

$$E[R_{t+1} + \gamma G_{t+1} \mid S_t = s] =$$

$$E[R_{t+1} + \gamma v(S_{t+1}) \mid S_t = s] \tag{6-8}$$

同理,如图 6-2 可以得到状态-动作值函数在不同的状态、动作下的推演关系式

$$q_{\pi}(s,a) = E_{\pi}[R_{t+1} + \gamma q(S_{t+1}, A_{t+1}) \mid S_t = s, A_t = a] \tag{6-9}$$

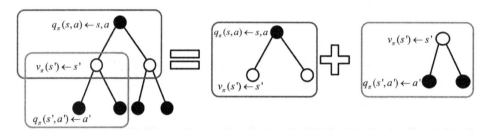

图 6-2　状态-动作值函数推演示意图

计算状态值函数的最终目的是为了后续构建的基于模型算法的智能体可以从动态数据中获得最优价值策略,每一种策略都对应一类状态值函数,而最优策略对应的是最优状态值函数。因而在此类问题中,求解智能体的最优策略就等价于求解最优的值函数,将最优的值函数定义为 $q*(s,a)$,可以得到

$$q*(s,a) = R_s^a + E_{s'}\left[\gamma \max_{a'}(q*(s',a')) \mid s,a\right] =$$

$$R_s^a + \gamma \sum_{s' \in S} P_{ss'}^a \max_{a'}(q*(s',a')) \tag{6-10}$$

寻找智能体的最优策略的目标函数是一个动态递归函数,其面临的主要问题是给定的环境数据也是动态的,难以按图索骥。常用的方法是 $Q-learning$,顾名思义,即绘制状态动作的 Q 值表来储存每一个 $q(s,a)$ 动作状态函数的值,继而不停地搜索和更新 Q 值表中的信息,直到一定次数后自动计算出最佳策略所对应的 Q 值表。然而随着数据量的发展,简单的 $Q-learning$ 面对越来越多的细分动作和细分状态愈显乏力,已经不满足现在问题的需求。同时受到深度学习的感知能力的启发,使用训练后的深度神经网络作为 Q 值生成器的方案被提出了,即深度 Q 网络(Deep Qlearning Net,DQN)。而深度神经网络的前向传播和反向传播相关理论已经在 5.3 节给出,强化学习方法带来的新特性主要体现在智能体与环境的交互性和对应特定环境因素的特定动作选取策略。

6.1.2　基于深度强化学习的控制轨迹优化

对外骨骼机械臂的轨迹优化环节搭建的 DQN 模型如图 6-3 所示,其中系统状态定义为电机的位置信号和当前运动强度,即

$$S_i = (u_s(i), u_e(i), m)^\mathsf{T} \tag{6-11}$$

式中，$u_s(i)$ 为由肩关节电机编码器转换的关节角度信号；$u_e(i)$ 为肘关节电机编码器转换的关节角度信号；m 为实时运动强度，取 1、2、3 对应运动强度弱、中、强。

　　定义智能体对环境的动作为对下一时间的电机预期轨迹位置的修正值，但是修正值是连续量，存在无数种可能。将下一轨迹值与当前实际轨迹位置信号差值 $u*(i+1) - u(i)$ 离散化，对应为 50% ~ 150% 的轨迹修正系数，递增为 12.5% 共计 9 种动作选择。

　　图中采用两个独立而相同结构的网络进行搭建，都含有两层隐藏层。其中一个参数较为固定的深度网络称为目标网络，用于预测 Q 值并生成，其参数权重分布为 θ。另一个深度网络为评价网络用来对后续实际智能体的表现和环境状态得到进行评估，再次得到一个 Q 值为 Q'，其参数权重分布为 θ'。

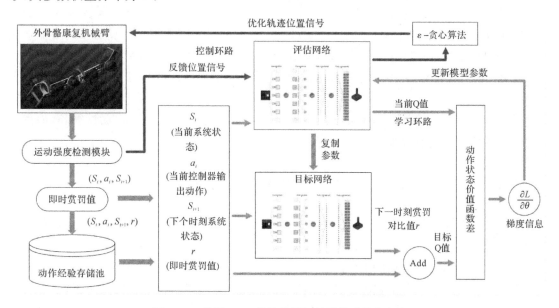

图 6-3　基于 DQN 的外骨骼机械臂轨迹优化方案

　　即时赏罚值 r 在 DQN 算法中可以直接影响深度 Q 网络的参数迭代，DQN 算法会在每个时间片中倾向于最大化即时赏罚值。本节目标是保持被测运动强度维持在中等强度和减小期望轨迹和实际轨迹误差，故选用感知模型得到的运动强度和实时轨迹位置偏差作为赏罚值，具体的赏罚函数如下：

$$r_{ss'}^a = \begin{cases} \dfrac{1}{1 + |\Delta u_s^*(i) + \Delta u_e^*(i)|} & m = 2 \\[3mm] \dfrac{0.7}{1 + |\Delta u_s^*(i) + \Delta u_e^*(i)|} & m = 1, 3 \end{cases} \tag{6-12}$$

式中：$\Delta u_s^*(i)$ 为肩关节反馈位置与实际期望位置的差值；$\Delta u_e^*(i)$ 为肘关节反馈位置与实际期望位置的差值。计算过程中的总体赏罚值需要对未来状态带来的新赏罚值乘以折扣因子 γ，让智能体更多着眼于当前状态。

　　对于实际 Q 值的后续动作选取方案，主要采用 ε-贪心算法

$$\pi(a \mid s) \leftarrow \begin{cases} 1 - \varepsilon + \dfrac{\varepsilon}{\lceil A(s) \rceil}, & a = \operatorname*{argmax}\limits_a q_\pi(s,a) \\ \dfrac{\varepsilon}{\lceil A(s) \rceil}, & a \neq \operatorname*{argmax}\limits_a q_\pi(s,a) \end{cases} \quad (6-13)$$

式中,ε 为算法超参数。

该方法主要内涵是不选取当前最大的动作作为输出,可以增强智能体的探索性,主动探索未更新的动作来查询是否会出现新的状态,有利于更全面地生成 Q 值,有更高的可能性去获得更优策略。ε-贪心算法平衡了参数探索和实际利用性能。

在训练网络的反向传播中,实际的损失函数则是通过 $Q'-Q$ 的二次方来计算,并在梯度下降时只对评估网络进行反向传播和参数迭代。同时,采用动作经验存储池来记录下每一个状态下的状态、动作、赏罚值和下一状态的数据即 (S_i, a_i, r, S_{i+1}) 用于后续的随机抽选经验回放训练。随机抽取数据进行学习的方式打乱了轨迹规划的相关性,可以加速网络的参数迭代,这也是 DQN 的重要特性。动作经验池划分的储存空间有限,设置记录存满后新的数据会按次序覆盖旧数据,实现覆盖更新。当训练次数到达一定数目或完成训练后,目标网络也会进行参数更新,由于其结构与评价网络一致,直接将评价网络的参数复制即可完成更新,并等待下个训练。

基于深度 Q 网络的轨迹优化策略具体实现算法中,外层循环针对每次测试循环,而内层循环是对于单次测试中的训练循环。

6.1.3 基于深度强化学习的仿真分析与实验

以上基于 DQN 建立的轨迹优化策略是一种对应离线训练的算法模型,但是在进行实验前,需要解决部分工程实际问题,如在进行康复运动的外骨骼真实环境中还需要考虑到算法模型的运算时间、外骨骼执行动作时间误差和具体的安全性评估。

深度 Q 网络模型也是类似深度神经网络模型,其中的网络层都包含大量的预设参数,需要大量的样本数量对其进行迭代优化以达成目标效果。深度神经网络的训练数据可以通过在线采集、离线训练的方法,而对于强调动态环境交互的深度 Q 网络则必须要采集到策略输出后的环境反馈信息才能进行梯度下降。此外,由于轨迹优化模型实际使用和训练的编程语言环境不同,在实时运动中难以做到同步前向传播使用和梯度下降参数迭代。本节使用预先采集的健康被测穿戴实验数据对轨迹优化智能体进行初步的离线训练,直接采用下一状态的参数作为系统环境的反馈信号进行网络参数的初步迭代,离线样本与实际测得样本比例为 1:3。后续的训练中智能体每次完成一组随机运动强度的康复运动的轨迹优化后,将优化后轨迹输入外骨骼电机,记录得到的反馈角度信息放入经验池样本,模拟在线训练,最终智能体由经验池中选取最小样本集数量样本来计算累计损失再进行梯度下降迭代更新网络参数。

训练的相关算法超参数如表 6-1 所示。训练后,计算在训练过程每个分支的累积赏罚值,如图 6-4 所示。累积赏罚值是在每一次最小样本集训练时得到的每一组训练数据的赏罚值之和。图中可以看出累积赏罚值一开始保持在低水平,靠贪心算法随机选取动作输出,后续在模拟在线训练的情况下累计赏罚开始增大,存在局部的波动但总体保持在较高数值,说明轨迹优化模型的参数基本稳定,完成训练过程。

表 6 - 1　训练使用算法超参数

超参数	参数值
最小样本集数量	50
经验池样本数	1 200
训练开始经验池最小样本数量	400
折扣因子 γ	0.99
学习率 e	0.9
贪心算法初始 ε	1
贪心算法 ε 极限值	0.25

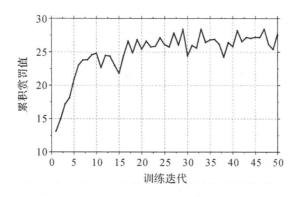

图 6 - 4　训练过程中的累积赏罚值

　　将 5.3 节用于实验的康复运动轨迹作为测试数据组导入上文完成离线训练深度 Q 网络模型,设置实时运动强度为高强度得到仿真运动轨迹,并将轨迹作为输出轨迹让电机空载执行,由编码器反馈的位置轨迹如图 6 - 5(a)所示。作为对比,以直接修正输出速率的轨迹修正策略在对预期轨迹设定为高运动强度下得到的轨迹也在同样条件下执行并检测,得到的关节运动角度如图 6 - 5(b)所示。

　　由图 6 - 5 可以看出,直接修正速率的策略在面对连续检测到高强度的情况下对运动轨迹位置的输出速率一直较高,进而导致最终实际输出动作轨迹失真,部分动作不到位就开始改变

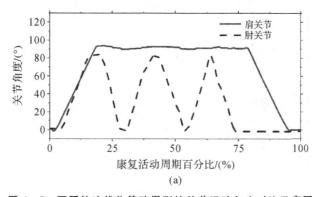

(a)

图 6 - 5　不同轨迹优化策略得到的关节运动角度对比示意图

轨迹走向。使用了基于深度强化学习的轨迹优化策略后,存在更加细化的轨迹优化动作选择和对运动强度和电机预期轨迹的多次交互使得输出动作轨迹能够更加适应当前运动强度下的康复运动,实际运动轨迹更加平缓。

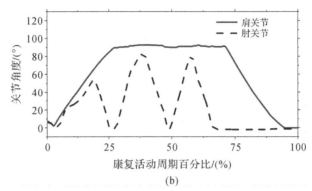

(b)

续图 6-5 不同轨迹优化策略得到的关节运动角度对比示意图

(a)基于深度强化学习的轨迹优化策略得到的关节运动角度;(b)修正速率轨迹优化策略得到的关节运动角度

针对康复经典动作喝水动作进行示教运动轨迹采集。喝水动作需要人体上肢主要四个关节协同参与动作。采集的轨迹保存在相应文件中,后续直接提取作为预期轨迹输出到控制系统,动作重现的运动轨迹如图 6-6 所示。喝水动作示教重现实验的动作展示图如图 6-7 所示,零点位置对应上肢自由下落位置,且编码器数据已转换为关节运动角度数据,肩关节 M1、M2、M3 对应外展/内收、前屈/后伸、内旋/外旋自由度。

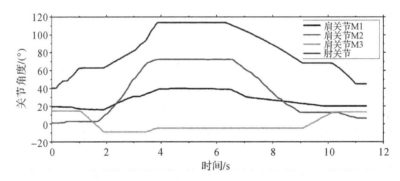

图 6-6 喝水动作各关节运动角度示意图

图 6-7 示教重现模式下喝水动作过程示意图

6.2　基于运动模式的轨迹控制方法

6.2.1　基于 HOG 特征的 Inception – Sim 运动模式识别模型

1. 格拉米角叠加/差分场(GASF/GADF)原理

受机器视觉图像处理技术的启发,本节选取 EMG 作为运动意图的源信号,将原始 EMG、ECG 转换为格拉米角叠加/差分场(GASF/GADF)图像。然后,提取相应 GADF 和 GASF 图像的方向梯度(HOG)特征直方图,提取的特征分别命名为 GASF – HOG 和 GADF – HOG。

首先,将预处理后的 EMG 重写为极坐标表示

$$\left.\begin{array}{l} \varphi = \arccos(\dot{x}_i) \\ r = t/n \end{array}\right\} \qquad (6-14)$$

式中:$\tilde{x}_i$ 为预处理的 EMG 信号;φ 和 r 分别为其在极坐标下的弧度和半径;t 为时间;n 为调整极坐标系跨度的常数因子。

定义了以下运算符

$$\text{GASF} = \left[\cos(\varphi_i + \varphi_j)\right] = \tilde{x}_i \cdot \tilde{x}_j - \sqrt{1 - \tilde{x}_i^2} \cdot \sqrt{1 - \tilde{x}_j^2} \qquad (6-15)$$

$$\text{GADF} = \left[\sin(\varphi_i - \varphi_j)\right] = \tilde{x}_j \sqrt{1 - \tilde{x}_i^2} - \tilde{x}_i \sqrt{1 - \tilde{x}_j^2} \qquad (6-16)$$

然后,可以得到以下矩阵

$$\text{GASF\_M} = \begin{bmatrix} \cos(\varphi_1 + \varphi_1) & \cdots & \cos(\varphi_1 + \varphi_n) \\ \vdots & & \vdots \\ \cos(\varphi_n + \varphi_1) & \cdots & \cos(\varphi_n + \varphi_n) \end{bmatrix} \qquad (6-17)$$

$$\text{GADF\_M} = \begin{bmatrix} \sin(\varphi_1 + \varphi_1) & \cdots & \sin(\varphi_1 + \varphi_n) \\ \vdots & & \vdots \\ \sin(\varphi_n + \varphi_1) & \cdots & \sin(\varphi_n + \varphi_n) \end{bmatrix} \qquad (6-18)$$

此外,还将 GASF_M 和 GADF_M 矩阵转换成图像,从中提取图像特征。

2. 梯度计算

将原始 EMG、ECG 转换为格拉米角叠加/差分场(GASF/GADF)图像,同时提取 GASF 和 GADF 图像中的 HOG 特征,最终将图像特征输入至 Inception – Sim 模型中进行运动模式识别(基于 Inception V3 模型构建)。对最终模型性能进行评估,发现 GADF – HOG 的组合要优于 GASF – HOG 的组合,所提出的 Inception – Sim 模型相比于主流方法主要是在平均单轮迭代时间上有所突破。

通过计算和统计图像局部区域的梯度方向直方图,可以得到图像的特征。像素梯度是由图像局部特征包括灰度、颜色和纹理的突变导致的。一幅图像中相邻的像素点之间变化比较少,区域变化比较平坦,则梯度幅值就会比较小,反之,则梯度幅值就会比较大。梯度在图像中对应的就是其一阶导数。设图像 $f(x,y)$ 中任一像素点 (x,y) 的梯度是一个矢量

$$\nabla f(x,y) = \left[G_x G_y\right]^{\text{T}} = \left[\frac{\partial f}{\partial x} \frac{\partial f}{\partial y}\right]^{\text{T}} \qquad (6-19)$$

式中：G_x 为沿 x 轴方向上的梯度；G_y 为沿 y 轴方向上的梯度；梯度的幅值及方向角可表示为

$$\left.\begin{array}{l} |\nabla f(x,y)| = \mathrm{mag}(\nabla f(x,y)) = (G_x{}^2 + G_y{}^2)^{1/2} \\ \varphi(x,y) = \arctan(G_y/G_x) \end{array}\right\} \qquad (6-20)$$

数字图像中像素点的梯度是用差分来计算

$$|\nabla f(x,y)| = \sqrt{[f(x,y) - f(x+1,y)]^2 + [f(x,y) - f(x,y+1)]^2} \qquad (6-21)$$

一维离散微分模板将图像的梯度信息简单、快速且有效地计算出来

$$\left.\begin{array}{l} G_x(x,y) = H(x+1,y) - H(x-1,y) \\ G_y(x,y) = H(x,y+1) - H(x,y-1) \end{array}\right\} \qquad (6-22)$$

式中，$G_x(x,y)$、$G_y(x,y)$、$H(x,y)$ 分别为像素点 (x,y) 在水平方向上及垂直方向上的梯度以及像素的灰度值。

方向梯度直方图（Histogram of Oriented Gradient，HOG）特征是一种在计算机视觉和图像处理中用来进行物体检测的描述特征。通过计算和统计局部区域的梯度方向直方图来构成特征。HOG 特征结合 CNN 分类器已经被广泛应用于图像识别中，尤其在图像检测中获得了极大的成功。

基本思想：在一幅图像中，局部目标的表象和形状能够被梯度或边缘的方向密度分布很好地描述。其本质是梯度的统计信息，而梯度主要存在于边缘所在的地方。实现过程：简单来说，首先需要将图像分成小的连通区域，称之为细胞单元，然后采集细胞单元中各像素点的梯度或边缘的方向直方图，最后把这些直方图组合起来就可以构成特征描述器。

算法优点：与其他的特征描述方法相比，HOG 有较多优点。由于 HOG 是在图像的局部方格单元上操作，所以它的图像几何的和光学的形变都能保持很好的不变性，这两种形变只会出现在更大的空间领域上。由于时序序列图像在光学和几何上形变属于二分类型（非深像素即浅像素），因此 HOG 特征是特别适合于检测图像中的像素突变的，图 6-8 给出了 HOG 特征提取算法的实现过程。

在对生物电信号进行 GASF 和 GADF 转换以后，对应图片进行 HOG 特征提取，以 GADF 图片为例展示，原图片灰度化后获得图像的宽和高。采用 Gamma 校正法对输入图像进行颜色空间的标准化（归一化），目的是调节图像的对比度，降低图像局部的阴影和光照变化所造成的影响，同时可以抑制噪声。计算图像横坐标和纵坐标方向的梯度，并据此计算每个像素位置的梯度方向值，求导操作不仅能够捕获轮廓，还能进一步弱化光照的影响。在求出输入图像中像素点 (x,y) 处的水平方向梯度、垂直方向梯度和像素值，从而求出梯度幅值和方向。将图像分成若干个"单元格 cell"，默认将 cell 设为 8×8 个像素。假设采用 8 个 bin 的直方图来统计这 6×6 个像素的梯度信息。也就是将 cell 的梯度方向 $360°$ 分成 8 个方向块，例如：如果这个像素的梯度方向是 $0 \sim 22.5°$，直方图第 1 个 bin 的计数就加一，这样，对 cell 内每个像素用梯度方向在直方图中进行加权投影（映射到固定的角度范围），可以得到这个 cell 的梯度方向直方图了，就是该 cell 对应的 8 维特征向量，梯度大小作为投影的权值。把细胞单元组合成大的块（block），块内归一化梯度直方图由于局部光照的变化以及对比度的变化，使得梯度强度的变化范围非常大。这就需要对梯度强度做归一化，归一化能够进一步地对光照、阴影和边缘进行压缩，特征提取前后对比图在图 6-9 中最终展示。

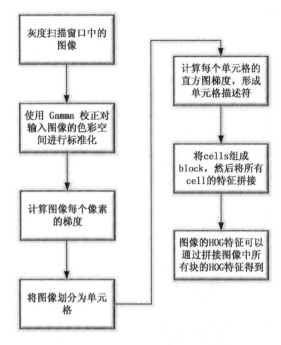

图 6 - 8　HOG 特征提取算法流程图

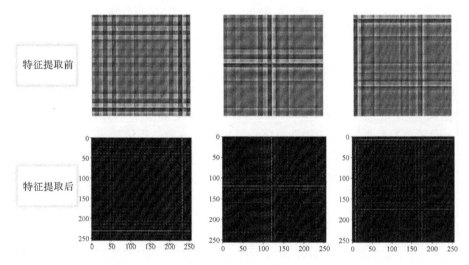

图 6 - 9　HOG 特征提取前对比图(以 GADF 为例)

　　模型参数矩阵规模的增大成为提高模型性能的主要研究方法(VGG、GoogLeNet)。尽管 VGG 取得了很好的性能,但它的计算量太大,GoogLeNet 的 Inception 架构能够在内存空间和算力受限的环境下取得很好的性能。另外 GoogLeNet 仅有五百万参数(1/12 AlexNet 参数量)。VGG 的参数量为 AlexNet 的 3 倍。Inception 的计算量比 VGG 少,拥有更高性能。这使得能在大数据或移动环境的情景下使用 Inception。

　　基于当前主流模型的迅速发展,我们开始搭建编程环境,由于要使用 CNN 网络进行迁移学习,Inception 模型针对少量数据集的训练拥有比其他模型更快的处理速度。因此,构建编程环境使用了 TensorFlow 框架和 Keras 库,在 Python 环境中训练模型,使用 Nvidia 的 CUDA 并行计算架构实现硬件加速,并使用控制软件中的 C++语言 API 接口连接执行器的控制程序。

图 6-10 给出了 InceptionV3 设计准则与结构,本节提出的 Inception-Sim 是建立在 InceptionV3 模型基础下(同样符合 InceptionV3 设计准则与结构),融合典型的"串联分解结构"和"非对称分解结构"使得 3 层 Inception 结构融合为一层 Inception-Sim 结构。

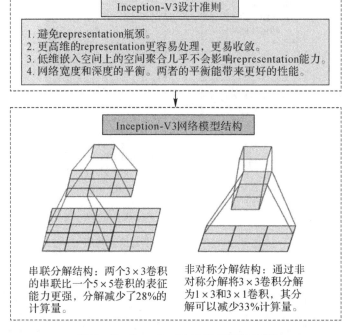

图 6-10　InceptionV3 设计准则与结构

模型采用 ZCA 白化方法减少冗余信息,以特征值叠加映射作为输入,然后将其发送到 $5\times5,3\times3$ 卷积核的卷积层,用于提取低频段特征值的波动趋势信息。DropBlock 层可用于模拟噪声并提高泛化能力。所提出的网络中没有使用传统的 dropout 正则化技术,因为对于卷积层,特征图相邻位置元素在空间块区域共享语义,并且结构化的 DropBlock 在卷积网络中表现更好,其参数计算公式为

$$\gamma = \frac{1-\mathrm{kp}}{\mathrm{bs}^2}\frac{\mathrm{fs}^2}{(\mathrm{fs}-\mathrm{bs}+1)^2} \tag{6-23}$$

式中:kp 为一个单位保持传统 dropout 状态的概率(0 至 0.95,最终值为 0.9);fs 为特征映射的大小;bs 为块大小。在模型参数中,取 bs 为 7,取 kp 为 0.9,取 fs 为 4,γ 的计算值为 3.373×10^{-3}。

图 6-11 展示了 Inception-Simflow 的拓扑关系,从左到右看,第一个子列与第二个子列保持原 InceptionV3 结构,第三个子列代表"串联分解结构"模块,第四个子列代表"非对称分解结构"模块。在前两个卷积层之后,利用 Inception 结构的优势减少参数数量,在 InceptionV3 卷积网络结构的基础上,针对小分类量(在整个研究中只需要 6 个分类)提出了 Inception-Sim 结构。

与传统的 Inception-V3 模块相比,即"一个 5×5 卷积替换为两个 3×3 卷积"模块(串联分解结构),Inception-Simdeep 还添加了"$N\times1$ 和 $1\times N$"模块(非对称分解结构)减少网络过拟合,加速网络,具体加速融合模块如图 6-12 所示。

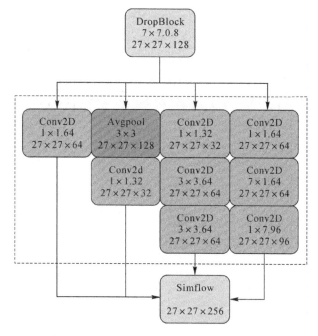

图 6-11　Inception-Simflow 层关系拓扑图

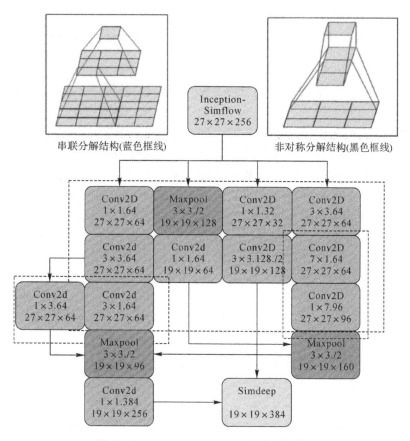

图 6-12　Inception-Simdeep 层关系拓扑图

图 6-12 所示模型整体框架还是以 InceptionV3 为框架基础,通过 Inception-Sim 层和 DropBlock 层的协同实现加速。池化层分为 Maxpool(最大池化)和 Avgpool(平均池化)。首先,在网络模型的浅层中使用 Maxpool 来提高模型运算速度,在经过 Inception-Sim 层级后再使用 Avgpool。使用"先 Inception-Sim 后 Avgpool"这种模式有利于保持特征稳定性,但其计算复杂度增加了 3 倍。最后,通过全连接层 Softmax 输出六种运动强度模式分类,三维网络结构可视化图像如图 6-13 所示。

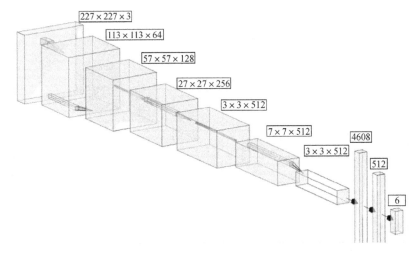

图 6-13　Inception-Sim 运动模式识别模型的网络结构可视化

6.2.2　集成 SCA 机制的 LSTM 运动轨迹预测

自动编码器是一种无监督神经网络,它结合了通常用于降维和共模特征提取的稀疏感知器概念,在本节中自动编码器与短连接相结合以分离异模特征的信号。实现的自动编码器模块分两步实现,即编码(将 EMG 输入数据压缩成低特征维码)和解码(重构维码获得原始 EMG 信号)。如图 6-14 所示,在编码和解码过程中,编码器部分压缩输入以保留共模信号,解码器部分将信号返回到与输入相同的维度进行短连接,以从原始输入信号中去除共模信号。

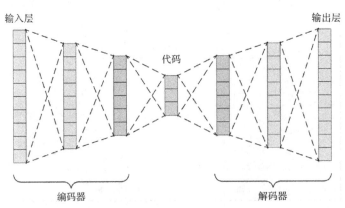

图 6-14　自动编码器数学模型

自动编码器是一种无监督人工神经网络,旨在学习生成结构模型来表达数据的规律性,从而最大限度地减少表示数据中的噪声。在自动编码器中,编码器层将输入数据映射到编码空间,如式(6-24)所示。

$$Q = \sigma(WR + b) \tag{6-24}$$

式中:Q 为目标输出(向量 $Q \in \mathbb{R}^p$,为 φ 对应 p 维度的信息输出);R 为输入(向量 $R \in \mathbb{R}^n$,为 χ 对应 n 维度的信息输出)。

在实际应用中,n 等于传感器数量(通道数)乘以处理窗口大小。W 和 b 分别表示输入和隐藏单元之间的全连接权重矩阵和偏置向量,而 σ 是一个激活函数(例如 sigmoid 函数)。这个过程也呈现了 $\delta: \chi \rightarrow \varphi$ 的转变过渡。解码器层根据式(6-25)将目标输出释放到相同维度的区域

$$R' = \sigma'(W'Q + b') \tag{6-25}$$

式中,R' 为重构输出(向量 $R \in \mathbb{R}^n = \chi$ 表示 n 维输出);σ'、W'、b' 分别为解码器部分的激活函数、权矩阵和偏向量。

这个过程做了 $\theta: \varphi \rightarrow \chi$ 的跃迁。将 R 的重构 R' 的二次方平均数 ε 以一个系数加入整个网络的损失函数中。当优化器通过反向传播处理降低整个网络的损失时,系数 ε 控制自动编码器从 EMG 中提取信息的程度

$$\varepsilon(R', R) = \parallel R - \sigma'(W'\sigma(WR + b) + b') \parallel^2 \tag{6-26}$$

共模特征提取后,异模特征可以计算为原始信号减去共模特征,这更有利于 LSTM 训练。在该模型中,选择自动编码器的输入到输出的短连接来获得不同模式的特征。自动编码器的损失系数确保了短连接自动编码器的输出不会为零,并且也是一个控制器来管理 LSTM 部分的输入的通用性。最常用的短连接之一是残差结构,基于所采用的反向传播算法,可以发现残差网络中每一层的误差和权重的导数不断大于 0。

LSTM 是一种循环神经网络(RNN)架构,旨在比传统 RNN 更准确地模拟时间序列及其长期依赖关系。作为一种 RNN,LSTM 已被证明更适合回归问题,尤其是对于包含时间维度信息的输入数据。LSTM 模型的结构允许以前的训练信息保留。考虑到这些特性及其解决短期记忆/长期依赖问题的能力,LSTM 最近已广泛应用于翻译、语音识别、机器人控制等。因此,本研究提出使用基于 LSTM 的方法进行连续关节角度。LSTM 算法的实现过程描述为

$$\left.\begin{aligned} U &= \sigma(W_i x_t + W_h u_{t-1} + b_h) \\ Y &= \mu(W_o u_t + b_o) \end{aligned}\right\} \tag{6-27}$$

设 EMG 输入序列为 $X = [x_0, x_1, \cdots x_t, \cdots]$;关节角度输出序列为 $Y = [y_0, y_1, \cdots y_t, \cdots]$;隐藏层状态向量为 $U = [u_0, u_1, \cdots u_t, \cdots]$,由编码器转换后可得到预测序列。式(6-27)中,W_i、W_h、W_o 分别为输入、隐藏和输出权重矩阵;b_h、b_o 分别为隐藏和输出偏差矩阵;σ 和 μ 分别为当前层的激活函数。

LSTM 的架构如图 6-15 所示,与 RNN 的重复模块相比,LSTM 的重复模块不同,LSTM 包含输入门、输出门、遗忘门和记忆单元。

$$\left.\begin{aligned} i_t &= \sigma(W_{xi} x_t + W_{ui} u_{t-1} + W_{si} s_{t-1} + b_i) \\ o_t &= \sigma(W_{xo} x_t + W_{uo} u_{t-1} + W_{so} s_{t-1} + b_o) \\ f_t &= \sigma(W_{xf} x_t + W_{uf} u_{t-1} + W_{sf} s_{t-1} + b_f) \\ s_t &= f_t \cdot s_{t-1} + i_t \cdot \mu(W_{xs} x_t + W_{us} u_{t-1} + b_s) \\ u_t &= o_t \cdot \mu(s_t) \end{aligned}\right\} \tag{6-28}$$

式中：i_t、o_t、f_t、s_t 分别为输入门向量、输出门向量、遗忘门向量和记忆单元向量；μ 和 σ 为激活函数；g 为点积，**W** 和 **b** 分别为 LSTM 单元中标记为下标的部分之间的权重矩阵和偏置向量。

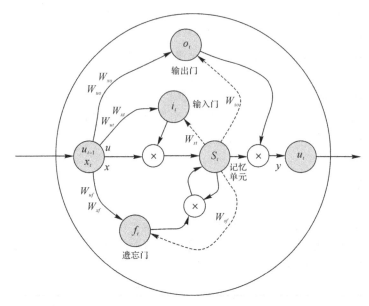

图 6-15　LSTM 单元概念化架构

可以看到，输入门和输出门控制数据流，而遗忘门控制状态流。LSTM 的架构允许记忆单元存储最后的单元状态和梯度变化，这从根本上防止在训练时发生梯度消失。因此，LSTM 被认为是估计从 EMG 信号到关节角度的映射函数的主要过程神经网络结构，因为它可以更好地保存最后一次训练的信息并在后续的训练中利用它。因此，在主体结构前面添加了注意力权重。此外，短连接思想与自动编码器相结合，将原始关节角度输入转换为弥补 LSTM 的不同模式特征。全局损失函数可以表示为

$$l_{\text{global}} = \frac{1}{2}(c_n - e_n)^2 + \xi E \tag{6-29}$$

式中：l_{global} 为全局损失；c_n 为采集的关节角度信号；e_n 为估计的关节角度信号；ξ 为自动编码器系数；E 为自动编码器的偏移量。

SCA-LSTM 工作流程如图 6-16 所示。在训练阶段，将 EMG 信号输入 SCA-LSTM 神经网络中，得到估计的关节角度。并将估计的关节角度与实际测量的关节角度进行比较，可以通过反向传播算法得到差异（损失）并校正神经网络的权重和偏差。EMG 信号作为输入，将从 SCA-LSTM 神经网络获得估计的关节角度与实际关节角度信号进行对比。

对 SCA-LSTM 在之前的小节中已有了相关的介绍，接下来主要对 CNN（卷积神经网络）与 MLP（多层感知机）进行介绍。

大多数现有的 CNN 模型都是为图像处理或计算机视觉相关任务而开发的，因为 CNN 具有从图像中自动提取大量信息特征的能力。使用一维卷积来处理 EMG 信号，并建立一个 CNN 模型来提取通道内和通道之间的 EMG 特征。CNN 模型包括卷积层、池化层和全连通层。连接层中的连接权重代表了一个可学习的过滤器，它试图提取最具代表性的特征进行估计。然后通过非线性激活函数（sigmoid 函数）将提取的特征映射到指定的字段中。在应用激

活函数之后,使用池化层来压缩特征大小,从而消除具有相似特征的特征。这个过程是通过最大池化(使用目标区域的最大值作为特征)而不是平均池化(使用目标区域的平均值作为特征)方法实现的。在这项研究中实现了 CNN 模型,为了提取嵌入 EMG 信号中的信息,特征图通过前两个卷积层从 6 个通道增加到 128 个通道。池化大小设置为 2 来压缩数据长度,因为发现太小的池化大小会最小化网络的泛化能力。然后使用两个密集层将压缩数据恢复为其原始长度。

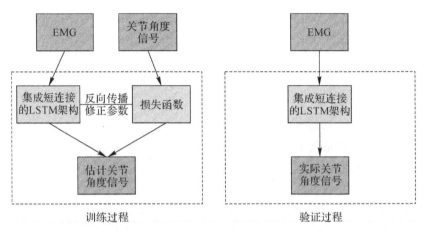

图 6 - 16　SCA - LSTM 工作流程

同时建立了一种 MLP 神经网络模型,该模型通过反向传播训练算法的非线性激活函数将一个隐藏层神经元映射到另一个隐藏层神经元。MLP 模型能够通过利用非线性映射技术来拟合任何连续曲线或序列以实现隐藏层中每个神经元的非线性映射,将非线性激活函数应用于权重矩阵和偏差矩阵,从而增强模型的泛化能力。通过应用链式法则,每一层的权重和偏差根据自身的导数而变化。在本研究中,RMSE(均方根误差)被选为 MLP 的损失函数。为了防止网络过度拟合,每两层之间都包含了 dropout 层,网络建成后,Adam 优化器被用来最小化整个网络的损失。

表 6 - 2 总结了 SCA - LSTM、CNN 和 MLP 模型的具体参数设置,以下针对各个模型,将具体参数设置详细展开解释。

表 6 - 2　SCA - LSTM、CNN 和 MLP 模型参数设置

参数类型	层数(深度)	最大隐藏层单元量	优化器	学习率	迭代次数
SCA - LSTM	4(SCA)+4(LSTM)	SCA:512 LSTM:32	Adam	0.01 → 0.5	100
MLP	4	1024	Adam	0.01 → 0.6	100
CNN	2(卷积层)+2(池化层)	池化层:2 卷积层:128	Adam	0.01 → 0.6	50

SCA - LSTM:SCA 设置为 4 层,其最大隐藏层单元数为 512。LSTM 设置为 4 层,每层有 32 个隐藏单元。LSTM 的 dropout 设置为 0.3。选择预测输出和实际关节角度之间的 RMSE 作为损失函数。当初始学习率设为 0.01 并且每 100 个时期衰减到初始学习率的 0.5

时,使用了 Adam 优化器。

MLP:模型共构建了 4 层(最大隐藏层单元数为 1024)。在各层之间,将 dropout 设置为 0.3 以避免过拟合问题。选择预测输出和实际关节角度之间的 RMSE 作为损失函数,同时考虑 Adam 优化器。初始学习率设为 0.01,每 100 个时期衰减到初始学习率的 0.5。

CNN:为 CNN 模型构建了两组卷积层和池化层。最大特征数设为 128(试图使隐藏单元数接近 MLP 的数)。池化大小设置为 2。在两个全连接网络配置为集成所有特征并提供预测输出之后,选择预测输出和实际关节角度之间的 RMSE 作为损失函数。当初始学习率设为 0.01 并每 100 个时期衰减到初始学习率的 0.5 时,使用了 Adam 优化器。

6.2.3　多关节协同轨迹控制实验与分析

运动轨迹预测是运动规划中的一个关键组成部分,并且预期行动在产生协调运动或协同作用中发挥作用。在此种情况下,基于对目标角度的预测产生关节协同的预期运动,实现策略控制多关节机械臂的肩肘部关节和腕部抓手,目标是根据当前状态将各关节移动到预期的目标角度。该目标角度以某种函数计算出来,以程序数据流方式提供给系统。

主流控制模式主要采用切换比例控制(Toggling Proportional Control,TPC),当有多个关节待执行任务时,则使用第三方信号或信号组合切换关节执行器之间的开关闭合。正如预期的那样,随着关节数量的增加,使用 TPC 控制机器人手臂变得越来越困难。随着高自由度手臂的发展,例如模块化假肢(约翰·霍普金斯大学)和 DEKA 手臂(DEKA 研究与开发公司),对控制系统的需求越来越大,这些系统可以减少对受试者的控制负担,同时适应增加的机械臂复杂性。此外,由于无法同时控制多个关节,用户无法获得协调的多关节协调运动。

本节使用直接预测协同控制(Direct Predictive Collaborative Control,DPCC)方法来进行运动轨迹控制实验。为了比较 DPCC 方法与 TPC 的性能,采用主流的方法,DPCC 通过减少任务时间和切换次数来实现运动协同效应并提高用户性能。用户进行关节选择动作(一次只能控制一个关节),而控制器接管人体其余关节控制权以保持所有关节执行器协调运动,图示主动控制用实线表示,虚线表示人或控制器非选择的关节活动控制。

协作控制来表示两个或多个关节执行器一起为达到共同目标而协同作业,一次只有一个关节执行器对整个控制系统进行主动数据发送。DPCC 扩展了 Pilarski 的 DPC 方法。在机械臂控制中采用 DPCC,用户一次只控制一个关节,而控制器自动控制其他关节。根据式(6-30),使用未来关节角度的预测用于生成给定关节的速度命令:

$$V_{t+1} = (P_{\text{预测}}^{(r)} - \theta_{t+1}) \cdot r \cdot k \tag{6-30}$$

式中:θ_{t+1} 为当前的空间位置;$P_{\text{预测}}^{(r)}$ 为 t 个时间步长后所预测的空间位置;r 为更新频率,以 Hz 为单位;计算得到一个时间步长内到达该位置所需的速度;k 为速度比例(在 0~1 范围内)。

未激活的关节只有在受试者移动激活的关节时才会被控制器运动,并且在每次关节切换后系统恢复此关节为手动控制 0.5 s,在此期间未激活关节保持静止。为了清晰起见,一次更新相当于一个时间步长,即对于 30 Hz 的更新频率,即每秒有 30 个时间步长。关节角度的时间扩展预测是使用 TD(λ)算法学习中的 GYPs 计算出来的。

该算法学习了一个权重向量 $\mathbf{W}$,用于对伪奖励信号 R 的未来进行预测 $P_{\text{预测}}^{(r)}$,其中理想预测是未来奖励的缩放总和 $\sum\limits_{i}^{\infty}\gamma^{i-1}R_{t+i}$。伪奖励信号由 $R_{t+1}=(1-\gamma)\theta_{t+1}$ 定义，其中 $(1-\gamma)$ 因子用于选择预测伪终止处的瞬时角度。$\gamma=1-\dfrac{1}{\text{timesteps}}$ 指定了对未来奖励的加权程度，并且预期程度与用于预测的时间步数相关，$\gamma=1$ 为无穷大，而 $\gamma=0$ 为一个时间步长。在每个时间步迭代中，特征向量 $\boldsymbol{\varphi}$ 用于计算时间差误差。方程中的衰减因子 λ 指定分配迭代权重的衰减程度，α 指定每个时间步长的学习率。最后，更新权重向量 w，使用内积 $P_{t+1}^{(2)}=w_{t+1}{}^{T}\varphi_{t+1}$ 对给定关节 θ 进行位置预测 $P_{t+1}^{(2)}$，以获得未来 τ 个时间步长的位置预测。初始化 GVFs 以预测每个关节的最小角度值，并使用固定的学习率（$\alpha=0.3/$ 特征数量），λ 设置为 0.95。每个预测任务进程使用相同的固定长度二进制特征表示，β 作为输入轨迹，由单个偏差单元和肩部关节角度、肘部关节角度和 4 维编码组成，衰减率为 0.99。在有效关节范围内对角度进行归一化。

　　实验由受试者使用在上肢外骨骼平台进行，这是实验室开发的 6 自由度外骨骼机械臂。对于直角路径导航任务实验，仅使用肩部旋转和肘部屈曲，所有其他关节通过运动指令保持刚性。给出"肩部"和"肘部"运动指导，以告知用户他们切换动作的结果。在实验中，关节角度将受到约束以将关节动作限制在一个小范围内，覆盖每个实验的有效工作空间的范围即可。SCA-LSTM 的预测更新、运动指令和实时学习均以 30 Hz 的频率进行。此处实验针对 2 个关节进行，但所采用的方法在理论上适用于任何数量的关节控制度。

　　图 6-17 给出了直角路径航点导航任务的可视化图像，边界由绿色框显示。当红色圆圈表示航路点，当黑色圆圈在航路点内时，它变为亮绿色，表示关节在指定的容差范围内。紫色条表示用户正在移动的方向。电路编号与状态指示器一起显示在顶部。在这个任务中采用的路径（白色箭头）从 1 开始，向上向右到 2，然后向上到 3，向下到 2，最后向下和向左到 1。

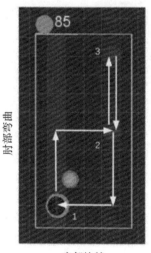

图 6-17　直角路径导航任务可视化

　　本实验的目的是研究 DPCC 在持续的人机交互过程中的行为。在这里，用户操作操纵杆移动机器人手臂通过一系列航路点，它将肩部和肘部的关节空间转换为水平和垂直分量。航点用红色标记表示。当关节在圆圈中心 1° 范围内时，标记将变为绿色，用户尝试将关节保持在标记内，直到 3 s 后给出第二个运动指导。赛道从左下角的航路点 1 开始，向上移动，然后向右移动到中点 2,直到右上角的航路点 3,下到中点 2,最后再下左到起点 1。这些航路点象征着关节空间中受试者在继续前进之前完成另一项任务的地方,例如抓住或释放物体。在外骨骼的典型操作中,受试者可能对这些航路点没有任何有意识的认识,并且它们可能会随着时间而改变。操纵杆控制模仿基于 EMG 的 TPC 系统产生的信号,即单个操纵杆提供标量信号 $[-1,1]$,按下按钮允许用户在关节之间切换。

图 6-18(a)显示了单关节训练路径规划以及理想结果。理想结果是展望特定时间维度下时使用 SCA-LSTM 预测作为控制动作时期望遵循的理想路径。在这种情况下,理想结果被定义为 SCA-LSTM 做出的理想预测(对观测数据计算的时间扩展预测)。0.667 s 或 20 个时间步的结果显示(实线),以及 4 s 或 120 个时间步长的结果(虚线)。可以看到这些预测产生了电路左上角和右下角的误差,正是通过利用这种误差来抢先激活关节并实现所需的关节角度。正如所料,4 s 预测的圆角更加明显,并且看起来超过了目标点处的 3 s 处停顿。单关节训练持续了 29 次迭代(≈11 min),接着是 50 次 DPCC 迭代。使用了 20 个时间步长的预测,图 6-18(b)将最终 DPCC 电路中采用的路径与从训练集中采用的典型电路进行比较。可以看到,DPCC 遵循了类似的路径,达到了训练电路的理想结果,尽管没有那么明显。

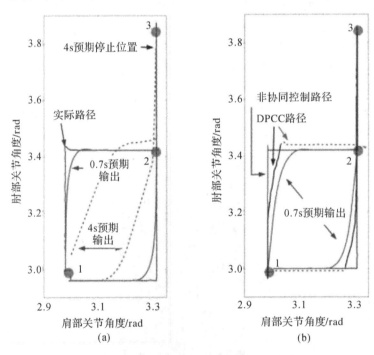

图 6-18 单关节训练路径与 DPCC 路径效果对比图

(a)单关节控制;(b)协同控制

图 6-19 显示了最终 DPCC 电路的时序路径信息。在此示例的阴影区域中,当用户控制肘部时,系统移动了肩部,两个黑色圆圈中的深蓝色线的变化突出显示了这一点。在第一个圆圈中,清楚地看到肩关节角度随着肘关节(浅蓝色)的增加而增加。在第二个圆圈中,可以看到肩关节角度随着肘关节的减小而减小。这些结果表明,DPCC 方法能够学习每个关节的目标角度,而无需明确地将它们提供给系统。简单但潜在有益的联合协同作用是通过观察正在进行的用户行为实时学习的,并通过将预测直接映射到关节的控制命令来实现。

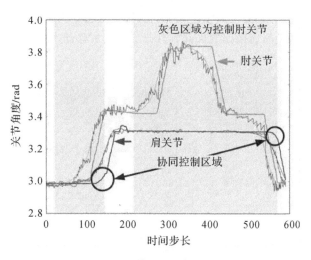

图 6‑19　协同控制轨迹展现

作为需要同时进行多关节运动移动的一个例子,一次操作一个关节的受试者必须使用补偿性身体运动来产生复杂活动运动。如图 6‑20 实验场景所示,复杂人体活动任务和相关运动可以直接使用 DPCC 执行。

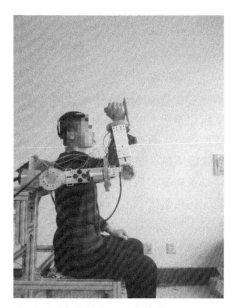

图 6‑20　复杂人体活动任务实验场景

通过用机器人手臂导航线迷宫的部分角度对这个假设进行了有限的测试。用户使用比例 EMG 信号(TPC)控制手臂,外骨骼佩戴到受试者的行进轨迹如图 6‑21 所示,一个绿色的障碍标志着路线的开始点,一个黄色的障碍标志着中转点。为了适应在操作过程中产生的对迷宫的轻微移动,表示 DPCC 算法的路线被标注在路线图上,以便进行准确的视觉比较。

TPC 训练持续了 30 圈($\approx$16 min),接着是 53 圈 DPCC。正如预期的那样,当用户单独控制手臂时,路径明显呈阶梯状。然而,对于 DPCC,基于 20 个时间步长的预测,或 0.667 s(γ=120),由于学习到的同时关节驱动,实现的轨迹相当平滑(虚线表示用户正在控制肩部,实线表示用户正在控制肘部），与墙壁的一个接触点发生在靠近屏障的迷宫下弯附近的回路返回部分。用户通过切换到肘部、向上移动然后切换回肩部并将其余部分向右移动来进行纠正。

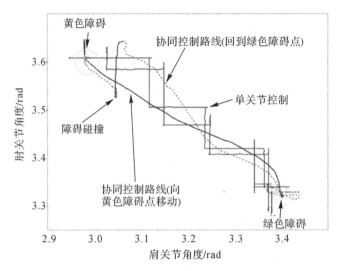

图 6 – 21　复杂人体活动实验中单关节控制和协同控制路线对比

6.3　本　章　小　结

　　本章针对在康复运动实验中出现的动作轨迹变形问题，对运动轨迹优化方案进行改进。基于深度强化学习中的深度 Q 网络算法模型来构建用于实时轨迹优化的智能体，使用离线数据集对模型进行参数迭代，并使用预期的康复运动轨迹作为模型输入，通过仿真得到在全为高运动强度情况下的关节运动轨迹，并输入电机观察编码器反馈的实际运动轨迹数据，与相同条件下直接修正速率的轨迹优化方案得到的运动轨迹进行对比，验证本章设计的基于深度强化学习轨迹优化策略更具实用性和安全性。另外，提出了 SCA – LSTM 算法，这是一种基于深度学习结合了短连接自动编码器和 LSTM 回归算法，用于 EMG 信号连续估计上肢运动的肩肘关节角度，使用最大均方根包络预处理方法，以平滑时序序列。建立并测试了一种新的外骨骼机械臂多关节协同轨迹控制系统，称为直接预测协作控制（DPCC），通过这种方法，用户一次只需要能控制一个关节，便可以与智能假肢控制系统一起实现多关节协同作用。实验结果表明，本方法能够实现协调的多关节运动，并且能够通过减少电路切换的数量和完成任务所需的时间来提高协同任务性能。

第7章 上肢康复外骨骼控制方法

上肢外骨骼作为高度人机耦合的机器人设备,其使用过程是外骨骼机构与人体上肢协同运动的过程。感知人体状态并进行轨迹预测为人机协同控制提供决策依据,为实现人机协同控制要求康复训练操作过程具备一定的柔顺性,即需要研究柔顺控制方法。另外,康复患者的运动能力有强弱的区别,所设计的控制系统对不同运动能力或者不同康复训练阶段的患者具有一定的通用性。本章基于上述需求,提出上肢康复外骨骼的几种不同控制方法,并开展仿真分析与实验验证。

7.1 基于虚拟导纳模型的柔顺控制方法

7.1.1 基于虚拟交互力的柔顺控制方案设计

在考虑人体与上肢外骨骼协同运动时,需重点考虑设备的安全性。依托于实验室已有 6 自由度上肢外骨骼平台,该平台的主体结构均为刚性结构体。若用户在穿戴外骨骼运动的过程中发生刚性冲击,或是运动过程中出现过大的人机交互力矩,会对人体造成二次损伤。为防止此类问题发生,设计了上肢外骨骼柔顺控制方法,控制方法方案如图 7 - 1 所示。

设计柔顺控制方案的核心目的是防止出现过大的人机交互力。由于外骨骼通过人机交互力为人体提供辅助支持,故不能完全消除交互力。因此,首先需要人为设置一个安全的交互力阈值。当交互力矩小于阈值时,表示人机系统处于安全状态,此时对关节轨迹不做修正;当交互力矩大于该阈值时,表示人机系统处于危险状态,此时需通过导纳控制的方式调节关节轨迹,进而降低人机交互力。由于外骨骼末端的人机交互力不便获取,此处的交互力由虚拟交互力矩代替。

虚拟导纳模型是指通过获取虚拟交互力构建的导纳控制模型,由于此过程并不涉及真正人机交互力的检测,故将其称作虚拟导纳模型。虚拟导纳模型的核心为虚拟交互力矩和导纳控制,通过获取虚拟交互力矩并判断其值是否大于阈值,决定其是否执行导纳控制的环节。若大于阈值,则通过导纳控制对轨迹做出调整;若小于阈值,则返回至原始轨迹输入,不做调整。

上肢外骨骼在应用过程中,由关节执行器带动外骨骼机构与人体上肢进行运动,过程中上肢与外骨骼会产生一定的人机交互力。要实现对末端人机交互力的控制,首先要做的就是对人机交互力信息的精确获取。传统的力传感器有薄膜压力传感器、六维力传感器等,但各传感器的自身限制,使得它们并不适用于采集外骨骼工作过程中的人机交互力。六维力传感器本身结构较为笨重,安装于外骨骼末端会在很大程度上影响穿戴者使用体验,且上肢外骨骼要求结构轻量化,故不予考虑。薄膜压力传感器是更加轻量化的一种选择,但其采集到的数据波动性十分大,作为控制系统的输入量显然是不合理的。

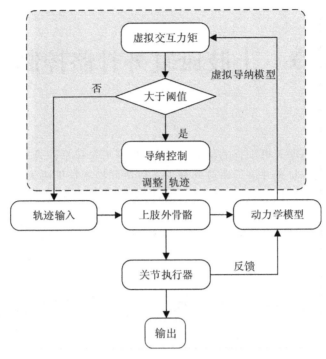

图 7 - 1 基于虚拟导纳模型的柔顺控制方法方案原理图

为解决交互力的获取问题,设计了一种虚拟交互力的获取方法。以喝水动作为例,在上肢外骨骼随动助力的过程中,外骨骼对手臂提供支持力,从而使手臂可以更加轻松地拿起水杯。此过程中的人机交互力,即外骨骼对人体的支持力,实则由外骨骼关节电机实际输出扭矩比空载输出扭矩所多出的部分提供,人机交互力矩计算方法为

$$T_i = T - T_m \tag{7-1}$$

式中:T_i 为人机交互扭矩;T 为电机实际输出扭矩;T_m 为空载下电机输出扭矩。

为获得虚拟交互力矩,通过建立上肢外骨骼动力学模型推算电机空载扭矩 T_m,然后与电机实际扭矩 T 相比较,通过做差获得虚拟人机交互力矩,如图 7 - 2 所示。其中,T 计算方法如式 7 - 2 所示,通过获取电机电流,令其与电机扭矩系数相乘,获取电机扭矩为

$$T = i \times K_T \tag{7-2}$$

式中,K_T 为电机扭矩系数。

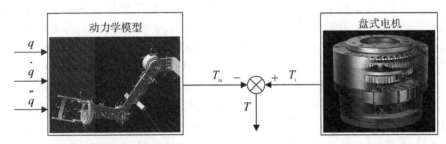

图 7 - 2 人机交互扭矩计算方法

7.1.2　导纳控制轨迹修正

导纳控制的方法最早由 Hogan 提出,经后续发展,广泛应用于机器人控制系统中。对于一个简单机械系统而言,阻抗控制与导纳控制类似,均需要建立机器人末端交互力与位移间的动态响应关系模型。阻抗控制与导纳控制都可以描述力与位移的关系,外骨骼控制系统输入为虚拟交互力矩,输出为位移,是一个标准的导纳系统。故选择导纳控制模型,导纳控制模型原理如下。

对于一个机械系统,考虑其末端交互力与位置误差 $x_d - x_0$ 之间的关系,其动力学描述为

$$F_e = M(\ddot{x}_d - \ddot{x}_0) + B(\dot{x}_d - \dot{x}_0) + K(x_d - x_0) \tag{7-3}$$

式中:F_e 为交互力;M 为惯性参数;B 为期望阻尼;K 为期望刚度;$\ddot{x}_d$,$\dot{x}_d$ 和 x_d 分别为系统的期望位置、速度和加速度;$\ddot{x}_0$,$\dot{x}_0$ 和 x_0 分别为系统的实际位置、速度和加速度。

对于上肢外骨骼控制系统,虚拟导纳模型的输入并不是交互力,而是虚拟交互力矩,其输出也并非平动位移。对式(7-3)做进一步变换,得到力矩形式的导纳模型为

$$T = M(\theta_d - \theta_0) + B(\dot{\theta}_d - \dot{\theta}_0) + K(\theta_d - \theta_0) \tag{7-4}$$

对式(7-4)进行拉氏反变换,得到 $\Delta\theta$ 为

$$\Delta\theta = \theta_d - \theta_0 = \frac{1}{Ms^2 + Bs + K}T \tag{7-5}$$

在实际建模过程中,根据式(7-5)可通过虚拟交互力矩 T 直接求得轨迹角度变化 $\Delta\theta$,其原理如图 7-3 所示。然而,在使用模型前还需确定模型中的 M,B,K 三个参数,这三个参数的设定直接影响了力控制的效果。由式(7-5)可见,导纳控制模型是一个二阶系统,M,B,K 参数的选择影响了系统的动态特性与稳态特性。在选择参数时,需综合考虑调节时间、超调量和稳态误差等多个指标,具体参数选择在后续仿真实验中给出。

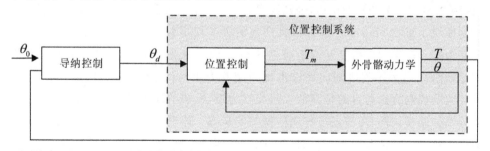

图 7-3　外骨骼导纳控制原理图

7.1.3　柔顺控制方法建模与仿真

完成虚拟交互力的获取和导纳控制模型的选参后,将各模块整合,进行控制方法建模仿真与验证。在 MATLAB Simulink 中建立基于虚拟导纳模型的上肢外骨骼柔顺控制方法模型,如图 7-4 所示。上肢外骨骼柔顺控制方法模型可分为两部分,虚拟导纳模型部分和上肢外骨骼 Simscape 虚拟样机部分。虚拟导纳模型如图 7-4 中虚线框出部分所示,Simscape 虚拟样

机如图 7 - 4 中右侧 Simulink 子系统所示。首先,进行肘关节的单关节仿真验证,模型建立过程如下。

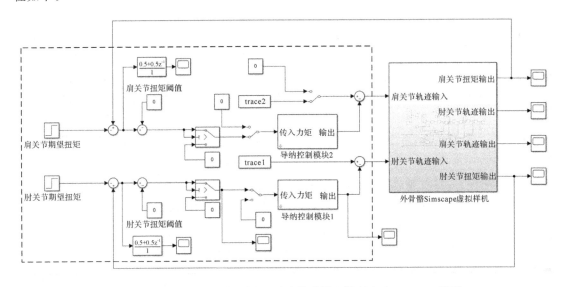

图 7 - 4 基于虚拟导纳模型的上肢外骨骼柔顺控制方法 Simulink 模型

(1)虚拟导纳模型。

trace1 和 trace2 分别是肘关节和肩关节的输入轨迹,与之对应为导纳控制模块 1 和 2。设置外骨骼虚拟样机初始位姿为竖直状态,即 $q = [0 \ \pi/2 \ 0 \ 0 \ 0]$,设置各关节初始速度与加速度均为 0,trace1 和 trace2 由工作区产生。通过 .m 文件生成肘关节的轨迹 $q_4 = \pi/4\sin(2\pi x/5 - \pi/2) + \pi/4$,肩关节轨迹 $q_2 = 0$,并将生成轨迹的轨迹保存至工作区。

假设人体上肢肩关节与肘关节在运动过程中所需的扭矩不变,最左侧的两个阶跃信号分别表示肩关节和肘关节的期望扭矩,分别设置为 2.5 Nm 和 0.5 Nm,阶跃响应时间设置为 0 s。导纳控制模块 1 接收 Simscape 虚拟样机产生的关节扭矩数据,与肘关节期望扭矩做差,获得虚拟交互力矩。产生的虚拟交互力矩通过 Switch 模块与阈值进行比较,若小于阈值则 Switch 模块向后输出 0,若大于阈值则向后输出虚拟交互力矩的值,此处初始化设置肘关节阈值 0。由于设计柔顺控制方法的目的是降低人机交互力矩,而非消除人机交互力矩,故在虚拟交互力矩传入导纳控制模块前,还需经过与阈值做差的步骤。体现在模型图中,即与一个值为 0 常量模块进行做差。通过做差得到虚拟交互力矩大于阈值的部分,将此部分传入导纳控制模块,进行运算。

综上,trace1 接收工作区产生的肘关节轨迹曲线,导纳模块接收修正后的虚拟交互力矩并运算得到位置偏差 $\theta_d - \theta_0$。两者通过 Sum 模块相减,得到修正后的肘关节轨迹。

(2)外骨骼 Simscape 虚拟样机子系统。

此处所使用的 Simscape 虚拟样机为上文中建立的简化重建后的 Simscape 虚拟样机,其内部结构如图 7 - 5 所示。对虚拟样机的几个关节单独进行参数设置,通过 Actuation 为设置输入参数,通过 Sensing 设置感知量。对于四个关节,其输入方式均设为输入轨迹,扭矩由计算得来,对于肩关节内外屈伸自由度(Revolute3)和小臂内外旋自由度(Revolute)设置感知其轨迹与扭矩。设置肩关节外展/内收自由度(Revolute1)与小臂内外旋自由度(Revolute)输入轨迹 $q=0$；设置肩关节内外屈伸自由度(Revolute3)与肘关节旋转自由度(Revolute2)输入分别为经过导纳修正后的 trace2 和 trace1。虚拟样机接收修正后的肘关节轨迹，无需经过 PID 之类的自动控制系统即可直接跟踪目标轨迹，且可以自动计算其完成相应运动所用扭矩。上肢外骨骼肩关节与肘关节使用 INNFOS 公司生产的盘式执行器，执行器本身自带伺服系统(PI 控制)。在控制其运动时只需通过位置环控制，故实际运行环境与仿真环境具有高度一致性。

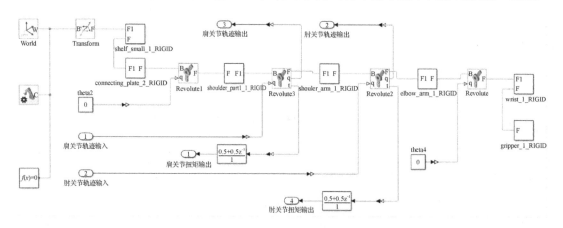

图 7-5　上肢外骨骼 Simscape 虚拟样机子系统内部结构图

添加 PS-Simulink 模块与 Simulink-PS 模块进行转换。由于输入至 Simulink 模型中的轨迹存在采样周期，其轨迹不是完全平滑的，所以在扭矩输出环节会出现一些高频噪点。为解决此问题，在获取肩关节与肘关节的扭矩输出时加入 FIR 滤波器。

完成柔顺控制方法建模后，进行单关节仿真验证。在前文中，已阐明模型建立的具体流程与部分参数设计，设置仿真时间为 20 s，对基于虚拟导纳模型的单关节柔顺控制模型进行仿真实验。为外骨骼设计柔顺控制方法，其目的是通过虚拟导纳模型修正外骨骼运动轨迹，使人机交互力被限定在特定范围内。为此，需选取合理的导纳系统参数。在进行单关节仿真验证的同时，通过调参试验的方式为模型选取合适的参数。

设置参数 $M=1$, $B=7$, $K=15$，无增益系数，观察其响应状态，如图 7-6 所示。由图中可以看到，此时经导纳修正后的轨迹有所变化，但变化较小。如图 7-7 所示为运动期间虚拟交互力矩的变化，其实线和虚线分别为原始运动轨迹和经导纳修正后轨迹对应的虚拟交互力矩。图 7-6 与图 7-7 中各画有一条竖线，该竖线代表关节驱动扭矩超出阈值的时间。可见，导纳修正后轨迹与原始轨迹正是从竖线后逐渐出现偏差，这说明模型的虚拟导纳模块是从虚拟机交互力矩超出阈值后才开始起作用的。

结合两图，可以证明虚拟导纳模型实现了上肢外骨骼的柔顺控制。然而，其虚拟交互力矩变化很小。为在更大程度上降低虚拟交互力矩，引入增益参数 G。设置增益参数 G 为 50，重新对模型进行仿真计算。通过仿真，得到其轨迹变化对比如图 7-8 中虚线所示，得到其虚拟交互力矩变化如图 7-9 中虚线所示。由两图可看出，引入增益系数后，无论是轨迹还是虚拟交互力矩，均出现了较大的变化。由图 7-9 可知，虚拟交互力矩峰值由原来的 0.7 N·m 下降至 0.3 N·m 附近。

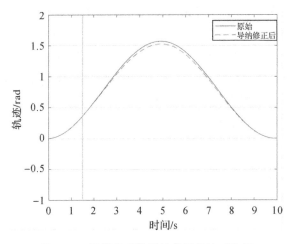

图 7-6 无增益系数导纳修正轨迹对比图

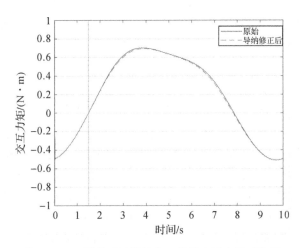

图 7-7 无增益系数导纳修正虚拟交互力矩对比图

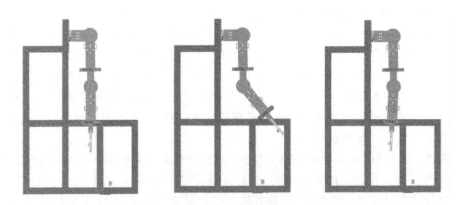

图 7-8 $B=20$ 时外骨骼运动 Simscape 动画示意图

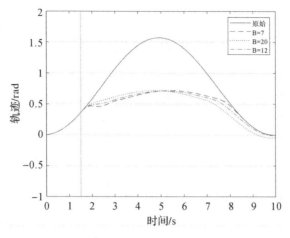

图 7 - 9　引入增益系数后不同阻尼系下数导纳修正轨迹对比图

为解决此问题,对阻尼系数 B 进行调整。在试验调整过程中,发现阻尼系数越大轨迹曲线越平滑。然而,过大的阻尼系数会带来其他的问题:过大的阻尼系数带来较长的调节时间,这导致在一个运动周期结束时外骨骼未能回归初始位置。仿真设置初始位姿为 $q=[0\ \pi/2\ 0\ 0\ 0\ 0]$,当阻尼系数为 20 时,其运动过程的 Simscape 示意图如图 7 - 8 所示。可见,过大的阻尼系数带来较长的响应时间,导致在运动结束时肘关节出现外翻的情况,这是完全违背人体运动规律的动作行为。为避免此类问题,为肘关节和肩关节各自加入限位设置,在实际控制系统中则通过为电机加入限位设置来实现,并且考虑后续在肘关节增设机械限位装置。

经多次仿真试验,发现阻尼系数 $B=12$ 时,系统具有良好的动态特性,如图 7 - 10 所示。由图中可看到,此时经修正后轨迹较为平滑,且响应速度较快,不会造成周期终止时轨迹不收敛的问题。综上,综合考虑系统的动态与稳态特性,最终选取导纳系数 $M=1$,$B=12$,$K=15$,$G=50$。

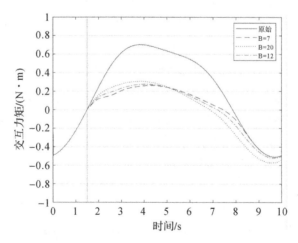

图 7 - 10　引入增益系数后不同阻尼系数下导纳修正虚拟交互力矩对比图

7.2 基于动态学习的 CPG 算法研究

7.2.1 CPG 原理

经过近些年的研究发现,高等生物的运动控制是由高层神经中枢、中枢模式发生器、运动执行器以及环境反馈系统组成的复杂网络控制,如图 7-11 所示。高层中枢由一些高级中枢如大脑皮层、脑干、基底神经节、小脑组成。中枢模式发生器(Central Pattern Generator,CPG)作为基本的神经组件,主要存在于脊髓中。负责协调动物有节律运动的控制,如人的运动、呼吸、咀嚼等。节律运动是指运动形式固定、有节律的周期性运动,开始之后不再需要高级神经中枢的参与,可以不断重复动作,人们完成喝水动作的过程可以简单地看成是一种节律性运动。运动执行器主要为肌肉-骨骼执行系统,主要负责实现各类运动。该运动控制网络还存在反馈机制,CPG 将控制过程反馈给高层中枢,高等动物利用反射机制将运动输出反馈给CPG 以便适应性调节运动过程,环境反馈利用高等动物感受器官将环境的变化反馈给高层中枢和 CPG 以便做出调整。

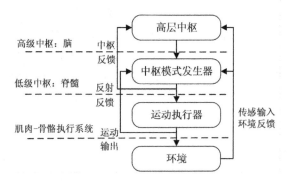

图 7-11 高等生物运动控制网络

对于上肢受损的患者而言,高层中枢无法进行控制,所以可重新建立感知输入与运动控制的联系。采用运动传感器检测出患者意图进行的简单上肢动作代替高层中枢作用,产生运动意识。将运动信号传给 CPG,代替人体脊髓中的中枢模式发生器产生节律信号,从而控制执行器进行运动。自身运动输出以及环境中的信息可以作为反馈传输给 CPG 模型以对运动进行调节,提高节律运动的稳定性。

CPG 是由神经元构成的一个局部的神经网络,神经元之间通过相互抑制或者相互刺激产生稳定的运动控制信号。Ijspeert 总结了五种 CPG 模型对控制机器人运动有用的特性,控制参数可以灵活调节;简单的反馈整合,为学习和优化算法提供了良好的基础。

在对 CPG 进行建模时,通常采用振荡器的理论进行建模,由于构成 CPG 的神经元是非线性的,故研究者们通常在构建 CPG 网络时选用非线性振荡器。目前研究中用于构建 CPG 振荡器网络常见的非线性振荡器有 Matsuoka 振荡器,Vanderpol 振荡器和 Hopf 振荡器。由于

Hopf 振荡器的输出信号最接近人体运动轨迹,且模型结构简单易于控制,因此采用 Hopf 振荡器。根据 Hopf 振荡器的数学表达式,可得到神经元 x,y 分量的微分关系式为

$$\ddot{x} = (\mu - (x^2 + y^2)) - \omega y \tag{7-6}$$

$$\ddot{y} = (\mu - (x^2 + y^2)) + \omega x \tag{7-7}$$

式中:x 为在笛卡儿坐标系下振荡器的横坐标;μ 为振荡器的固有半径;y 为在笛卡儿坐标系下振荡器的纵坐标;ω 为在没有外部干扰的情况下,振荡器的固有旋转角频率。

　　Hopf 振荡器具有稳定的极限环,为了研究其特性,设振荡器的各个参数初值分别为 $x = 0.1, y = 0.2, \mu = 1, \omega = 1$,并用 MATLAB 对其进行仿真,得到如极限环测试图和 Hopf 振荡器 x,y 分量,如图 7-12 和 7-13 所示。可以看出极限环是以 1 为半径的圆环,且 x,y 分量具有周期性规律,说明了极限环的稳定性。

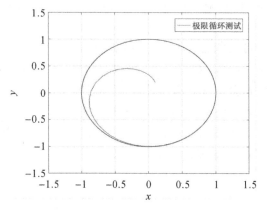

图 7-12　极限环测试图

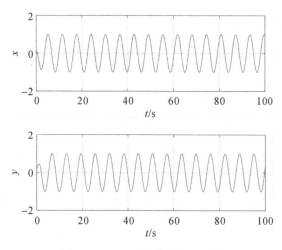

图 7-13　Hopf 振荡器 x,y 分量

7.2.2　基于动态学习的CPG算法模型与仿真

　　虽然 Hopf 振荡器可以模拟人体神经元具有的非线性特点,同时可以实现自激振荡,但

Hopf 振荡器不具有周期性输入信号频率的学习机制的缺点,因此适应性不够好。动态学习算法是一种纯前馈且能够模拟神经元训练和学习的算法,能够学习任意周期性信号,不需要对训练过程进行监督,对训练数据也不需要有过多要求,因此十分方便,通常用于训练和学习神经元模型。将动态学习算法和 Hopf 振荡器结合起来可以得到自适应频率 Hopf 振荡器,用于学习振荡器外部周期信号的频率,微分关系式为

$$\ddot{x} = (\mu - (x^2 + y^2)) - \omega y + \varepsilon F \tag{7-8}$$

$$\ddot{y} = (\mu - (x^2 + y^2)) + \omega x \tag{7-9}$$

$$\dot{\omega} = -\varepsilon F \frac{y}{\sqrt{x^2 + y^2}} \tag{7-10}$$

式中:ε 为振荡器的耦合系数;F 为外部输入信号。

为验证该自适应频率 Hopf 振荡器的学习能力,采用 MATLAB 对其进行仿真,给该振荡器的各个参数赋初值:$x=1$,$y=0$,$\mu=1$,$\omega=30$,$\varepsilon=0.9$,$F=\sin 20t$,其中 x 分量为该振荡器的输出信号。仿真之后得到自适应频率 Hopf 振荡器信号学习曲线、极限环和频率学习曲线,如图 7-14 和图 7-15 所示。从图 7-14 中可以看出,实线曲线为学习信号,虚线曲线为期望信号,经过一定时间后,振荡器与外部期望信号在频率上实现了同步,这种现象称为锁相,如果周期性输入具有多个频率分量,则每个频率分量都可以锁相。从图 7-15 中可以看到对应的极限环半径经过一定时间后也最终收敛到半径为 1 的圆上。由此可以得出自适应频率 Hopf 振荡器能够学习外部周期信号的频率的结论。

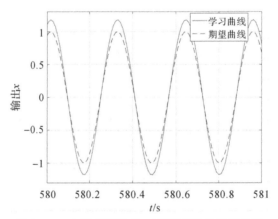

图 7-14 自适应频率 Hopf 振荡器信号学习曲线

在上肢外骨骼康复训练运动控制系统中,若想使患者对日常动作进行训练,就必须得到日常运动时的参考轨迹,但是这些轨迹不是绝对的正弦信号轨迹,具有非规律性。由于上肢康复训练需要进行重复性运动,因此上肢参考运动轨迹可以看成是伪周期性非规律曲线。

采用动态学习的自适应频率 Hopf 振荡器能够很好的实现对任意周期信号或伪周期性信号频率的学习。根据傅里叶推断,人体上肢运动这种非规律周期信号可理解为由不同频率分量的多个正弦信号叠加而成的,故可在搭建 CPG 网络模型时采用多个自适应 Hopf 振荡器,在对该网络进行训练的过程中,需要将学习后的信号作为反馈再与期望信号作比较。因此该方法不仅可以输出周期性信号,而且可以很好的对期望信号进行学习,CPG 网络稳定后,可以分解出对应于每个振荡器网络的幅值,相位和角频率以便于重新建立模型,基于动态学习

CPG 方法的原理如图 7 - 16 所示。

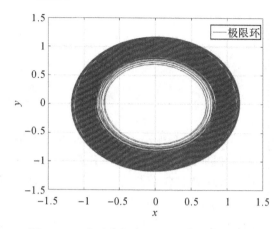

图 7 - 15　自适应频率 Hopf 振荡器的极限环

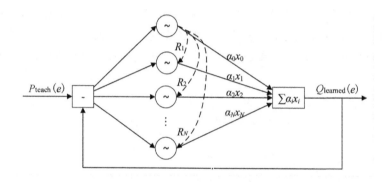

图 7 - 16　基于动态学习的 CPG 振荡网络原理图

根据动态学习 CPG 模型,振荡器横坐标 x_i 微分为

$$\dot{x}_i = r(\mu - (x_i^2 + y_i^2))x_i - \omega_i y_i + \varepsilon e + \tau \sin(R_i - \varphi_{i1\Delta} - \varphi_i) \qquad (7-11)$$

振荡器纵坐标 y_i 微分为

$$\dot{y}_i = r(\mu - (x_i^2 + y_i^2))y_i + \omega_i x_i \qquad (7-12)$$

振荡器角频率 ω_i 微分为

$$\dot{\omega}_i = -\varepsilon e \frac{y_i}{\sqrt{x_i^2 + y_i^2}} \qquad (7-13)$$

振荡器幅值 α_i 微分为

$$\dot{\partial}_i = \eta x_i e \qquad (7-14)$$

振荡器相位 φ_i 微分为

$$\dot{\varphi}_i = \sin(R_i - \varphi_{i,\Delta} - \varphi_i) \qquad (7-15)$$

振荡器瞬时相位 $\varphi_{i1\Delta}$ 为

$$\varphi_{i1\Delta} = \mathrm{sgn}(x_i)\arccos\left(-\frac{y_i}{\sqrt{x_i^2 + y_i^2}}\right) \qquad (7-16)$$

振荡器 i 与振荡器 1 的关系 R_i 为

$$R_i = \frac{\omega_i}{\omega_0} \mathrm{sgn}(x_1) \arccos\left(-\frac{y_1}{\sqrt{x_i^2 + y_i^2}}\right) \tag{7-17}$$

学习信号与期望信号差异 e 为

$$e = P_{\text{teach}} - F \tag{7-18}$$

学习信号 F 为

$$F = \sum_{i=1}^{N} \partial_i x_i \tag{7-19}$$

从动态学习 CPG 模型原理可知,每个振荡器接收相同的外部输入期望信号,e 表示负反馈,F 是每个振荡器输出的加权和同样也是 CPG 的输出信号。从图 7-16 可以看出,该系统是一个闭环系统,可根据负反馈及时调整各个参数直至 $e=0$,从而完成学习过程,使得输出信号与输入信号保持高度一致性。每个自适应振荡器与振荡器 1 耦合,并采用参数 τ 可以调整相位关系来实现振荡器之间的相位同步,故各振荡器之间的相位关系可以是任意量值,而不仅仅是平常所见的 $\pi/2$ 倍数之间的相位差。

由于自适应振荡器得到的信号,存在一个弊端,即需要输入信号的加持,而在实际的康复训练中,患者由于不能主动完成康复训练而不能给振荡器提供输入信号,因此需要利用学习后得到的振荡器幅值、相位和角频率参数对信号进行重建。参考文献可知,相位在极坐标下的形式为

$$\dot{\varphi}_i = \omega_i + \tau e \cos(\varphi_i) \tag{7-20}$$

将式(7-11)~式(7-19)转成极坐标形式,则有

$$\varphi_{\Delta i} = \varphi_i - \varphi_1, \varphi_0 = \frac{\omega_i}{\omega_1} \times \theta_1 \tag{7-21}$$

$$\dot{\theta}_i = \omega_i + \tau \times \sin(\varphi_0 - \varphi_{\Delta i} - \theta_i) \tag{7-22}$$

式中:φ_0 为学习后各个振荡器的初始相位。

学习后的幅值、相位和角频率参数均为常数,将其作为参数对训练信号进行重建后得到周期性信号 G 为

$$G = \sum_{i=1}^{N} \partial_i \mu_i \sin(\theta_i) \tag{7-23}$$

式中:μ_i 为学习后振荡器的半径。

表 7-1 振荡器初始参数

振荡器	幅值	相位	角频率
振荡器 1	0	0	5
振荡器 2	0	0	30
振荡器 3	0	0	50
振荡器 4	0	0	70

在上一节的基础上,已将基于动态学习的自适应 Hopf 振荡器网络微分公式构建出来。为验证 CPG 网络对于非规律性周期性信号的学习效果,选取一组方程为 $P_{\text{teach}} = -8\sin15t - 10\cos30t + 14\sin45t + 5\cos60t$ 的期望信号对振荡器网络进行训练,振荡器网络中每一个振荡

器的初始状态见表 7 - 1。

　　经过一段时间后的学习,得到学习结果,绘制出期望信号与学习信号误差值变化,如图 7 - 17 所示。可明显观察到 CPG 网络的学习动态,误差在初始状态是非常大的,通过训练学习,随着时间推移误差减小越快。在周期为 30 时振荡器网络趋于稳定,输出的学习信号与期望信号的误差趋于 0。

　　由振荡器神经元 x,y 组成的极限环如图 7 - 18 所示,可看出是以 1 为半径的圆环,符合初始设定值,说明了振荡器的稳定性。

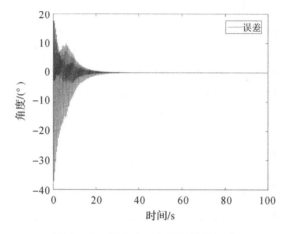

图 7 - 17　期望信号与学习信号误差

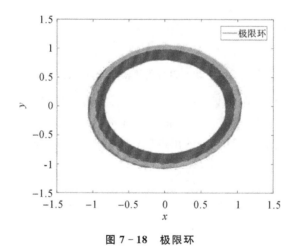

图 7 - 18　极限环

　　CPG 振荡器网络学习效果如图 7 - 19 所示,可看出经过一段时间的训练,CPG 输出信号无限接近于期望信号,从而实现了对期望信号的学习。那么同样可以推出,若将正常的人体关节信号作为训练信号输入给 CPG 网络,经过若干个周期的振荡学习之后,就可以得到稳定收敛的 CPG 网络学习信号。

　　CPG 振荡器幅值的收敛曲线如图 7 - 20 所示,振荡器的初始幅值均设置为 0,经过若干周期,振荡器网络完成对期望信号的训练和学习后,可以看到每个振荡器的幅值收敛于不同的稳定值。而振荡器不同的幅值表示其在自适应频率 CPG 网络中所占权重与作用比例不同。

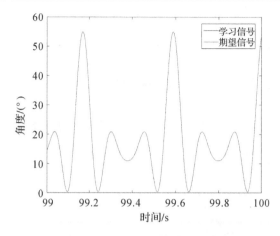

图 7 - 19 CPG 网络学习效果

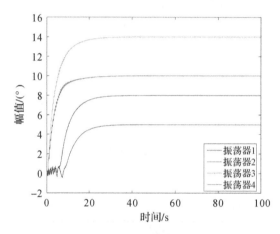

图 7 - 20 CPG 网络幅值学习曲线

CPG 振荡器角频率的收敛曲线如图 7 - 21 所示,可看出通过一段时间的学习,每个振荡器的角频率均实现收敛。由于设定的期望信号角频率分别为 15、30、45、60,故振荡器的角频率分别从初始值收敛到各自稳定值,分解出期望信号的 4 个频率分量。

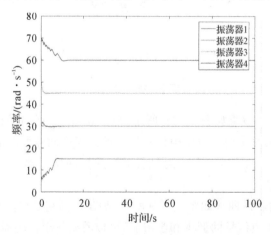

图 7 - 21 CPG 网络角频率学习曲线

　　CPG 振荡器相位的收敛曲线如图 7－22 所示,振荡器的初始相位值均为 0,当 CPG 振荡器网络完成学习之后,可以看到每个振荡器的相位收敛于不同的稳定值,表明了各个振荡器之间的相位关系,实现期望信号和学习信号的同步。

　　从图 7－20～图 7－22 中可看出,当学习信号趋于稳定时,CPG 振荡器网络学习的幅值、相位和角频率参数几乎同时收敛到稳定值。

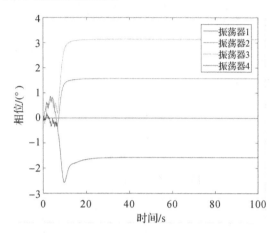

图 7－22　CPG 网络相位学习曲线

　　至此完成对关节信号的训练和学习,CPG 振荡器网络之中的每一个振荡器的参数都最终收敛到稳定值,从而可完成对振荡器网络的训练与学习。然后分别以学习到的幅值、相位和角频率参数分别做自发性激励振荡,使得每个振荡器均产生周期性稳定信号,将 4 个振荡器的输出信号通过加权合成即可输出期望得到的周期性学习信号,并且得到的学习信号无限逼近于期望信号,关节信号学习参数见表 7－2。

表 7－2　训练后的 CPG 网络参数列表

振荡器	幅值	角频率	相位
振荡器 1	8	15	0
振荡器 2	10	30	1.57
振荡器 3	14.18	45	3.2
振荡器 4	5.2	60	－1.56

　　在日常生活中,运动模式多种多样,故康复训练不能只局限于一种模式。通过对基于动态学习的自适应 Hopf 振荡器网络进行分析发现,不同模式的输出信号对应于振荡器网络学习后的幅值、相位和角频率参数也不同。由此可知,改变振荡器网络的学习参数可以改变运动模式。在第 10 s 改变参数,代入重建模型方程中,得到不同的运动模式,如图 7－23 所示。

　　在康复训练中,运动的强度应可以根据不同患者以及同一患者在不同时期的康复训练需求进行调节,通过对基于动态学习的振荡器网络进行分析发现,若仅对振荡器的角频率进行成比例的改变,可调整 CPG 网络整体输出信号频率,由此可改变同一运动模式下不同的运动强度。以上述重建信号为例,在第 10 s 将倍频后的角频率参数输入,其余参数不变,可看出输出信号频率明显加快,如图 7-24 所示。

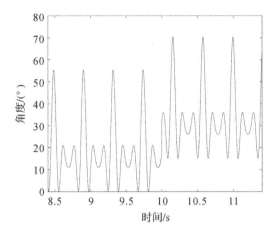

图 7-23 运动模式转换

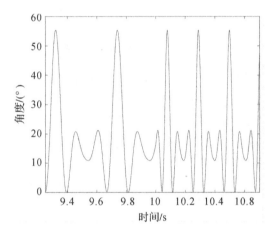

图 7-24 运动强度调节

7.3 自适应全局快速终端滑模控制方法

7.3.1 滑模变结构控制基本原理

变结构控制(Variable Structure Control,VSC),其本质上是一类特殊的非线性控制,该控制方法与其他方法的最根本区别在于控制的不连续性。这种控制系统的“结构”并不是一成不变的,而是有目的地根据系统当前状态如偏差及各阶导数等而不断变化的,使得系统状态必须按照预定的滑动模态的轨迹进行滑动。因此变结构控制又称为滑动模态控制(Sliding Mode Control,SMC),即滑模变结构控制。因此,滑模控制对系统的内部参数的摄动和外加的干扰具有很好鲁棒性。对于一般的控制系统来说,多采用状态反馈,反馈量是一个关于状态量的连续函数,假设系统是时不变系统,且参考输入是零,此时闭环系统是一个自治系统,系统结构在反馈的过程中保持不变。在滑模变结构控制中,反馈控制量为状态量的一个非连续函数,原理图如图 7 – 25 所示。其中,控制量 u 通过一个开关 s 并且按一定的法则切换到 $u^+(x)$ 或 $u^-(x)$。当控制量 u 接通 $u^+(x)$ 时,闭环系统是一种结构,当控制量 u 接通 $u^-(x)$ 时,系统则将又是另一种结构。当系统状态反复穿越状态空间的滑动超平面时,这种结构就随之发生变化,这样就满足了系统状态轨迹到达滑动超平面的条件,并且逐渐收敛到原点。

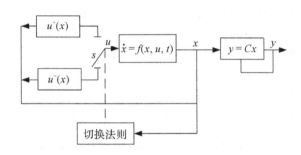

图 7 – 25　变结构控制系统原理图

此时,将 $s(x)$ 产生的超平面称为"滑模面"。且当 $s(x) = 0$ 时,系统将沿着这个超平面滑动,通常称这种运动状态为"滑动模态",由此产生的控制率就是"滑模控制律"。

(1)滑动模态定义及数学表达。一般情况下,在系统 $\dot{x} = f(x)$,$x \in R^n$ 的状态空间中,存在一个超曲面 $s(x) = s(x_1, x_2, \cdots, x_3) = 0$,如图 7 – 26 所示。这个超曲面 $s = 0$ 将状态空间分为上下两个部分:$s < 0$ 和 $s > 0$。在这个切换面上的三个点有三种情况:

1)通常点 A 为系统运动点运动到切换面 $s = 0$ 附近时,穿越此点而过。

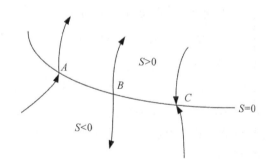

图 7 – 26　切换面上三种点的特性

2)起始点 B 为系统运动点到达到切换面 $s = 0$ 附近时,向切换面的该点的两边离开。

3)终止点 C 为系统运动点到达到切换面 $s = 0$ 附近时,从切换面的两边趋于向该点。

在滑模变结构中,通常点与起始点无多大意义,而终止点却有特殊的含义,因为如果在切换面上某一区域内所有的点都是终止点,则一旦运动点趋近于该区域时,就被"吸引"在该区域内运动。此时,就称在切换面 $s = 0$ 上所有的运动点都是终止点的区域为"滑动模态区",或简称为"滑模区"。系统在滑模区中的运动就称为"滑模运动"。

(2)滑动模态的存在和到达条件。只有滑动模态存在,才会有系统的状态点必须到达滑模面上,才能考虑是否逐渐收敛到平衡状态,从而达到系统的稳定。因此,滑模控制器设计的前提时滑动模态存在。

7.3.2 自适应全局快速终端滑模控制

在动力学模型的研究基础上,考虑到系统摩擦和外部扰动,可知具有 n 个自由度的外骨骼机器人系统,其动力学模型可以描述为如下形式

$$\boldsymbol{M}(\boldsymbol{q})\ddot{\boldsymbol{q}} + \boldsymbol{C}(\boldsymbol{q},\dot{\boldsymbol{q}})\dot{\boldsymbol{q}} + \boldsymbol{G}(\boldsymbol{q}) + \boldsymbol{F}(\boldsymbol{q},\dot{\boldsymbol{q}}) = \boldsymbol{\tau} + \boldsymbol{\tau}_{ex} \qquad (7-24)$$

式中, $\boldsymbol{q} \in \mathbf{R}^n$ 为关节位置; $\boldsymbol{M}(\boldsymbol{q}) \in \mathbf{R}^{n \times n}$ 为惯性矩阵; $\boldsymbol{C}(\boldsymbol{q},\dot{\boldsymbol{q}}) \in \mathbf{R}^{n \times n}$ 为外骨骼机器人与科里奥利力和向心力相关的矩阵; $\boldsymbol{G}(\boldsymbol{q}) \in \mathbf{R}^n$ 为重力矩阵; $\boldsymbol{F}(\boldsymbol{q},\dot{\boldsymbol{q}}) \in \mathbf{R}^n$ 为系统的摩擦力构成的向量; $\boldsymbol{\tau} \in \mathbf{R}^n$ 为控制力矩向量; $\boldsymbol{\tau}_{ex} \in \mathbf{R}^n$ 为系统的外部扰动。

上肢外骨骼康复机器人是一个复杂的动力学系统,它由多个关节和连杆组成,是一个时变、强耦合的 MIMO(多输入多输出)的非线性系统。而且,外骨骼机器人的动力学有很强的不确定性,主要是由如下因素引起的。

(1)各个零部件存在着设计公差、制造和装配误差以及摩擦磨损等。

(2)系统参数并不是一成不变的,而是动态变化的。如外骨骼机器人在康复运动过程中带来的质心的变化。

(3)外骨骼机器人系统存在有大量的未建模特性,如被忽略的各处弹性形变的影响。

(4)工作过程中存在大量的外部扰动。

因此,对于上述动力学模型中的各项矩阵就很难精确获得其真值,则有

$$\left.\begin{aligned}
\boldsymbol{M}(\boldsymbol{q}) &= \hat{\boldsymbol{M}}(\boldsymbol{q}) + \widetilde{\boldsymbol{M}}(\boldsymbol{q}) \\
\boldsymbol{C}(\boldsymbol{q},\dot{\boldsymbol{q}}) &= \hat{\boldsymbol{C}}(\boldsymbol{q},\dot{\boldsymbol{q}}) + \widetilde{\boldsymbol{C}}(\boldsymbol{q},\dot{\boldsymbol{q}}) \\
\boldsymbol{G}(\boldsymbol{q}) &= \hat{\boldsymbol{G}}(\boldsymbol{q}) + \widetilde{\boldsymbol{G}}(\boldsymbol{q})
\end{aligned}\right\} \qquad (7-25)$$

式中: $\hat{\boldsymbol{M}}(\boldsymbol{q})$ 为惯性矩阵的估计值; $\widetilde{\boldsymbol{M}}(\boldsymbol{q})$ 为惯性矩阵的估计误差; $\hat{\boldsymbol{C}}(\boldsymbol{q},\dot{\boldsymbol{q}})$ 为与科里奥利力和向心力相关的矩阵的估计值; $\widetilde{\boldsymbol{C}}(\boldsymbol{q},\dot{\boldsymbol{q}})$ 为与科里奥利力和向心力相关的矩阵的估计误差; $\hat{\boldsymbol{M}}(\boldsymbol{q})$ 为重力矩阵的估计值; $\widetilde{\boldsymbol{G}}(\boldsymbol{q})$ 为重力矩阵的估计误差。

为了简便地表述外骨骼机器人的动力学方程,引入两个新的变量,使得 $\boldsymbol{\sigma}_1 = \boldsymbol{q}$、$\boldsymbol{\sigma}_2 = \dot{\boldsymbol{q}}$。因此,其动力学模型可表达为如下

$$\left.\begin{aligned}
\dot{\boldsymbol{\sigma}}_1 &= \boldsymbol{\sigma}_2 \\
\dot{\boldsymbol{\sigma}}_2 &= \boldsymbol{U}(t) + \boldsymbol{f}(t) + \boldsymbol{H}(t)
\end{aligned}\right\} \qquad (7-26)$$

并且,$\boldsymbol{U}(t) = \boldsymbol{U}(\boldsymbol{\sigma}_1)$;$\boldsymbol{H}(t) = \boldsymbol{H}(\boldsymbol{\sigma}_1,\boldsymbol{\sigma}_2,\dot{\boldsymbol{\sigma}}_2)$;$\boldsymbol{f}(t) = \boldsymbol{f}(\boldsymbol{\sigma}_1,\boldsymbol{\sigma}_2)$。将上肢外骨骼康复机器人动力学方程的各项代入,就有

$$\left.\begin{aligned}
\boldsymbol{U}(t) &= \hat{\boldsymbol{M}}^{-1}(\boldsymbol{q})\boldsymbol{\tau} \\
\boldsymbol{H}(t) &= \hat{\boldsymbol{M}}^{-1}(\boldsymbol{q})\left[\boldsymbol{\tau}_{ex} - \widetilde{\boldsymbol{M}}(\boldsymbol{q})\dot{\boldsymbol{q}} - \widetilde{\boldsymbol{C}}(\boldsymbol{q},\dot{\boldsymbol{q}})\dot{\boldsymbol{q}} - \widetilde{\boldsymbol{G}}(\boldsymbol{q}) - \boldsymbol{F}(\boldsymbol{q},\dot{\boldsymbol{q}})\right] \\
\boldsymbol{f}(t) &= \hat{\boldsymbol{M}}^{-1}(\boldsymbol{q})\left[-\hat{\boldsymbol{C}}(\boldsymbol{q},\dot{\boldsymbol{q}})\dot{\boldsymbol{q}} - \hat{\boldsymbol{G}}(\boldsymbol{q})\right]
\end{aligned}\right\} \qquad (7-27)$$

式中：$U(t)$ 为机器人的控制输入；$f(t)$ 为机器人动力学系统的估计部分；$H(t)$ 为由于机器人系统的参数不确定性和外部干扰引起的综合，$|H(t)| \leqslant L$。

滑模变结构控制通常要求具有理想的滑动模态、良好的动态品质和较高的鲁棒性，这些性能可以通过选择适合的滑模面来实现。在通常情况下，滑模面被设计成线性滑模面，比如：$s = \dot{e} + ce$。但线性滑模面适用于速度和精度要求不是非常高的系统，例如一些简单的电机伺服控制性系统。对于机器人等复杂的非线性系统，线性滑模面存在明显的不足，并且由于趋近阶段的存在，大大地降低了系统的鲁棒性。因此，为获得滑模变结构系统更好的动态性能，采用非线性全局快速终端滑模面 $s = \dot{x} + \alpha x + \beta x^{q/p}$，使得系统误差能在有限时间内收敛到零。

通常给定患者的康复运动轨迹是在外骨骼末端的笛卡儿坐标系下，所以要经过逆运动学变换转换为关节空间的关节位置坐标，从而得到关节运动轨迹。即可以用下式表示：

$$\text{inv}(\boldsymbol{X}_d(t)) = \boldsymbol{q}_d(t) \tag{7-28}$$

式中：inv( ) 为逆运动学求解算法；$\boldsymbol{X}_d(t)$ 为笛卡儿空间的期望控制轨迹；$\boldsymbol{q}_d(t)$ 为关节空间的期望控制轨迹。

设位置指令为 $\boldsymbol{q}_d(t)$，定义上肢康复外骨骼关节位置、速度、加速度的跟踪误差分别为

$$\boldsymbol{s}_0 = \boldsymbol{e} = \boldsymbol{q}_d - \boldsymbol{q}$$

$$\dot{\boldsymbol{s}}_0 = \dot{\boldsymbol{e}} = \dot{\boldsymbol{q}}_d - \dot{\boldsymbol{q}}$$

$$\ddot{\boldsymbol{s}}_0 = \ddot{\boldsymbol{e}} = \ddot{\boldsymbol{q}}_d - \ddot{\boldsymbol{q}}$$

可设快速滑模函数为

$$\boldsymbol{s}_1 = \dot{\boldsymbol{s}}_0 + \boldsymbol{\mu} \boldsymbol{s}_0 + \boldsymbol{\varepsilon} \boldsymbol{s}_0^{q_0/p_0} = \dot{\boldsymbol{e}} + \boldsymbol{\mu} \boldsymbol{e} + \boldsymbol{\varepsilon} \boldsymbol{e}^{q_0/p_0} \tag{7-29}$$

式中，μ、$\varepsilon > 0$，q_0、p_0 为正奇数，且 $p_0 > q_0$。将式(7-26)代入，可得

$$\dot{\boldsymbol{s}}_1 = \ddot{\boldsymbol{s}}_0 + \boldsymbol{\mu} \dot{\boldsymbol{s}}_0 + \boldsymbol{\varepsilon} \frac{\boldsymbol{q}_0}{\boldsymbol{p}_0} \boldsymbol{s}_0^{\frac{q_0}{p_0}-1} \dot{\boldsymbol{s}}_0 =$$

$$\ddot{\boldsymbol{q}}_d - \ddot{\boldsymbol{q}} + \boldsymbol{\mu} \dot{\boldsymbol{e}} + \boldsymbol{\varepsilon} \frac{\boldsymbol{q}_0}{\boldsymbol{p}_0} \boldsymbol{e}^{\frac{q_0}{p_0}-1} \dot{\boldsymbol{e}} =$$

$$\ddot{\boldsymbol{q}}_d - \boldsymbol{U}(t) - \boldsymbol{f}(t) - \boldsymbol{H}(t) + \boldsymbol{\mu} \dot{\boldsymbol{e}} + \boldsymbol{\varepsilon} \frac{\boldsymbol{q}_0}{\boldsymbol{p}_0} \boldsymbol{e}^{\frac{q_0}{p_0}-1} \dot{\boldsymbol{e}} \tag{7-30}$$

根据以上，则自适应全局快速终端滑模控制器（AGFTSMC）的控制律可设计为

$$\boldsymbol{U}(t) = \ddot{\boldsymbol{q}}_d - \boldsymbol{f}(t) + \boldsymbol{\alpha}_0 \dot{\boldsymbol{s}}_0 + \boldsymbol{\beta}_0 \frac{\boldsymbol{q}_0}{\boldsymbol{p}_0} \boldsymbol{s}_0^{\frac{q_0}{p_0}-1} \dot{\boldsymbol{s}}_0 + \boldsymbol{\varphi} \boldsymbol{s}_1 + \boldsymbol{\gamma} \boldsymbol{s}_1^{\frac{q}{p}} =$$

$$\ddot{\boldsymbol{q}}_d - \widehat{\boldsymbol{M}}^{-1}(\boldsymbol{q})\left[-\widehat{\boldsymbol{C}}(\boldsymbol{q},\dot{\boldsymbol{q}})\dot{\boldsymbol{q}} - \widehat{\boldsymbol{G}}(\boldsymbol{q})\right] + \boldsymbol{\alpha}_0 \dot{\boldsymbol{s}}_0 +$$

$$\boldsymbol{\beta}_0 \frac{\boldsymbol{q}_0}{\boldsymbol{p}_0} \boldsymbol{s}_0^{q_0/p_0-1} \dot{\boldsymbol{s}}_0 + \boldsymbol{\varphi} \boldsymbol{s}_1 + \boldsymbol{\gamma} \boldsymbol{s}_1^{q/p} \tag{7-31}$$

式中，$\varphi > 0$，$\gamma = \dfrac{L}{\left|s_1^{\frac{q}{p}}\right|} + \eta > 0, \eta > 0$。

根据以上的滑模控制律可得到期望的控制输入力矩为

$$\boldsymbol{\tau} = \widehat{\boldsymbol{M}}(\boldsymbol{q})\boldsymbol{U}(t) =$$

$$\widehat{\boldsymbol{M}}(\boldsymbol{q})\ddot{\boldsymbol{q}}_d + \widehat{\boldsymbol{C}}(\boldsymbol{q},\dot{\boldsymbol{q}})\dot{\boldsymbol{q}} + \widehat{\boldsymbol{G}}(\boldsymbol{q}) +$$

$$\hat{\boldsymbol{M}}(\boldsymbol{q})\left(\boldsymbol{\alpha}_0\,\dot{\boldsymbol{s}}_0 + \boldsymbol{\beta}_0\,\frac{\boldsymbol{q}_0}{\boldsymbol{p}_0}\,\boldsymbol{s}_0^{\,q_0/p_0-1}\,\dot{\boldsymbol{s}}_0 + \boldsymbol{\varphi}\boldsymbol{s}_1 + \boldsymbol{\gamma}\,\boldsymbol{s}_1^{\,q/p}\right) \tag{7-32}$$

取一个 m 维向量 $\boldsymbol{a}$，包含机器人动力学参数的未知项以及负载的参数，$\hat{\boldsymbol{a}}$ 是其估计值。因此，就有 $\tilde{\boldsymbol{a}} = \boldsymbol{a} - \hat{\boldsymbol{a}}$，是参数估计误差向量。

根据机械臂动力学方程的线性化特性，可知

$$\widetilde{\boldsymbol{M}}\ddot{\boldsymbol{q}} + \widetilde{\boldsymbol{C}}\dot{\boldsymbol{q}} + \widetilde{\boldsymbol{G}} = \boldsymbol{Y}(\boldsymbol{q},\dot{\boldsymbol{q}},\dot{\boldsymbol{q}}_d,\ddot{\boldsymbol{q}}_d)\,\tilde{\boldsymbol{a}} \tag{7-33}$$

则可设动力学参数的自适应律为

$$\dot{\hat{\boldsymbol{a}}} = -\boldsymbol{T}^{-1}\boldsymbol{Y}^T\boldsymbol{s}_1 \tag{7-34}$$

式中：$\boldsymbol{T} = \mathrm{diag}(t_1,\cdots,t_n) \in \boldsymbol{R}^{n\times n}$，且 $t_i > 0$。由于 $\tilde{\boldsymbol{a}} = \boldsymbol{a} - \hat{\boldsymbol{a}}$，且 $\boldsymbol{a}$ 为常数向量，则 $\dot{\tilde{\boldsymbol{a}}} = \dot{\hat{\boldsymbol{a}}} = -\boldsymbol{T}^{-1}\boldsymbol{Y}^T\boldsymbol{s}_1$。

7.3.3　自适应全局快速终端滑模控制建模仿真与分析

针对上肢康复机器人进行仿真实验，根据前面提出的全局快速终端滑模控制律 τ 来进行康复机器人的轨迹跟踪控制，并且利用动力学参数的自适应算法对参数 a 进行估计，用 MATLAB 仿真软件作为仿真实验平台，进行仿真实验研究。搭建 Simulink 仿真模型如图 7-27 所示。

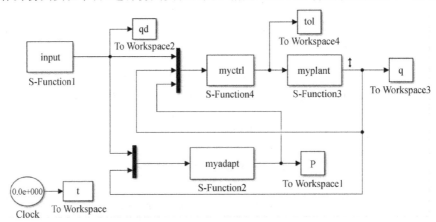

图 7-27　自适应全局快速终端滑模控制系统仿真框图

设置变步长"Variable-step"，求解器采用"ode45"，仿真时间为 5 s。"input""myctrl""myplant"和"myadapt"这四个模块是用 MATLAB/Simulink 里面的"S-Function"编写的。其中，"input"模块包括给定上肢外骨骼康复机器人在末端笛卡儿空间的理想运动轨迹，并将其输出到工作空间；"myctrl"模块里包括全局快速终端滑模控制律的实现，其中一些机械臂实时运动位置、速度、加速度等变量要定义为全局变量，以实现在整个系统内部传递。"myplant"模块包括上肢外骨骼康复机器人的动力学模型；"myadapt"模块是动力学参数的自适应更新律。

通过自适应全局快速终端滑模控制器的仿真实验，观察机械臂末端对于给定运动轨迹的跟踪状况。为了体现所提出得自适应全局快速终端滑模（AGFTSMC）控制算法的优越性，与传统比例-微分（PD）控制、普通滑模（SMC）控制进行对比仿真实验，仿真结果如图 7-28～图 7-30 所示。

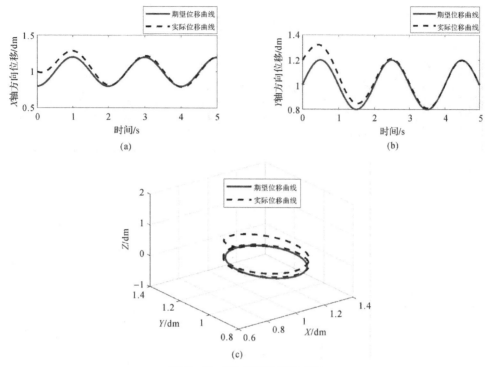

图 7 – 28　PD 控制仿真结果图

（a）x 方向轨迹跟踪曲线；（b）y 方向轨迹跟踪曲线；（c）机械臂末端轨迹跟踪效果

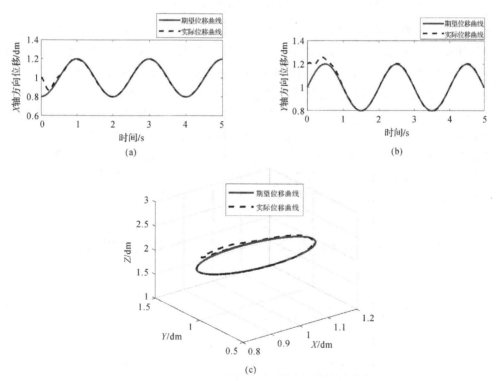

图 7 – 29　普通滑模控制（SMC）仿真结果图

（a）x 方向轨迹跟踪曲线；（b）y 方向轨迹跟踪曲线；（c）机械臂末端轨迹跟踪效果

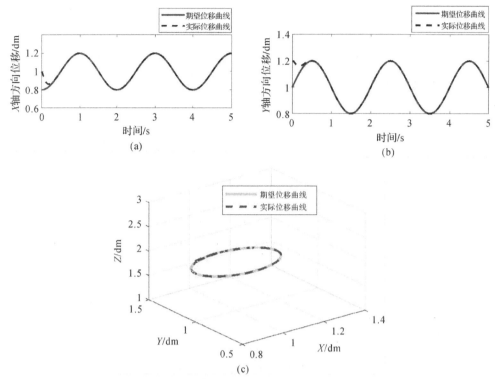

图 7 - 30　自适应全局快速终端滑模控制（AGFTSMC）仿真结果图
(a)x 方向轨迹跟踪曲线；(b)y 方向轨迹跟踪曲线；(c)机械臂末端轨迹跟踪效果

　　观察图 7 - 28 中仿真运行结果发现，虽然在 x 和 y 两个方向上和机械臂末端都需要较长的时间才能跟踪上理想的轨迹，虽然可以跟踪上给定的运动轨迹，但跟踪的效果不是很好；而且在 x 和 y 两个方向轨迹跟踪误差会随着仿真时间的加长逐渐收敛，最后保持有界。图 7 - 29 结果表明，与 PD 控制器对比来说，普通滑模控制器对于所有关节都跟随上期望的运动轨迹。但能明显看到，普通滑模控制更快地收敛到期望的轨迹，它的控制性能更好，而且普通滑模控制器的轨迹跟踪误差较小。虽然如此，但还是可以看到，由于普通滑模控制器的本质所决定，普通滑模控制器出现了明显的抖振现象。图 7 - 30 的结果表明，对比以上两种控制器，自适应全局快速终端滑模控制器获得了更好的跟踪性能，误差很快收敛到零，说明了所提出的控制器的鲁棒性和优越性。此外，与普通滑模控制器对比，明显减小了抖振。

7.4　上肢外骨骼主-被动康复训练控制方法

7.4.1　被动康复训练控制

　　根据不同康复训练特点，康复训练可分为被动式康复训练及主动式康复训练。
　　(1)在早期康复阶段，患者肌肉松弛，对自我运动掌控能力不足。采用被动康复模式，目的是促进血液循环，增加患者的关节活动度。该阶段包含单自由度的训练与多关节协作联动两种模式。早期可以刺激患者的神经肌肉组织,为多自由度的运动打下良好的基础。

(2)在中后期康复阶段,患者关节活动度增加。此时协同运动的主体为患者,主要增强患者主动运动自信心和肌肉力量。当分别获得患者的运动意图以及控制算法后,结合患者运动意图的位置控制成为训练过程的又一个重点。

外骨骼机械臂的主被动训练包括肩关节的前伸、后屈,肘关节屈、伸运动及肩关节的外展、内收和内旋外旋运动。康复早期阶段肌肉处于瘫软期,需要一定低速拉伸牵引等康复训练。主要通过医护人员"示教",复现运动轨迹实现康复训练的位置控制。康复训练任务是设计控制输入 τ 应满足

$$\lim_{t \to \infty} q(t) = q_d \tag{7-35}$$

式中:q_d 为期望轨迹;$q(t)$ 为实际轨迹。

目前有两种运动控制方式,一种是基于前述计算模型的前馈算法,另一种是基于控制律反馈的运动控制方法。前馈运动控制方法通过逆动力学的方式,将期望的关节轨迹直接转换为驱动机构所需的控制力矩,使上肢满足指定关节空间的角度、角速度和角速度信息。这种控制输入依赖精准的动力学系统模型。然而实际情况下这种复杂的多刚体系统难以建模,有时还会忽略一些非必要项,导致一些重要的控制参数不仅无法完全准确辨识,而且实时解算量较大,要求高难以实现。

基于反馈的运动控制方式是设计控制律对观测量进行反馈校正,例如 PID 控制。然而外骨骼康复机器人的应用场景特殊,康复训练过程中患者由于无法完全将自己的意图通过肌肉力量表达出来,因此具有一定随意性及偶然性。外骨骼与患者的强耦合构成了一种复杂的多输入多输出非线性控制系统。该算法不考虑系统动力学特性,对控制能量的需求不稳定,进而无法完全获得符合人机交互特性的康复训练效果。为获得更加精准的控制精度,研究过程不仅要考虑系统非线性动力学特性,还应将动力学模型和控制律进行结合,针对实时计算复杂问题减轻计算量,设计更加智能的控制方法。7.3.1 节已经介绍了滑动模态控制(SMC)的模型和基本原理,可将其应用于上肢康复外骨骼的被动训练控制。由于控制律的算法设计与系统参数无关,因此该算法对系统变化不敏感,其缺点在于状态到达滑模面时会发生"振动"效果。当满足一定条件时,系统逐渐收敛到平衡状态。滑动模态的存在和到达具体条件为

$$\lim_{s \to 0^+} \dot{s} \leqslant 0 \leqslant \lim_{s \to 0^-} \dot{s} (\lim_{s \to 0^+} \dot{s} s \leqslant 0) \tag{7-36}$$

通常利用 Lyapunov 函数构造含有 s 变量的判断条件为

$$V(s) > 0 \text{ 且 } \dot{V}(s) < 0 \tag{7-37}$$

实际应用中真实的物理参数和干扰往往无法精确获得。因此,建立外骨骼机械臂动力学系统名义模型,基于名义模型的滑模控制框图如图 7-31 所示。图中 θ_d 为期望轨迹,θ 为实际轨迹,系统由两个控制器组成,一个是针对实际系统的滑模控制器,另一个是针对名义模型的控制器,实现 $\theta \to \theta_n$ 与 $\dot{\theta} \to \dot{\theta}_n$。保证整个控制系统实现 $\theta \to \theta_d$ 与 $\dot{\theta} \to \dot{\theta}_d$。

取 q_d 为期望广义坐标,取广义误差 $e = q_d - q$,针对上肢康复外骨骼低速运动情况,设计滑模面函数为

$$\boldsymbol{S} = \dot{e} + \boldsymbol{\lambda}e, \boldsymbol{\lambda} = \mathrm{diag}(\lambda_1, \lambda_2, \cdots, \lambda_n), \lambda_i > 0 \tag{7-38}$$

需保证 $x^{n-1} + \lambda_{n-1}x^{n-2} + \cdots + \lambda_1$ 是 Hurwitz 的,即当 $\boldsymbol{S} \to \boldsymbol{0}$ 时,$e \to 0$

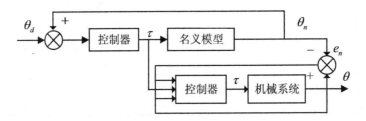

图7－31　基于名义模型的滑模变结构控制框图

为求证系统达到稳定,构造 Lyapunov 函数为

$$V = \frac{1}{2}\boldsymbol{S}^{\mathrm{T}}\boldsymbol{M}\boldsymbol{S} > 0 \tag{7-39}$$

对 V 求微分,则有

$$
\begin{aligned}
\dot{V} &= \frac{1}{2}(\dot{\boldsymbol{S}}^{\mathrm{T}}\boldsymbol{M}\boldsymbol{S} + \boldsymbol{S}^{\mathrm{T}}\dot{\boldsymbol{M}}\boldsymbol{S} + \boldsymbol{S}^{\mathrm{T}}\boldsymbol{M}\dot{\boldsymbol{S}}) \\
&= \frac{1}{2}\boldsymbol{S}^{\mathrm{T}}(\dot{\boldsymbol{M}} - 2\boldsymbol{C})\boldsymbol{S} + \boldsymbol{S}^{\mathrm{T}}\boldsymbol{C}\boldsymbol{S} + \boldsymbol{S}^{\mathrm{T}}\boldsymbol{M}\dot{\boldsymbol{S}} \\
&= \boldsymbol{S}^{\mathrm{T}}\boldsymbol{C}\boldsymbol{S} + \boldsymbol{S}^{\mathrm{T}}\boldsymbol{M}\dot{\boldsymbol{S}} = \boldsymbol{S}^{\mathrm{T}}[\boldsymbol{C}\boldsymbol{S} + \boldsymbol{M}(\ddot{e} + \boldsymbol{\lambda}\dot{e})] \\
&= \boldsymbol{S}^{\mathrm{T}}[\boldsymbol{C}\boldsymbol{S} + \boldsymbol{M}(\ddot{q}_d - \ddot{q}) + \boldsymbol{M}\boldsymbol{\lambda}\dot{e}] \\
&= \boldsymbol{S}^{\mathrm{T}}[\boldsymbol{C}\dot{e} + \boldsymbol{C}e + \boldsymbol{M}\ddot{q}_d + \boldsymbol{C}\dot{q} + Kq + \tau_d - \tau + \boldsymbol{M}\boldsymbol{\lambda}\dot{e}] \\
&= \boldsymbol{S}^{\mathrm{T}}[\boldsymbol{C}(\dot{q}_d + \boldsymbol{\lambda}e) + \boldsymbol{M}(\ddot{q}_d + \boldsymbol{\lambda}\dot{e}) + F + \tau_d - \tau]
\end{aligned} \tag{7-40}
$$

设计控制律为

$$\tau = M_0(\ddot{q}_d + \boldsymbol{\lambda}\dot{e}) + C_0(\dot{q} + \boldsymbol{\lambda}e) + K_0 q + \tau_{d0} + \boldsymbol{L}\mathrm{sgn}(\boldsymbol{S}) \tag{7-41}$$

式中,$\boldsymbol{L} = \mathrm{diag}(l_1, l_2, \ldots, l_n)\ l_i > 0$。

将式(7－41)代入式(7－40),可得

$$\dot{V} = \boldsymbol{S}^{\mathrm{T}}[\Delta \boldsymbol{C}(\dot{q}_d + \boldsymbol{\lambda}e) + \Delta \boldsymbol{M}(\ddot{q}_d + \boldsymbol{\lambda}\dot{e}) + \Delta Kq + \Delta\tau_d] - \boldsymbol{L}\mid\boldsymbol{S}\mid \tag{7-42}$$

令

$$l_i > \mid\Delta \boldsymbol{C}\mid_{\max}\mid\dot{q}_d + \boldsymbol{\lambda}e\mid + \mid\Delta \boldsymbol{M}\mid_{\max}\mid\ddot{q}_d + \boldsymbol{\lambda}\dot{e}\mid + \mid\Delta\tau_d\mid_{\max} + \mid\Delta K\mid_{\max}\mid q\mid \tag{7-43}$$

由于 $V > 0$ 且 $\dot{V} \leqslant 0$,当且仅当 $S = 0$,$\dot{V} = 0$,故 $t \to \infty$ 时,$S \to 0$,从而有 $e \to 0$,$\dot{e} \to 0$,即系统稳定。

视上肢外骨骼机械臂为一个二连杆系统,将电机质量视为连杆的一部分,利用 Matlab Simulink 模块,通过 mux 构建复合向量,建立的名义滑模控制仿真模型如图7－32所示。

仿真时,设置步长为"Variable － step",求解器采用"ode45",仿真时间为15 s。模块利用"S － Function"编写,通过手动调整参数,设置 $g = 9.8$,取矢状面内的二连杆阵中的 $\boldsymbol{p} = [p_1, p_2, p_3, p_4, p_5] = [3.1, 0.8, 4.1, 3.2, 0.5]$。为模拟较真实的康复环境,设置低速小振幅的动作,设置肩肘关节位置指令为 $q_{2d} = 0.1\sin(t)$,$q_{4d} = 0.1\sin(t)$,系统初始位置为 $[0, \pi/2, 0 - \pi/2, 0, 0]$、初始速度、加速度均为0,整个大小臂为水平面摆动。设置系统的名义矩阵 $M_0 = 0.8M$,$C_0 = 0.8C$,$K_0 = 0.8K$,滑模面系数矩阵选 $\boldsymbol{\lambda} = \mathrm{diag}\{30, 30\}$,为模拟外界不确定性扰动的情况引入一定低频白噪声干扰。通过反馈降低模型对精度的要求,同时引入系统动力学模型降低了前馈粗调系统中的干扰,获得的轨迹跟踪效果如图7－33所示。

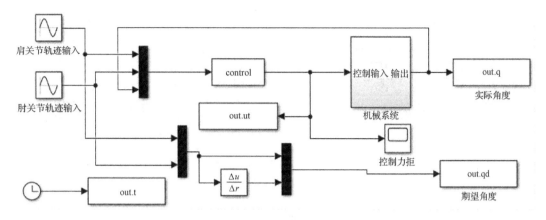

图 7 - 32　基于名义模型的滑模控制仿真

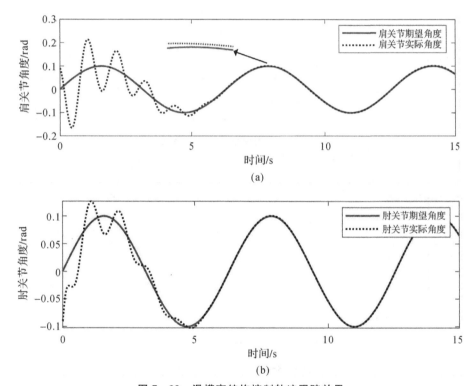

图 7 - 33　滑模变结构控制轨迹跟踪效果

(a)肩关节轨迹跟踪效果；(b)轴关节轨迹跟踪效果

　　由于本身引入低频白噪声,导致肩关节和肘关节的控制输入力矩存在一定的波动,分别如图 7 - 34 所示。虚拟样机仿真得到的控制输入力矩,如图 7 - 35 所示。对比发现系统控制输入力矩在局部存在较大的周期性波动,肩关节力矩最大值为 $4.95\ \mathrm{N \cdot m}$,最小值为 $4.51\ \mathrm{N \cdot m}$,波峰与波谷的差值较大。即滑模变结构控制的缺点在滑模面处"振动"无法完全消除,这对被动训练中的患者肌体是不友好的,周期性的抖振易造成患者肌肉损伤,降低患者康复训练的积极性。针对这种非线性、时变及模型参数动态化问题,提出基于模型逼近的 RBF 网络自适应滑模控制方法实现被动训练控制。

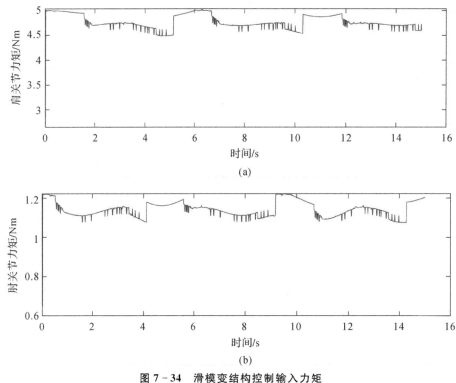

图 7-34 滑模变结构控制输入力矩

(a)肩关节控制输入力矩；(b)肘关节控制输入力矩

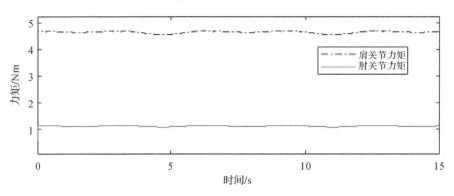

图 7-35 虚拟样机仿真力矩

人工神经网络(Artificial Neural Network, ANN)模拟人脑神经元进行非线性系统建模。常见的人工神经网络有反向传播(BP)网络、脑(CMAC)神经网络、前馈(FFNN)神经网络以及支持向量机(SVM)等。RBF 是一种局部逼近网络，其运算速度快，系统输出只受隐藏层权值影响，较高的计算速度可以满足自动控制系统较低时滞的要求，并逼近非线性系统。可以采用该神经网络完成动力学系统不确定性的补偿，实现控制过程，因此选择 RBF 神经网络完成模型逼近，实现被动控制方法。

RBF 网络有三层分别为输入层、含层以及输出层，如图 7-36 所示。隐含层只有一层，其输出由非线性激活函数构成。神经元函数由径向基函数构成，每个隐含层节点包含一个中心向量 c。

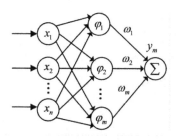

图 7 - 36　RBF 网络结构图

隐含层第 i 个神经元输出 $\varphi_i(t)$ 为

$$\varphi_i(t) = \exp\left(-\frac{\| x(t) - c_i(t) \|^2}{2\delta_i^2}\right),\ i = 1,2,\cdots,n \tag{7-44}$$

式中，δ 为高斯基函数的宽度。

整个网络的输出为

$$y_j(t) = \sum_{i=1}^{m} \omega_{ij}\varphi_i(t),\ j = 1,2,\cdots,m \tag{7-45}$$

式中，ω_{ij} 为输出层的权值，权值的调节是通过 Lyapunov 方法分析进行设计更新的，n 为输出节点个数；y 为 RBF 网络的输出；m 为隐含层节点的数量。

RBF 网络逼近的自适应滑模算法，如图 7 - 37 所示。图中 θ_d 为期望轨迹；τ 为控制输入律；θ 为实际系统的输出。

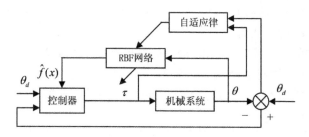

图 7 - 37　控制系统结构图

定义新的滑模面函数为

$$\boldsymbol{R} = \dot{e} + \boldsymbol{P}e \tag{7-46}$$

式中：$\boldsymbol{P} = \boldsymbol{P}^\mathrm{T} = [p_1\ p_2,\ \cdots,\ p_n]^\mathrm{T} > 0$，同样保证当 $\boldsymbol{R} \to \boldsymbol{0}$ 时，$e \to 0$。

由式(7 - 46)得

$$\dot{q} = -R + \dot{q}_d + \boldsymbol{P}e \tag{7-47}$$

可得

$$\begin{aligned}
M\dot{R} &= M(\ddot{q}_d - \ddot{q} + \boldsymbol{P}\dot{e}) = M(\ddot{q}_d + \boldsymbol{P}\dot{e}) - M\ddot{q} = \\
&\quad M(\ddot{q}_d + \boldsymbol{P}\dot{e}) + C\dot{q} + G + F + \tau_d - \tau = \\
&\quad M(\ddot{q}_d + \boldsymbol{P}\dot{e}) - CR + C(\dot{q}_d + \boldsymbol{P}e) + G + F + \tau_d - \tau = \\
&\quad -CR - \tau + f + \tau_d
\end{aligned} \tag{7-48}$$

式中，$f = M\ddot{q}_r + C\dot{q}_r + G + F$ ；$\dot{q}_r = \dot{q}_d + \boldsymbol{P}e$ 。

由此可得 f 包含了上肢外骨骼机械臂所有的模型信息，对整体进行的估计，将电机视为连杆的一部分，包括重力、摩擦力和干扰。因此可通过 RBF 网络逼近系统整体 f，接下来设计一个不需要模型信息的滑模鲁棒控制器。

设计控制律为

$$\tau = \hat{f} + K_s\boldsymbol{R} - \upsilon \qquad (7-49)$$

式中：K_s 为滑模面函数系数；$\upsilon = -(\varepsilon_n + a_d)\text{sgn}(\boldsymbol{R})$ 为鲁棒项，用于克服不稳定误差。

为了更新调整 RBF 网络权值参数，设置 RBF 网络权值自适应律为

$$\dot{\hat{W}} = L\varphi\boldsymbol{R}^{\mathrm{T}} \qquad (\boldsymbol{L} = \boldsymbol{L}^{\mathrm{T}} > 0) \qquad (7-50)$$

根据机械臂相关数学特性有

$$\dot{V} = -\boldsymbol{R}^{\mathrm{T}}\boldsymbol{K}_s\boldsymbol{R} + \boldsymbol{R}^{\mathrm{T}}(\varepsilon + \tau_d + \upsilon) \qquad (7-51)$$

由于

$$\boldsymbol{R}^{\mathrm{T}}(\varepsilon + \tau_d + \upsilon) = \boldsymbol{R}^{\mathrm{T}}(\varepsilon + \tau_d) + \boldsymbol{R}^{\mathrm{T}}[-(\varepsilon_n + a_d)\text{sign}(\boldsymbol{R})] =$$
$$\boldsymbol{R}^{\mathrm{T}}(\varepsilon + \tau_d) - \|\boldsymbol{R}\|(\varepsilon_n + a_d) \leqslant 0$$

则有

$$\dot{V} \leqslant -\boldsymbol{R}^{\mathrm{T}}\boldsymbol{K}_s\boldsymbol{R} \leqslant 0 \qquad (7-52)$$

由于 $V > 0$ 且 $\dot{V} \leqslant 0$，从而 $\boldsymbol{R}$ 和 $\tilde{W}$ 有界。因此当 $\dot{V} = 0$ 时，$\boldsymbol{R} = \boldsymbol{0}$，判断为闭环系统为渐进稳定，故 $t \to \infty$ 时，$R \to 0$，从而有 $e \to 0$，$\dot{e} \to 0$。

为对比名义模型的滑模控制和 RBF 网络的滑模自适应控制方法的轨迹跟踪控制效果，设置相同初始条件及轨迹，同时为体现该方法对模型的逼近能力，加入一定白噪声扰动，设置 RBF 网络的输入向量为 $\boldsymbol{x} = [e, \dot{e}, q_d, \dot{q}_d, \ddot{q}_d]$，仿真模型如图 7-38 所示。

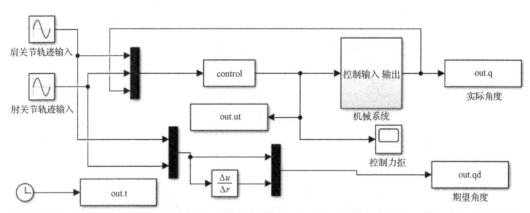

图 7-38 基于 RBF 网络的自适应滑模控制仿真模型

通过手动调整参数，得到高斯函数的参数 $c_i = [-1.8, -1, -0.6, 0, 0.6, 1, 1.8]$，$b = 10$，$\boldsymbol{K}_s = \text{diag}\{15, 15\}$，$\text{P} = \{8, 8\}$，$\text{L} = \{5, 5\}$。取矢状面内的 $\text{p} = [p_1, p_2, p_3, p_4, p_5] = [3.1, 0.8, 4.1, 3.2, 0.5]$，网络参数初始权值取 0。

从实验过程调参可以得知,RBF 网络的参数选取较为简单,对于整个可调节的上肢外骨骼动力学来讲,可以手动快速调参从而保证系统稳定。肩肘关节的轨迹跟踪效果,如图 7-39 所示。

对比显示两者跟踪效果整体较好,刚开始我们可以发现相关的干扰和系统的不确定性导致了误差的产生,但随着闭环误差的迭代,其不断趋于 0,最终误差保持在 0.02 rad 范围以内,相比于名义滑模轨迹算法而言,基于 RBF 网络的滑模自适应控制器在刚开始几秒的波动较小,且比名义滑模控制较早的时间内达到稳定跟踪期望轨迹状态,使得外骨骼系统获得了更好的跟踪性能。同时,经放大观察 RBF 网络逼近的滑模控制的跟踪误差相比名义滑模控制算法的误差更小,因此可以看出 RBF 网络逼近的滑模控制算法具有一定优越性。

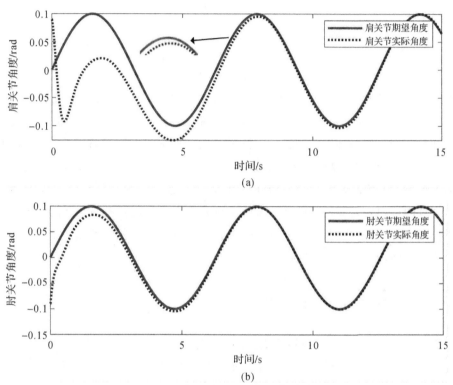

图 7-39　RBF 网络自适应滑模控制轨迹跟踪效果

(a)肩关节轨迹跟踪效果；(b)肘关节轨迹跟踪效果

肩肘关节控制输入力矩,如图 7-40 所示。

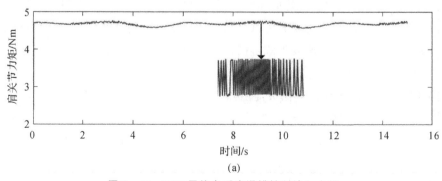

(a)

图 7-40　RBF 网络自适应滑模控制输入力矩

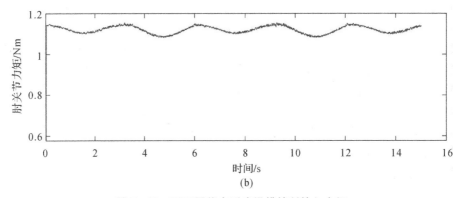

图 7 - 40　RBF 网络自适应滑模控制输入力矩

(a)肩关节控制输入力矩；(b)肘关节控制输入力矩

由图 7 - 39、图 7 - 40 可直观得出虽然 RBF 网络滑模控制方法在控制过程仍有波动性输入，但相比名义滑模控制算法，其在控制过程中的输入稳定性提高，减小了控制输入力矩的变化幅度，即解决了"抖振"的问题，相比而言抗干扰能力和跟踪能力更好，一方面提高了轨迹跟踪精度，另一方面又符合康复训练患者初期肌肉发力不稳定，肌力较弱的情况，说明了所提出的控制器的鲁棒性和优越性。因此 RBF 网络逼近的自适应滑模控制可以实现外骨骼轨迹跟踪误差在合理的范围内完成较好的运动跟随。该方法能够有效逼近外骨骼机械臂的非线性系统动力学模型，减小了系统的计算复杂程度，提升了运算效率和控制系统的鲁棒性，加快了系统的动态响应时间，改善了系统的强耦合性。

7.4.2　主动康复训练控制

前期患者由于肌力极弱，穿戴外骨骼进行位置控制属于小范围低速低阻尼运动，患者与外骨骼之间人机交互力不会过大。当进阶至主动康复训练时，由于运动范围增大，患者主动发力意识还未完全建立，肌力的产生及释放可能具有偶然性，由此造成的患者与康复外骨骼无法完全"同步"运动，人机交互力的产生自然也无法避免，如果无法减弱这种相互作用，不仅无法提高康复训练效果，还可能造成不必要的各种危害。因此，主动训练过程中既要保证位置跟踪控制效果，还要防止人机交互力对人造成损伤的问题出现，达到实时柔顺控制的效果。

当前对该阶段控制的方法主要有力/位混合控制、导纳控制，阻抗控制。力/位混合控制以力闭环形式进行系统控制。在康复训练协同运动的过程中，人机之间的受力情况在不断发生变化，由于力检测具有瞬时性、不稳定的特点，且易引入不确定性误差，因此该方法有较大使用限制。20 世纪 80 年代阻抗控制算法被提出，后来学者 Hogan 提出一种人机结合的柔顺力控制。借用物理学上的概念进行类比，将柔顺控制分为基于力和位置的阻抗控制，该方法可视外骨骼各杆件与人体间的连接为具有阻抗特性的弹簧连接模型，如图 7 - 41 所示。计算获取期望位置、期望速度及期望加速度同实际位置、实际速度、实际加速度的误差，或者获取人机交互力，调整三者与交互力的阻抗关系进而实现柔顺控制，而不是仅仅考虑位置误差逐渐收敛为 0。

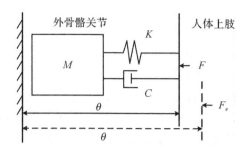

图 7 - 41　外骨骼与人体上肢物理模型

系统的阻抗关系为

$$F_e = M\Delta\ddot{\theta} + B\Delta\dot{\theta} + K\Delta\theta \qquad (7-53)$$

式中：$\Delta\theta$ 为外骨骼期望角度和实际角度之差；$\Delta\dot{\theta}$ 为外骨骼期望角速度和实际角速度之差；$\Delta\ddot{\theta}$ 为外骨骼期望角加速度和实际角加速度之差；F_e 为外骨骼机器人与肢体的局部接触力，M 为系统惯性参数矩阵，用于调节系统相应的平滑性，B 为系统阻尼参数矩阵用于调整系统动量，K 为系统刚度矩阵，用于调整系统与患者的接触刚度，三者分别用于调整对应乘积项。

对式(7-53)进行拉普拉斯反变换，则有

$$\Delta\theta = \theta_d - \theta = \frac{1}{MS^2 + BS + K} \qquad (7-54)$$

本节将前述位置控制模型作为内环，外环采用阻抗控制模型，具体控制算法框图如图 7 - 42 所示。进入位置内环，LSSVM 模型作为一种前馈输入，获取患者产生的期望轨迹点，经过滑模自适应律计算所需控制输入力矩，输入至虚拟样机模型，结算人机交互力矩。由于阻抗控制器的核心目的是保持人机阻抗关系，减弱而不是消除人机交互力，因此设置交互力阈值，其控制过程如图 7 - 43 所示。当人机交互力小于阈值时，表明人体在一个可承受的范围，不进行轨迹修正，否则表示外骨骼对人体可能有创伤的风险，通过阻抗控制器计算出补偿量与期望轨迹求和完成位置校正。

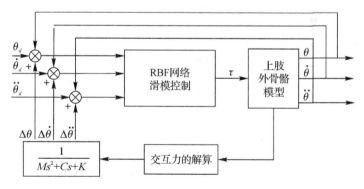

图 7 - 42　自适应滑模阻抗控制算法框图

患者穿戴外骨骼构成的系统所表现出的阻抗特性是由刚性结构的物理特性、患者与外骨骼相耦合的弹簧阻尼特性及系统动力学特性共同决定，合理的参数设计是保证系统具有柔顺性的关键。合理的参数可以保证系统及时输出接近期望轨迹的位置量，人机交互力减小，提升患者的穿戴舒适感。

基于位置的滑模阻抗控制仿真实验过程中同样设置肘关节进行小范围低速摆动控制,建立的滑模阻抗控制仿真模型和阻抗控制器,分别如图 7－44 和图 7－45 所示。肩关节保持竖直状态,其他位置保持初始状态不变,为体现系统控制输入有较大变化,设置肘关节运动表达式为 $\sin(t)-\pi/2$,采用低频噪声信号模拟干扰、摩擦力的产生,通过电流信号的改变调整执行器输出力矩,2 s 后发生的阶跃信号模拟执行器给定的期望力为 1.5 N·m,仿真计算理想情况下系统控制输入力矩,如图 7－46 所示。因此需对交互力矩进行调整。设置阈值为 0.001 N·m,超出时开始调整阻抗关系,设置不同的参数以查看对应系统响应状况。

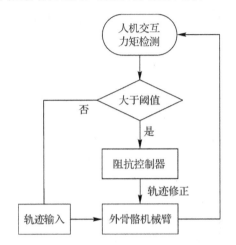

图 7－43　基于位置的阻抗控制策略

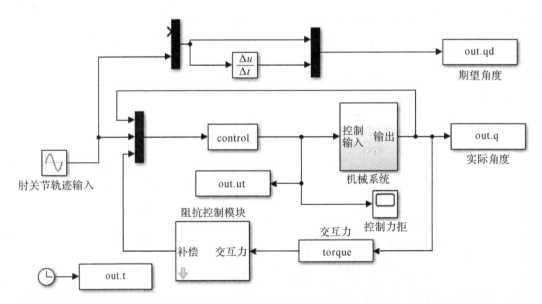

图 7-44　滑模阻抗控制仿真模型

针对单关节肘部动作的主动康复训练控制,设置系统惯性参数、系统阻尼参数系统刚度参数和增益系数的初始值 $[M, B, K, G]=[500, 1, 1, 1]$,获得的轨迹跟踪效果和控制输入力矩,分别如图 7－47 和图 7－48 所示。观察角度跟踪情况,刚开始时,输入期望运动轨迹点,由于末端执行器没有输入力矩,因此系统运动轨迹基本为 0,2 s 时阶跃信号为系统提供了控制输入力矩,机械系统开始运动。可以看出在外界不确定干扰的情况下,为了维持系统阻抗关系,"牺牲了"轨迹跟踪控制的精度,用于调整人机交互力,整体符合滑模阻抗控制方法的预设情况。由于此时系统的阻抗参数不是最佳的,造成系统控制力矩输入并非十分平滑,实际轨迹造成的跟踪误差较大,因此需要调整阻抗参数,保证系统良好的柔顺性。

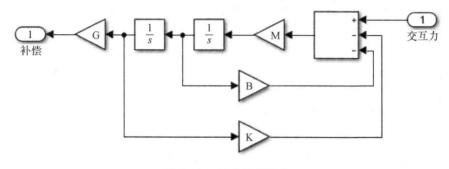

图 7 - 45　阻抗控制模块

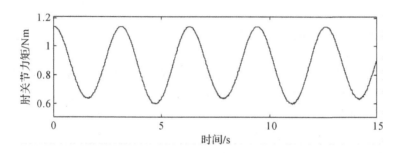

图 7 - 46　理想控制输入力矩

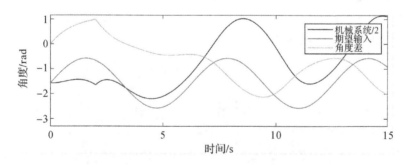

图 7 - 47　给定参数下的轨迹跟踪效果

仿真结果在不同参数情况下,各项指标波动情况不同,示波器为尽可能详尽地描述每个参数变化对指标的不同影响,对 15 s 仿真情况设置不同的采样点,如果将各项指标均放在一张图,无法将采样点对齐,因此仿真结果图只保留一组参数对应的结果,其中 G 取 10,观察各个参数下的仿真效果。

通过前述阻抗参数的分析结果可以得出,在主动控制算法的仿真实验过程中,刚度参数对轨迹跟踪的误差影响最大,其他阻抗控制参数的改变对系统轨迹跟踪的效果无显著影响,因此在得出刚度参数后,只要选取的惯性参数和阻尼参数符合人机耦合关系的条件,即可找出一组较优的人机阻抗参数,即较好的辅助患者完成主动康复训练。前述分析结果表明康复训练过程中的人机交互力可以有效减少,因此证明该方法具有一定的优越性。

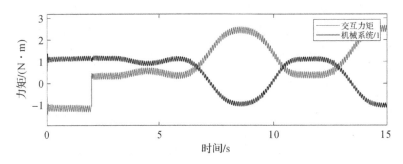

图 7-48　给定参数下的控制输入力矩

　　总之,所提出的基于 RBF 网络逼近的滑模阻抗自适应控制算法能够调整人机接触力并保持一个较小的范围值,同时轨迹跟踪效果良好,误差基本趋于 0,因此该方法用于主动康复训练是有意义的。

7.4.3　主被动康复训练控制实验

　　为验证所提出的 RBF 网络逼近的滑模自适应控制方法在外骨骼的应用场景中的控制性能及效果,搭建实验平台如图 7-49 所示。外骨骼小臂与大臂分别通过绑带约束于模拟患者的上肢部位,保证患者与外骨骼之间的人机交互力为一个极小的值,有利于提升康复训练的效果。

　　为实现被动训练的示教重现,均需要先捕捉关节执行器轨迹点。设定 SCA 为电流模式,SCA 中电流为零且没有保持力矩,模拟患者可以利用上肢带动外骨骼,集成的编码器会记录当前运动的轨迹位置点并生成对应的文本,对离散点进行插值拟合,得到被动训练控制期望轨迹点。模拟患者在掌握实验流程的基础上,应尽量保证每次跟随摆臂运行的发力一致,以模拟真实患者在当前康复周期下,肌肉状态的稳定性。

图 7-49　被动康复训练控制实验

　　获得肩关节轨迹和肘关节轨迹,如图 7-50 所示。对两图像整体分析,可以看出实际轨迹与预期轨迹相比基本吻合,局部存在一定抖动,表明电流噪声变化引起的控制输入力矩的不稳定,导致执行器位置偏移。由于电机转动惯量较大,在位置最高点处未能及时转换速度,新发出的位置指令产生一定跟踪误差,可以明显看出这种位置的变化是不可避免的。肘关节的轨迹点变化相对于肩关节变化平稳,这是由于与大臂相连的还有其他关节执行器及机械结构,机械结构加工装配导致的不合理和执行器位置控制的不精准造成运动过程的位置"抖动",进一步传递至肩关节执行器,造成位置量发生突变。

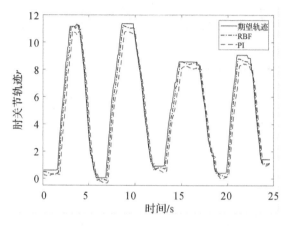

图 7 - 50　肘关节轨迹图

图 7 - 50 中的实线表示电流模式下记录的关节轨迹点,点划线代表 RBF 滑模阻抗控制方法,虚线代表设定的 PI 位置环模式。从误差量对比发现,RBF 滑模控制的跟踪效果相比于 PI 模式较好,同时观察两图均发现不同控制算法相比于期望轨迹有一定偏移,分析其原因,这是由于控制算法对系统进行逼近应用于硬件时造成的一定时滞,经过测量 RBF 方式有 0.1 s 左右的延迟,PI 位置模式有 0.2 s 左右的延迟,RBF 网络逼近的滑模控制时滞效应明显小于 PI 模式。整体结果表明模型对人上肢、机构整体重力及摩擦干扰的逼近效果较好,因此证明所提出的 RBF 网络逼近的滑模控制算法在上肢外骨骼康复领域具有一定的合理性与应用前景。

主动康复训练控制实验

基于 EMG 的运动辨识模型虽然在在线测试中取得了良好的效果,但是在主动训练过程中还需要考虑人机交互的重要性,因此有必要模拟康复运动场景,在主动训练控制过程中加入患者意图,将意图转化为执行器的离散期望轨迹点,有利于提升康复训练的效果,促进人机耦合过程。具体的上肢外骨骼主动康复训练控制算法结构框图,如图 7 - 51 所示。利用感知模块获取运动辨识所需的相关姿态信息及 EMG 信息,通过预处理并提取滑动窗口内的特征值,将其输入至离线训练好的 LSSVM 模型,之后通过决策模型预测患者上肢关节角度并完成控制量的转换,输入至 SCA,在 RBF 滑模控制器实现位置内环控制,阻抗外环控制器保持患者与外骨骼之间的阻抗关系,实现基于期望轨迹的柔顺控制过程。整个闭环的康复训练过程在一个控制周期内完成感知、决策及控制步骤,实现患者主动康复训练。

根据电流关系获取肘关节力矩和人机交互力矩,如图 7 - 52 所示。由于初始位置并不是完全在矢状面内保持竖直状态,因此初始力矩不为 0,整个过程基本能体现运动变化,人机交互力矩保持在 0.2 N·m 左右存在微小波动,符合人机交互的实际过程。综上所述,基于 EMG 运动辨识的滑模自适应阻抗算法能够较为准确地获取患者运动意图,并辅助患者进行康复训练,在康复训练领域有一定应用价值。

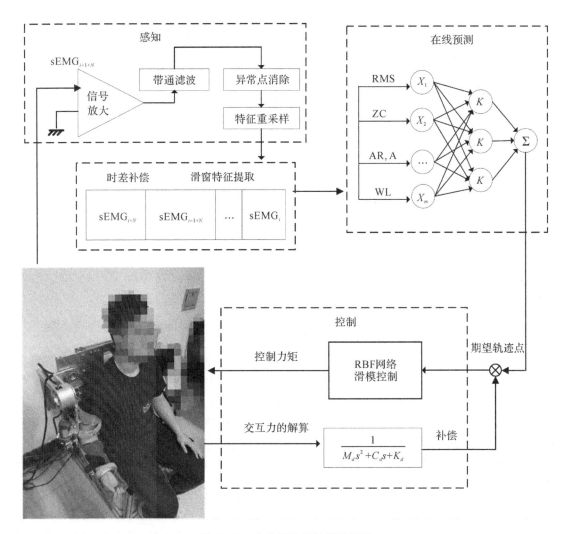

图 7-51　主动训练控制算法框图

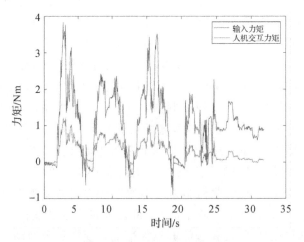

图 7-52　主动训练力矩对比

7.5 本章小结

为提高上肢康服务外骨骼的人机协同控制性能,本章从不同角度提出了几种控制方法,具体包含以下几个方面。

(1)针对上肢外骨骼柔顺性不足的问题,研究了基于虚拟导纳模型的上肢外骨骼柔顺控制方法,完成了虚拟交互力矩的获取,通过 MATLAB Simulink 搭建了基于虚拟导纳模型的上肢外骨骼控制方法模型,进行了控制方法模型的仿真验证以优化设计。仿真结果表明,虚拟导纳模型可通过观测虚拟交互力矩,对上肢外骨骼轨迹进行实时修正,从而达到降低虚拟人机交互力的目的。

(2)针对上肢外骨骼康复机器人系统动力学参数的不确定性和康复训练过程中的柔顺控制问题,分析了滑模变结构控制基本原理,提出了一种自适应全局快速终端滑模控制方法。仿真分析结果显示,所提出的方法与普通滑模变结构控制器相比,具有更明显的抑制"抖动"的效果。

(3)基于 CPG 原理提出一种仿生控制方法。根据实际需求和仿真分析,通过基于动态学习的自适应频率 Hopf 振荡器构建 CPG 振荡器网络,将轨迹分解为不同频率的正弦信号,采用网络中具有学习适应功能的多个振荡器联合进行训练,重建了输出信号,实现了关节参考轨迹的生成。

(4)针对不同康复训练需求,研究了被动与主动康复训练控制方法,提出一种基于 RBF 网络逼近的自适应滑模阻抗控制算法。采用 RBF 网络完成对上肢外骨骼的逼近,结果表明该算法能更好地实现轨迹跟踪过程,而且可以解决滑模控制自身的"抖振"问题,更符合康复训练对稳定的控制输入的要求。搭建实验平台,完成被动与主动康复训练实验,验证了方法的可行性。

参 考 文 献

[1] 袁小庆,姬俊杰,刘宇轩,等. 主被动结合的上下肢一体化助力外骨骼机器人的设计与效能评估[J]. 机械工程学报,2022,58(21):27-37.

[2] 王文东,李杰,张俊博,等. 基于迁移学习的手部离散动作识别方法研究[J]. 机械工程学报,2022,58(7):12-19.

[3] KONG D Z, WANG W D, WANG Y, et al. Spiking-free HGO-based DSC for Flexible Joint Manipulator[J]. Chinese Journal of Aeronautics,2022,35(3):419-431.

[4] WANG W D, ZHANG J B, WANG X, et al. Motion Intensity Modeling and Trajectory Control of Upper Limb Rehabilitation Exoskeleton Robot Based on Multi-modal Information[J]. Complex & Intelligent Systems,2022,8(3):2091-2103.

[5] WANG W D, ZHANG J B, KONG D Z, et al. Research on Control Method of Upper Limb Exoskeleton Based on Mixed Perception Model[J]. Robotica,2022,40(10):3669-3685.

[6] 孙铜森. 上肢外骨骼多模信息感知与控制系统设计研究[D]. 西安:西北工业大学,2021.

[7] 秦雷. 基于行为模式识别的上肢外骨骼人机交互方法研究[D]. 西安:西北工业大学,2021.

[8] SUN W, LIN J W, SU S F, et al. Reduced Adaptive Fuzzy Decoupling Control for Lower Limb Exoskeleton[J]. IEEE transactions on Cybernetics,2021,51(3):1099-1109.

[9] LIU H, TAO J, LIU P, et al. Human-robot Cooperative Control Based on sEMG for The Upper Limb Exoskeleton Robot[J]. Robotics and Autonomous Systems,2020,125:103-120.

[10] LI Z J, HUANG B, AJOUDANI A, et al. Asymmetric Bimanual Control of Dual-arm Exoskeletons for Human-cooperative Manipulations[J]. IEEE Transactions on Robotics,2018,34(1):264-271.

[11] XIAO W, CHEN K, FAN J M, et al. AI-driven Rehabilitation and Assistive Robotic System with Intelligent PID Controller Based on RBF Neural Networks[J]. Neural Computing & Applications,2022(3):18-21.

[12] AKGUN G, CETIN A E, KAPLANOGLU E. Exoskeleton Design and Adaptive Compliance Control for Hand Rehabilitation[J]. Transactions of the Institute of Measurement and Control,2020,42(3):493-502.

[13] SOEKADAR S R, WITKOWSKI M, GOMEZ C, et al. Hybrid EEG/EOG-based Brain/Neural Hand Exoskeleton Restores Fully Independent Daily Living Activities After Quadriplegia[J]. Science Robotics,2016,1(1):3296.

[14] 秦岩丁,徐圆凯,韩建达. 气动人工肌肉驱动的肘关节辅助机器人迟滞补偿[J]. 机器人,2021,43(4):453-462.

[15] 王文东,肖孟涵,孔德智,等. 基于人机耦合模型的上肢康复外骨骼闭环 PD 迭代控制方法[J]. 机械工程学报,2021,57(21):11-21.

[16] LONG Y, DU Z J, WANG W D, et al. Human Motion Intent learning Based Motion Assistance Control for a Wearable Exoskeleton [J]. Robotics and Computer - Integrated Manufacturing,2018,49:317-327.

[17] TANG Z, YU H, YANG H, et al. Effect of Velocity and Acceleration in Joint Angle Estimation for an EMG - based Upper - limb Exoskeleton Control[J]. Computers in Biology and Medicine,2022,141:105156.

[18] SANKAI Y, SAKURAI T. Exoskeletal Cyborg - type Robot[J]. Science Robotics,2018,3(17):3912.

[19] KELLER U, VAN HEDEL H J A, KLAMROTH - MARGANSKA V, et al. ChARMin: The First Actuated Exoskeleton Robot for Pediatric Arm Rehabilitation [J]. IEEE - ASME Transactions on Mechatronics,2016,21(5):2201-2213.

[20] YU H, CHOI I S, HAN K L, et al. Development of a Upper - limb Exoskeleton Robot for Refractory Construction[J]. Control Engineering Practice,2018,72:104-113.

[21] 张宇星. 基于表面肌电信号控制的七自由度上肢外骨骼机器人研究[D]. 哈尔滨:哈尔滨工业大学,2018.

[22] 张雷雨,李剑锋,刘钧辉,等. 上肢康复外骨骼的设计与人机相容性分析[J]. 机械工程学报,2018,54(5):19-28.

[23] 褚阳. 基于深度强化学习的外骨骼康复机械臂控制方法研究[D]. 西安:西北工业大学,2020.

[24] 梁超红. 外骨骼康复机械臂结构设计与控制系统研究[D]. 西安:西北工业大学,2020.

[25] WANG W D, LI H H, ZHAO C Z, et al. Interval Estimation of Motion Intensity Variation Using the Improved Inception - V3 Model[J]. IEEE Access,2021,9:66017-66031.

[26] WANG W D, LI H H, KONG D Z, et al. A Novel Fatigue Detection Method for Rehabilitation Training of Upper Limb Exoskeleton Robot Using Multi - Information Fusion[J]. International Journal of Advanced Robotic Systems,2020,17(6):152.

[27] WANG W D, LI H H, XIAO M H, et al. Design and Verification of a Human - robot Interaction System for Upper Limb Exoskeleton Rehabilitation[J]. Medical Engineering and Physics,2020,79:19-25.

[28] 赵勇. 基于气动肌肉的助力上肢外骨骼系统人机协同控制策略的研究[D]. 杭州:浙江大学,2015.

[29] 李翰豪. 基于运动模式识别的上肢外骨骼轨迹控制方法研究[D]. 西安:西北工业大学,2022.

[30] 彭亮,侯增广,王晨,等. 康复辅助机器人及其物理人机交互方法[J]. 自动化学报,2018,44(11):2000-2010.

[31] ZACKSENHOUSE M，LEBEDEV M A，NICOLELIS M A. Signal – independent Timescale Analysis (SITA) and Its Application for Neural Coding During Reaching and Walking[J]. Frontiers Computational Neuroscience，2014，8：91.

[32] CHO E，CHEN R，MERHI L K，et al. Force Myography to Control Robotic Upper Extremity Prostheses：A Feasibility Study[J]. Frontiers in Bioengineering and Biotechnology，2016，4：18.

[33] 袁小庆，赵艺林，陈浩盛，等. 一种上肢康复外骨骼机器人自适应柔顺控制方法[P]. 2020 – 02 – 29.

[34] 王文东，孟李，梁超红，等. 六自由度外骨骼式上肢康复机器人[P]. 2019 – 10 – 25.

[35] PARK S，MEEKER C，WEBER L M，et al. Multimodal Sensing and Interaction for a Robotic Hand Orthosis[J]. IEEE Robotics and Automation Letters，2019，4(2)：315 – 322.

[36] 王文东. 机电一体化技术[M]. 西安：西安电子科技大学出版社，2021.

[37] LEE K H，BAEK S G，LEE H J，et al. Enhanced Transparency for Physical Human – Robot Interaction Using Human Hand Impedance Compensation[J]. IEEE – ASME Transactions on Mechatronics，2018，23(6)：2662 – 2670.

[38] 马高远. 上肢康复机器人主动意图感知技术研究[D]. 济南：山东大学，2018.

[39] HSU N S，FANG H Y，DAVID K K，et al. The Promise of the BRAIN Initiative：NIH Strategies for Understanding Neural Circuit Function[J]. Current Opinion in Neurobiology，2020，65：162 – 166.

[40] ZHANG W H，WANG H，CHEN A，et al. Complementary Congruent and Opposite Neurons Achieve Concurrent Multisensory Integration and Segregation[J]. Elife，2019，8：15.

[41] PEI J，DENG L，SONG S，et al. Towards Artificial General Intelligence with Hybrid Tianjic Chip Architecture[J]. Nature，2019，572(7767)：106 – 111.

[42] 岳芳芳. 上肢外骨骼机器人的自适应柔顺控制方法研究[D]. 西安：西北工业大学，2020.

[43] 明杏. 上肢外骨骼康复机器人人机协同控制方法研究[D]. 西安：西北工业大学，2019.

[44] 王文东，梁超红，褚阳，等. 外骨骼康复训练机械臂及其语音交互系统[P]. 2019 – 06 – 10.

[45] SU X Y，CHEN M，YUAN Y，et al. Central Processing of Itch in the Midbrain Reward Center[J]. Neuron，2019，102(4)：858 – 872.

[46] SAMINENI V K，GRAJALES – REYES J G，GRAJALES – REYES G E，et al. Cellular，Circuit and Transcriptional Framework for Modulation of Itch in the Central Amygdala[J]. Elife，2021，10：21.

[47] QIAO H，XI X，LI Y，et al. Biologically Inspired Visual Model With Preliminary Cognition and Active Attention Adjustment[J]. IEEE Transactions on Cybernetics 2015，45(11)：2612 – 2624.

[48] 郭栋. 基于意图识别的上肢外骨骼主被动康复训练控制方法研究[D]. 西安：西北工业大学，2022.

[49] 郭勇智. 面向外骨骼机器人的 EEG - EMG 混合信息人体运动意图识别方法[D]. 成都:电子科技大学,2019.

[50] WANG W D, QIN L, YUAN X Q, et al. Bionic Control of Exoskeleton Robot Based on Motion Intention for Rehabilitation Training[J]. Advanced Robotics, 2019, 33 (12): 590 - 601.

[51] DENG L, WU Y J, HU X, et al. Rethinking the Performance Comparison Between SNNS and ANNS[J]. Neural Networks, 2020, 121: 294 - 307.

[52] BELYEA A, ENGLEHART K, SCHEME E. FMG Versus EMG: A Comparison of Usability for Real - time Pattern Recognition Based Control[J]. IEEE Transactions on Biomedical Engineering, 2019, 66(11): 3098 - 3104.

[53] CAMARGO J, YOUNG A. Feature Selection and Non - linear Classifiers: Effects on Simultaneous Motion Recognition in Upper Limb[J]. IEEE Transactions on Neural Systems and Rehabilitation Engineering, 2019,27(4): 743 - 750.

[54] 石拓. 面向上肢康复的柔性外骨骼设计与控制[D]. 杭州:浙江大学,2019.

[55] OTTEN A, VOORT C, STIENEN A, et al. LIMPACT: A Hydraulically Powered Self - aligning Upper Limb Exoskeleton[J]. IEEE - ASME Transactions on Mechatronics, 2015, 20(5): 2285 - 2298.

[56] 李自由,赵新刚,张弼,等. 基于表面肌电的意图识别方法在非理想条件下的研究进展[J]. 自动化学报,2021,47(5): 955 - 969.

[57] 赵章琰. 表面肌电信号检测和处理中若干关键技术研究[D]. 合肥:中国科学技术大学,2010.

[58] 柳锴. 基于人体上肢协同运动特征的外骨骼机器人设计方法研究[D]. 武汉:华中科技大学,2018.

[59] 王文东,李翰豪,郭栋,等. 一种上肢康复机器人多模态信息融合感知系统[P]. 2020 - 12 - 04.

[60] 罗洋. 基于肌电信号控制的腕关节术后康复外骨骼系统研究[D]. 哈尔滨:哈尔滨工业大学,2018.

[61] CHU J U, MOON I, MUN M S. A Real - time EMG Pattern Recognition System Based on Linear - nonlinear Feature Projection for a Multifunction Myoelectric Hand [J]. IEEE Transactions on Biomedical Engineering, 2016, 53(11): 2232 - 2239.

[62] 陈燕燕. 上肢外骨骼机器人康复训练系统研究[D]. 哈尔滨:哈尔滨工业大学,2017.

[63] 吴青聪,王兴松,吴洪涛,等. 上肢康复外骨骼机器人的模糊滑模导纳控制[J]. 机器人,2018,40(4):457 - 465.

[64] RIANI A, MADANI T, BENALLEGUE A, et al. Adaptive Integral Terminal Sliding Mode Control for Upper - limb Rehabilitation Exoskeleton[J]. Control Engineering Practice, 2018,75:108 - 117.

[65] WANG J, GAO F, DONG J, et al. Adaptive Drop Block - enhanced Generative Adversarial Networks for Hyperspectral Image Classification[J]. IEEE Transactions on Geoscience and Remote Sensing, 2020,59(6): 5040 - 5053.

[66] 姚鹏飞. 柔顺运动控制关键技术研究与控制系统开发[D]. 济南:山东大学,2018.

[67] 刘闯. 七自由度上肢外骨骼机械臂的控制策略研究[D]. 北京:北京邮电大学,2019.

[68] 舒扬. 多智能体协同控制关键算法研究与应用[D]. 成都:电子科技大学,2019.

[69] 唐智川,孙守迁,张克俊. 基于运动想象脑电信号分类的上肢康复外骨骼控制方法研究[J]. 机械工程学报,2017,53(10):60-69.

[70] BAUR K,SCHATTIN A,DE BRUIN E D,et al. Trends in Robot - assisted and Virtual Reality - assisted Neuromuscular Therapy:a Systematic Review of Health - related Multiplayer Games[J]. Journal of neuroengineering and rehabilitation,2018,15(1):107-107.

[71] 朱其欢. 面向外骨骼机器人的柔顺人机连接机构研究[D]. 苏州:苏州大学,2017.

[72] 唐鸿雁. 上肢柔性动力外骨骼系统设计及应用研究[D]. 北京:北京交通大学,2019.

[73] 周承邦. 基于运动想象的脑卒中上肢康复系统设计[D]. 哈尔滨:哈尔滨工业大学,2017.

[74] SONG Z,GUO S,PANG M,et al. Implementation of Resistance Training Using an Upper - limb Exoskeleton Rehabilitation Device for Elbow Joint[J]. Journal of Medical and Biological Engineering,2014,34(2):188-196.

[75] RATHEE D,CHOWDHURY A,MEENA Y K,et al. Brain - Machine Interface - Driven Post - Stroke Upper - limb Functional Recovery Correlates with Beta - Band Mediated Cortical Networks[J]. Ieee Transactions on Neural Systems and Rehabilitation Engineering,2019,27(5):1020-1031.

[76] 牛传欣,崔立军,鲍勇,等. 上肢康复机器人用于神经康复的研究进展[J]. 中国康复医学杂志,2020,35(8):916-920.

[77] 马跃. 下肢外骨骼机器人人机协同控制策略研究[D]. 深圳:中国科学院深圳先进技术研究院,2020.

[78] 张玉明,吴青聪,陈柏,等. 下肢软质康复外骨骼机器人的模糊神经网络阻抗控制[J]. 机器人,2020,42(4):477-484.

[79] MURRAY S A,HA K H,HARTIGAN C,et al. An Assistive Control Approach for a Lower - Limb Exoskeleton to Facilitate Recovery of Walking Following Stroke[J]. IEEE Transactions on Neural Systems & Rehabilitation Engineering,2015:23(3):441-449.

[80] 蒋磊. 基于扭绳驱动的上肢外骨骼康复训练机器人设计与控制[D]. 北京:中国矿业大学(北京),2014.

[81] NOVAK D,RIENER R. A Survey of Sensor Fusion Methods in Wearable Robotics[J]. Robotics & Autonomous Systems,2015,73:155-170.

[82] HERRERA - LUNA I,RECHY - RAMIREZ E J,RIOS - FIGUEROA H V,et al. Sensor Fusion Used in Applications for Hand Rehabilitation:A Systematic Review[J]. IEEE Sensors Journal,2019,19(10):3581-3592.

[83] 邵陈真. 轮腿式下肢外骨骼控制系统研究[D]. 南京:东南大学,2019.

[84] 瞿畅,吴炳,陈厚军,等. 体感控制的上肢外骨骼镜像康复机器人系统[J]. 中国机械工程,2018,29(20):2484-2489.

[85] 姚文轩. 基于肌电信号的人体上肢运动意图解析[D]. 秦皇岛:燕山大学,2020.

[86] 明东,蒋晟龙,王忠鹏,等. 基于人机信息交互的助行外骨骼机器人技术进展[J]. 自动化学报,2017,43(7):1089 - 1100.

[87] 路知远. 穿戴式健康监护及人机交互应用中若干关键技术研究[D]. 合肥:中国科学技术大学,2014.

[88] VULETIC T, DUFFY A, HAY L,et al. Systematic Literature Review of Hand Gestures Used in Human Computer Interaction Interfaces[J]. International Journal of Human - Computer Studies,2019,129:74 - 94.

[89] GOPURA R A R C, BANDARA D S V, KIGUCHI K, et al. Developments in Hardware Systems of Active Upper - limb Exoskeleton Robots:A review[J]. Robotics and Autonomous Systems,2016,75:203 - 220.

[90] 宋璇. 基于 Kinect 的上肢康复辅助系统的特性评价[D]. 北京:北京理工大学,2015.

[91] DIMBWADYO - TERRER I, TRINCADO - ALONSO F, DE LOS REYES - GUZMÁN A, et al. Upper limb Rehabilitation After Spinal Cord Injury:A Treatment Based on A Data Glove and An Immersive Virtual Reality Environment[J]. Disability and Rehabilitation:Assistive Technology,2014,11(6):462 - 467.

[92] 黄骐云. 多模态人机接口及其残疾人辅助应用研究[D]. 广州:华南理工大学,2019.

[93] BI L, FELEKE A G, GUAN C. A review on EMG - based Motor Intention Prediction of Continuous Human Upper Limb Motion for Human - robot Collaboration[J]. Biomedical Signal Processing and Control,2019,51:113 - 127.

[94] ZIA UR REHMAN M, WARIS A, GILANI S, et al. Multiday EMG - based Classification of Hand Motions with Deep Learning Techniques[J]. Sensors,2018,18(8):2497.

[95] BUONGIORNO D, BARSOTTI M, BARONE F, et al. A Linear Approach to Optimize an EMG - Driven Neuromusculoskeletal Model for Movement Intention Detection in Myo - Control:A Case Study on Shoulder and Elbow Joints[J]. Frontiers in Neurorobotics,2018,12:74.

[96] 陈歆普. 基于肌电信号的多模式人机接口研究[D]. 上海:上海交通大学,2011.

[97] LIU J, REN Y, XU D, et al. EMG - based Real - time Linear - Nonlinear Cascade Regression Decoding of Shoulder, Elbow, and Wrist Movements in Able - Bodied Persons and Stroke Survivors[J]. IEEE Transactions on Biomedical Engineering,2020,67(5):1272 - 1281.

[98] 刘建,邹任玲,张东衡,等. 表面肌电信号特征提取方法研究发展趋势[J]. 生物医学工程学进展,2015,36(3):164 - 168.

[99] 龙明盛. 迁移学习问题与方法研究[D]. 北京:清华大学,2014.

[100] GARCÍA PLAZA E, NÚÑEZ LÓPEZ P J. Application of the Wavelet Packet Transform to Vibration Signals for Surface Roughness Monitoring in CNC Turning Operations[J]. Mechanical Systems and Signal Processing,2018,98:902 - 919.

[101] PAN S J, TSANG I W, KWOK J T, et al. Domain Adaptation via Transfer Component Analysis[J]. IEEE Transactions on Neural Networks,2011,22(2):199 - 210.

[102] EVREN S, YAVUZ F, UNEL M. High Precision Stabilization of Pan – Tilt Systems Using Reliable Angular Acceleration Feedback from a Master – Slave Kalman Filter[J]. Journal of Intelligent & Robotic Systems, 2017,88(1):97 – 127.

[103] MUSTAFA M K, ALLEN T, APPIAH K. A Comparative Review of Dynamic Neural Networks and Hidden Markov Model Methods for Mobile On – device Speech Recognition[J]. Neural Computing and Applications, 2019,31(suppl 2):891 – 899.

[104] MANOGARAN G, VIJAYAKUMAR V, VARATHARAJAN R, et al. Machine Learning Based Big Data Processing Framework for Cancer Diagnosis Using Hidden Markov Model and GM Clustering[J]. Wireless Personal Communications, 2018, 102(3):2099 – 2116.

[105] LIU Z, YANG C, HUANG J, et al. Deep Learning Framework Based on Integration of S – Mask R – CNN and Inception – v3 for Ultrasound image – aided Diagnosis of Prostate Cancer[J]. Future Generation Computer Systems, 2021,114: 358 – 367.

[106] GO S A, LITCHY W J, EVERTZ L Q, et al. Evaluating Skeletal Muscle Electromechanical Delay With Intramuscular Pressure[J]. Journal of Biomechanics, 2018, 76: 181 – 188.